高 等 职 业 教 育 教 材

环保设备选择运维与实训

第二版

王继斌　康瑾瑜　主编

孙广轮　丁洁然　王国华　副主编

化学工业出版社

·北 京·

内 容 简 介

本书系统介绍了环保设备与环保设施的关系，环保设备的工作原理、选择方法及运行与维护方面的相关知识，对废水处理设备中的液固分离设备，废水生化处理常用的典型设备，废气处理中颗粒污染物气固分离除尘设备，废气处理中气态污染物气液吸收及气固吸附设备，环保设施系统中的水泵、风机、管道及阀门，噪声与振动控制设备，环保设施的监测监控仪器仪表等的选用与运维做了细致解析。部分章节配有习题，附有工程应用实例，还配备了现场教学指导；为提高学生们的实践动手能力，设有典型环保设备技能实训，理论联系实际，提升职业技能。本书实用性强，具有突出工程职业技术能力培养的特色。

本书贯彻生态文明思想，践行绿水青山就是金山银山的理念。推动绿色发展，促进人与自然和谐共生，充分体现了党的二十大精神进教材。

本书为高等职业教育本科、高职高专环境保护类专业的教材，也可供企事业环保管理人员、设备技术人员、环境工程施工人员、相关机械设备运营及操作人员使用。

图书在版编目（CIP）数据

环保设备选择运维与实训/王继斌，康瑾瑜主编. —2版. —北京：化学工业出版社，2024.2（2025.2重印）
ISBN 978-7-122-44778-4

Ⅰ.①环… Ⅱ.①王… ②康… Ⅲ.①环境保护设施 Ⅳ.①X505

中国国家版本馆 CIP 数据核字（2024）第 001468 号

责任编辑：王文峡　　　　　　　文字编辑：刘　莎　师明远
责任校对：李　爽　　　　　　　装帧设计：韩　飞

出版发行：化学工业出版社
　　　　　（北京市东城区青年湖南街 13 号　邮政编码 100011）
印　　装：河北延风印务有限公司
787mm×1092mm　1/16　印张 17¾　字数 411 千字
2025 年 2 月北京第 2 版第 2 次印刷

购书咨询：010-64518888　　　　　售后服务：010-64518899
网　址：http://www.cip.com.cn
凡购买本书，如有缺损质量问题，本社销售中心负责调换。

定　　价：49.00 元

第二版前言

环保设备在环境污染防治系统工程中起着关键作用。做好环保设备的选择、运行与维护管理工作是污染防治系统工程正常运行的重要保证。目前开设环境保护类及相关技术工程专业的高等职业技术院校都在摸索以不同的方式培养社会急需的环保设备技术人才。本教材针对高等职业技术教育的特点，为适应近几年高等职业教育的发展态势和社会需求编写而成。在内容结构安排上力求简明、实用、系统、全面，体现规范、必需、够用的原则，具有适时的先进性和较好的教学适用性。本书贯彻生态文明思想，践行绿水青山就是金山银山的理念。推动绿色发展，促进人与自然和谐共生，充分体现了党的二十大精神进教材。

本教材具有如下特点：

① 突出高等职业技术教育特色。本教材注重对基本概念的讲解，理论知识以实际够用和必需为度，简明实用；编排上力求纲目清晰、条理分明。

② 注重知识点间的相互联系，理论推导少，技能应用多。部分章节后插列有工程应用实例，配备了现场教学指导，并辅以必需的思考题和习题，针对性强，有助于学生理解、消化教材内容，且有利于学生检查并巩固所学知识，以便更好地满足教学需求。

③ 注重实践教学环节。本教材第九章"典型环保设备技能实训"，指导技能操作实训教学的开展。应用面广，实用性强，增加了环保设备的选择与运维以及整体环境污染治理设施系统工程的全方位学习内容，极大地提高了学生们的动手能力和学习乐趣，同时能满足高职高专学生的就业需求。

④ 针对性强。为适应高职毕业生就业的需求，专门对常用的环保主体设备及配套设备的选型进行了详细讲述，提高了教材内容的可读性和趣味性，使学生能更好地消化、吸收，并学以致用。

本书内容共九章：环保设备基础知识，废水处理设备中的液固分离设备，废水生化处理常用的典型设备，废气处理中颗粒污染物气固分离除尘设备，废气处理中气态污染物气液吸收及气固吸附设备，环保设施系统中的水泵、风机、管道及阀门，噪声与振动控制设备选择与运维，环保设施的监测监控仪器仪表，典型环保设备技能实训等。部分章节配有习题，附有工程应用实例，还配备了现场教学指导；为提高学生们的实践动手能力，设有典型环保设备技能实训。

本书由王继斌负责总体设计。王继斌编写第一章和第九章的第一、四节，康瑾瑜编写第二章，李小娟编写第三章以及第九章的第二、三节，孙广轮编写第四章，唐婷编写第五章，丁洁然编写第六章，邵美玲编写第七章，黄晓波编写第八章，王国华编写第九章的第五、六、七、八节。全书由王继斌负责统稿。

本书的编写得到了河北环境工程学院、河北建材职业技术学院、秦皇岛市生态环境局、中国建材检验认证集团秦皇岛有限公司、四川新环科技有限公司等单位的热情支持与帮助，化学工业出版社对本书的出版给予了极大的关心和支持，教材中二维码链接的素材资源由东方仿真科技（北京）有限公司提供技术支持，在此一并表示感谢。

尽管我们希望能在教材特色建设方面有更大的突破，但由于编者水平有限、时间仓促，不足之处在所难免，诚望广大读者批评指正。

编　者
2023 年 6 月

目　录

第六章　环保设施系统中的水泵、风机、管道及阀门　　130

第七章　噪声与振动控制设备选择与运维　　189

二维码一览表

第一章

环保设备基础知识

 学习指南

　　本章主要介绍关于环保设备的基础知识。通过学习，理解环保设备与环保设施的关系，开拓新思路，学好环保设备构成机理，了解环保设备的特点以及不同的分类方法；掌握必要的环保设备技术指标及主要经济指标；熟悉最新的环保设备标准管理方法。

素质目标

　　选择环保设备时要分析其技术指标和经济指标，具有节约意识；增强对环保设备的规范操作和管理意识；在使用和维护环保设备时具有安全意识；培养生态环境意识。

第一节　环保设备简述

一、环保设备的概念

　　环境保护的基础是严格的组织管理和先进的技术装备，而先进的技术装备要依靠环保设备来提供。为了深入了解环保设备及其设计和应用的一系列问题，必须了解环保设备的概念。

　　设备是指工业购买者用在生产经营过程中的工业产品，包括固定设备和辅助设备等。固定设备是主要设备，可分为通用设备和专用设备。通用设备包括机械设备、电气设备、特种设备、办公设备、运输车辆、仪器仪表、计算机及网络设备等；专用设备包括矿山专用设备、化工专用设备、环境保护专用设备、航空航天专用设备、公安消防专用设备等。

　　按照中华人民共和国环境保护行业标准《环境保护设备分类与命名》（HJ/T 11—1996）的定义：环保设备是以控制环境污染为主要目的的设备，是水污染治理设备、空气污染治理设备、固体废物处理处置设备、噪声与振动控制设备、放射性与电磁波污染防护设备的总称。

　　多年实践证明，搞好环境保护，除了制定法规、强化管理外，最终还要靠先进的技术和优良的装备。目前我国的环保设备产业已经形成庞大的体系，并建立健全各项法规及市场规则，在一定程度上环保设备产业的快速发展壮大也极大地促进了其他相关行业的发展。也有人认为环保设备还应包括输送含污染物流体物质的动力设备，如水泵、通风机、输送机等；同时也应该包括保证污染防治设施正常运行的检测控制仪表仪器，如监测仪器、压力表、流量检测装置等。

二、环保设备与环保设施的关系

环保设施也称污染防治设施，按照《排污许可证申请与核发技术规范　总则》（HJ 942—2018）的定义：污染治理设施指对生产过程中产生的污染物进行收集、净化、去除的设备或设施。

环保设施所涉及的系统是一个利用工程、技术的科学方法来治理污染物，净化与改善环境质量的系统工程。这个系统可分解为一个或许多个基本工序，这些基本工序能够满足防治环境污染的基本运行条件时可形成完整的污染防治设施系统，所以说任何一个污染防治设施都可由一个或若干个基本的基本工序组成，即由基本的环保设备（污染防治设备）组成。

用于火力发电厂锅炉烟气脱硫除尘的石灰/石灰石-石膏法的工艺流程见图1-1。将配好的石灰浆液用泵送入吸收塔顶部，经过冷却塔冷却并除去90%以上的烟尘，含 SO_2 的烟气从塔底进入吸收塔，在吸收塔内部烟气与来自循环槽的浆液逆向流动，经洗涤净化的烟气经过再加热装置通过烟囱排空。石灰浆液在吸收 SO_2 后，成为含有亚硫酸钙和亚硫酸氢钙的混合液，将此混合液在母液槽中用硫酸调整pH值至4左右，送入氧化塔，并向塔内送入490kPa的压缩空气进行氧化，生成的石膏经稠厚器使其沉积，上层清液返回循环槽，石膏浆液经离心分离机分离得成品石膏。

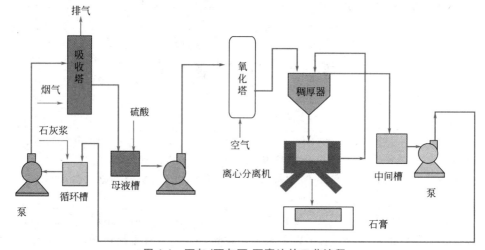

图1-1　石灰/石灰石-石膏法的工艺流程

在该生产工艺流程中主要有：①环保主体设备，包括烟气吸收塔、氧化反应塔、离心分离机、石灰浆液制备设备、石灰浆吸收液与石膏生成制备设备等；②动力输送设备，包括输送泵、供氧风机、电机等；③监测监控仪器仪表设备，包括为保证整体环保设施正常运行用的流量计、压力表、温度计、在线监测仪等设备；④管道关联设备装置，包括阀门、弯头、管件等。由此可以看出，污染防治设施工艺流程系统看起来比较复杂，但都可分解成环保主体设备、动力输送设备、监测监控仪器仪表设备，用管道管件和阀门等连接起来就形成一套完整的污染防治设施系统。

图1-2为某一污水处理厂处理生产与生活废水的A/A/O（又名A-A-O或 A^2O）工

艺流程。这是一种常用的废水生化处理方法工艺，首先，拟处理的废水通过进水泵进入首段厌氧池，同步进入厌氧池的还有靠污泥回流泵从二沉池回流的含磷污泥，厌氧池的主要功能为释放磷，使污水中磷的浓度升高，溶解性有机物被微生物细胞吸收而使污水中的 BOD_5 下降，另外，NH_3-N 因细胞的合成而被去除一部分，使污水中的 NH_3-N 浓度下降；厌氧处理后的废水被引入到缺氧池中，主要目标是去除化学需氧量（COD）和部分氮磷物质，在缺氧系统中，废水与硝酸盐进行反应，形成亚硝酸盐，并通过反硝化作用将亚硝酸盐转化为氮气释放到大气中；缺氧池处理后的废水进入好氧池中，通过曝气风机提供充足的溶解氧，利用好氧菌的作用来降解废水中的 COD、氨氮和一些微量有机物，使 COD、氨氮和微量有机物的含量将显著降低；经过好氧阶段处理后的废水进入二沉池，经过进一步的沉淀和污泥分离。在二沉池中，废水中的悬浮物和污泥通过重力沉降分离，沉淀后的上清水被排出，而污泥则留在池底并靠污泥泵排出进行污泥综合利用。

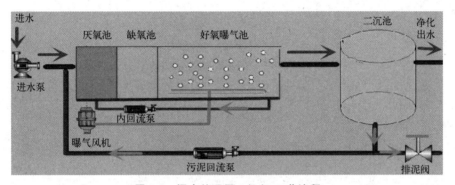

活性污泥法处理污水的工艺流程

图 1-2　污水处理厂 A/A/O 工艺流程

在该生产工艺流程中的主要设备有：①环保主体设备，包括厌氧池、缺氧池、好氧曝气池、二沉池等；②动力输送设备，包括污水输送泵、供氧曝气风机、污泥回流泵、电机等；③仪器仪表监控监管设备，包括为保证整体环保设施正常运行用的流量计、液位控制器、温度计、溶解氧显示仪、曝气量控制变频器、在线监测仪等设备；④管道关联设备装置，包括阀门、弯头、管件等。这些设备通过管道和阀门等连接起来形成一套完整的环保设施。所以说，一套完整的污染防治设施系统都是由环保主体设备、环保输送设备、监测监控仪器仪表设备用管道和阀门等科学组合起来的。

通常，吸收塔、除尘器、吸附塔、分离机、沉淀池、厌氧池、曝气池等属于环保主体设备，其基本工作原理是利用污染物中的气态、液态、固态物质相态间的物理或化学变化来消除或降低污染危害。而噪声与振动控制设备一般利用能量的转化来实现污染的控制。

输送液态物料污染物的泵，输送二氧化硫和烟尘等气态污染物的风机、压缩机，以及连接这些设备的管道和阀门等属于配套的动力输送设备，是靠能量的转化作用来保证整体环保设施运行的。同时也离不开用来保证整个系统正常运行与科学管理的监测监控仪器仪表设备。任何一类设备都是为实现某一污染治理目标而设置的，因此，选择技术可行、经济合理、便于操作的环保设备，保证其运行与维护可靠、方便，是十分必要的。由以上两个工艺流程可以看出，单一的环保设备必须有动力输送设备辅助和管道阀门连接才能满足污染治理的要求。习惯上将环保设施和环保设备统称为环保设备。

三、环保设备的构成机理

《环境保护设备分类与命名》（HJ/T 11—1996）规定，按所控制的污染对象，环境保护设备分为五类，是水污染治理设备、空气污染治理设备、固体废物处理处置设备、噪声与振动控制设备、放射性与电磁波污染防护设备的总称。从去除污染物的反应机理方面讲，除噪声与振动控制设备及放射性与电磁波污染防护设备等所控制的污染对象外，水污染治理设备、空气污染治理设备、固体废物处理处置设备所控制的污染对象（污染物）都具有三种形态，即固态、液态和气态。环保设备就是利用污染物中的气态、液态、固态物质相态间的物理或化学变化的基本工作原理来消除或降低其污染危害的，为便于学生更好地学习和理解环保设备的选择和运维工作技能，本书按此思路在以后的章节中分析讲解环保设备的选择、运行维护及技能实训知识。环保设备根据其所控制的污染对象进行的污染治理工序操作技能可归纳为以下几种通用的设备构成形式。

1. 分离设备

根据污染物性质的不同，采用物理或化学的方法净化污染物质的设备，统称分离设备。各种不同类型的分离设备是环境工程中非常重要的环保主体设备，它们的作用是从受污染的混合物中分离出某种需要的组分，或者除去其中某些有害的杂质。分离设备按所处理物料性质的不同，分为以下几种。

（1）液-固分离设备 这类设备利用固体物料的密度或粒度分离液体中的悬浮固体颗粒。由于分离的效果与固体物料的粒度有关，在环境工程中常采用絮凝剂使微小颗粒絮凝，然后再进行分离。这类设备主要有沉降槽（池）、沉砂池、气浮机、过滤机、湿式除尘器、离心机等。

（2）气-固分离设备 这类设备也称为除尘设备，作用是分离气体中的悬浮颗粒物。这类设备主要有旋风分离器、过滤除尘器、沉降除尘器、电除尘器、超声除尘器等。

（3）气-气分离设备 这类设备所要分离混合物的各组分都是气体。分离这类物料主要利用不同气体露点及饱和蒸汽压的差异，或利用特定薄膜在压差作用下对不同气体透过速率的差异。这类设备主要有冷凝器、气体膜分离器。

（4）气-液分离设备 这类设备也称为除雾设备，其作用是除去气体中悬浮着的液体颗粒。这类设备的主要类型类似于气-固分离设备。

（5）液-液分离设备 这类设备所要分离混合物的各组分都是液体。分离的原理主要是利用不同组分的物理、化学性质的不同（如沸点、溶解度等）。这类设备主要有蒸馏塔、精馏塔、萃取设备等。

（6）固-固分离设备 这类设备所要分离混合物的各组分都是固体。分离的原理主要是利用物料物理性质的不同（如粒度、密度、溶解性等）。这类设备主要有筛选设备、浮选设备、浸取设备等。

2. 吸收设备

吸收设备是重要的气态污染物净化设备。气体的吸收是净化气态污染物、控制大气污染的方法之一，在烟气脱硫、氮氧化物净化治理方面应用非常广泛。吸收是利用液体处理气体中的污染物，使其中一种或多种有害成分以扩散方式通过气、液两相的相界面而溶于液体或者与液体组分发生有选择性的化学反应，从而将污染物从气流中分离出来的操作过程。常用吸收设备包括表面式吸收器、填料式吸收器、板式鼓泡式吸收器、喷液式吸收器等。

3. 吸附设备

吸附设备是利用某些多孔性固体能够从流体混合物中选择性地在其表面凝聚一定组分的能力，使混合物中各组分分离的设备，是分离和纯化气体与液体混合物的重要操作单元之一。由于吸附净化作用可以进行得相当完全，因此能有效地清除用一般手段难以处理的气体或液体中的低浓度污染物。在环境工程中，吸附净化常用于废气、废水的净化处理，如回收废气中的有机污染物、治理烟道气中的硫氧化物和一氧化碳，以及废水的脱色、脱臭等。常用的吸附设备有固定床吸附器、移动床吸附器、流化床吸附器、旋转床吸附器等。

4. 化学反应设备

化学反应设备的用途是实现化学反应过程。废水、废气中的污染物可以利用各种化学反应进行净化，如含酸或含碱废水的中和处理等。由于物料状态不同，反应的性质和条件不同，化学反应设备的形式和结构十分繁复。常用化学反应器的类别有以下几种。

（1）塔式反应器　这是一种直立式的反应器，由塔外壳和塔内构件组成。反应器因塔内构件的不同而种类繁多。根据塔的类型不同，这类反应器可适用于液相、气-液相和气-液-固相。

（2）搅拌釜式反应器　这种反应器通常由釜体、换热装置、搅拌器和传动装置等组成，适用于各种相态物料的反应。反应釜中设有各种不同形式的搅拌、传热装置，可适用不同性质的物料和不同热效应的反应，以保持反应物料在釜内的合理流动、混合与良好传热。搅拌釜式反应器的适用性广，操作弹性大，浓度容易控制。

（3）固定床反应器　这类反应器属非均相物料反应器，其中尤以气态反应物通过静止状态的固体床层的气-固相催化反应器居多，也有用于液-固相催化反应的。大多数固定床反应器内使用的固体颗粒属于催化剂，如催化转化反应器等。这类反应器结构形式简单，主要由内装气体分布装置和热交换器的容器组成。

（4）流化床反应器　这类反应器是利用固体颗粒流态化技术的优点而进行气体与气体（催化反应）或者气体与固体反应的一种设备。当原料气体通入反应器时，以气泡形式通过粒度很细的催化剂床层，并使催化剂颗粒悬浮起来，在反应器内剧烈运动，就像沸腾的液体一样，形成流态化的固体，因此将这类反应器称为流化床反应器。

5. 物料输送设备

一套完整的污染防治设施系统大多数是由若干台（套）设备有机组合起来的。为保证物料在设备间的流动和物料在设备内的工艺条件，需要采用物料输送设备来达到这一要求。除噪声和振动等特殊污染物外，绝大多数含有污染物质的物料一般具有三种形态，即固态、液态和气态。由于液体和气体无固定的形状，能自由地流动，而且流动性质也都很相似，所以可将含污染物质的液体和气体统称为流体污染物。

流体污染物料在进行净化时，一般均在有一定容积的设备内进行，反应后再从设备内流出。因此，在污染治理工艺系统中，常需将流体从低处输送至高处，或从低压处送至高压处，或沿管道送至较远的地方。为达到此目的，必须外加动力给流体一定的能量以克服流动过程中的阻力，这种给流体一定能量的设备称为流体输送设备。

用于气体物料输送的设备有送风机、鼓风机、压缩机；用于液体物料输送的设备则通称为泵；输送固体污染物料采用皮带运输机、螺旋运输机、风力输送机、斗式提升机等。

6. 管道及管配件

管道本身并不属于环保设备，但单台环保设备实际上无法实现其自身的功能，一般情况下只有将多台设备用管道连接起来形成成套装备，才能完成相应的工艺使命。管道担负着输送介质的任务。完整的管道除管道本身外，还包括各种管配件，如各种阀门、弯头、法兰等。

四、环保设备的分类

1. 按环保设备所控制的污染对象分类

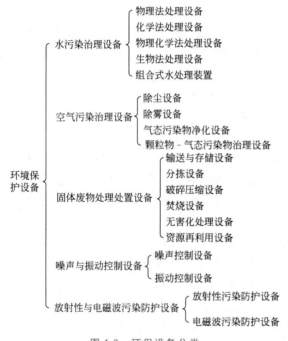

图 1-3　环保设备分类

《环境保护设备分类与命名》（HJ/T 11—1996）规定，环保设备是水污染治理设备、空气污染治理设备、固体废物处理处置设备、噪声与振动控制设备、放射性与电磁波污染防护设备的总称，按所控制的污染对象分为五大类，并按照类别、亚类别、组别和型别四个层次分类表示，如图 1-3 所示。

2. 按环保设备的构成分类

（1）单体设备　这类设备是环保设备的主体，如各种除尘器、单体污水处理设备等。单体设备可以是机械设备，也可以是混凝土或其他材料（如玻璃钢等）建造的构筑物。

（2）成套设备　指以单体设备为主，包含各种附属设备（如风机、电机等）的整体。

（3）生产线　指由一台或多台单体设备、各种附属设备及管线所构成的整体，如污水处理生产线。

3. 按环保设备的使用功能分类

（1）环保主体设备　指各种用于控制环境污染和改善环境质量的、由生产单位或建筑安装单位制造的主要设备产品。如各种除尘器、吸收塔、吸附塔、分离沉降设备、反应器、塔罐，各种沉淀池、反应池等构筑物，消声器、减振控制器等。

（2）动力输送设备　指用于配合环保主体设备，为保证需要去除的污染物在环保设备之间的流动及其在设备内的工艺反应条件，以使其能够正常运转而进行各种所控制污染对象（污染物）输送的设备。如用于输送气体物料的设备有送风机、鼓风机、压缩机，用于输送液体物料的设备有泵，用于运输固体污染物料的设备有皮带运输机、螺旋运输机、风力输送机、斗式提升机等。

（3）监测监控仪器仪表设备　指保证环境污染防治设施系统正常运行的监测监控仪器仪表设备。如各种分析仪器（包括光学分析仪器、色谱分析仪器、电化学分析仪器等），各种监测仪器，操作单元用于监控压力、温度、流量、浓度等参数指标的仪表仪器等。

（4）管道及管配件　管道本身并不属于设备，但是在一般情况下只有将一台（套）或若干台（套）设备用管道连接起来才能形成完整的环境污染防治设施系统，完成相应的工艺使命。管道担负着输送介质的任务，不可缺少。完整的管道除管道本身外，还包括各种管配件，如各种阀门、弯头、法兰等。

五、环保设备的特点

1. 产品体系庞大

由于环境污染物质种类和形态的多样性，为适应治理各种废水、废气、固体废物以及噪声和辐射污染的需要，环保设备已经形成庞大的产品体系，拥有几千个品种、几万种规格。多数产品彼此之间结构差异大，专用性强，标准化难度大，因此难以形成批量生产。

2. 设备与工艺之间的配套性强

由于污染源不同，污染物质的成分、状态以及排放量等都存在较大的差异，因此必须结合现场数据进行专门的工艺设计，相应采用最经济合理的工艺方法和设备，否则难以达到预期目的。

3. 设备工作条件差异大

由于各种污染源的具体状况不同，环保设备在污染源中的工作条件有较大差异。相当多的设备在室外、潮湿条件下连续运行，要求设备具有良好的工作稳定性和可靠的控制系统。有些设备在高温、强腐蚀、重磨损、高载荷的条件下运行，要求设备应具备耐高温、耐腐蚀、抗磨损、高强度等技术性能。某些大型成套设备如大型垃圾焚烧炉、大型除尘设备、大型除硫脱氮装置等，系统庞大，结构复杂，对系统的综合技术水平要求较高。

4. 部分设备具有兼用性

部分环保设备与其他行业的机械设备结构相似，具有相互兼用性，即环保设备可以应用于其他行业，其他行业的有关机械设备也可以应用于环境污染治理。这类设备也称为通用设备。如石油、化工、矿山、轻工等行业中的蒸发器、塔罐、搅拌机、分离机、萃取机、破碎机、筛分机、分选机等机械设备，都可以与环保设备中的同类设备兼用。

第二节　环保设备常用的技术指标

一、废气治理设备常用的技术指标

废气中污染物的去除是通过废气治理设备来完成的。废气治理设备的优劣常采用技术指标和经济指标来评价。技术指标主要包括废气处理量、净化效率和压力损失等。经济指标主要包括设备费、运行费、占地面积或占用空间体积、设备的可靠性和使用年限以及操作和维护管理的难易程度等。在选择使用废气治理设备时，要对上述指标综合考虑。下面主要讨论废气治理设备的技术指标。

1. 废气处理量

废气处理量是衡量废气治理设备处理能力的指标，是指单位时间内废气治理设备处理各种废气的体积流量，一般用废气治理设备的进出口气体流量的平均值来表示废气治理设备的气体处理量。

$$Q = \frac{Q_1 + Q_2}{2} \tag{1-1}$$

式中 Q_1——废气治理设备入口气体在标准状态下的体积流量，m^3/s 或 m^3/h；

Q_2——废气治理设备出口气体在标准状态下的体积流量，m^3/s 或 m^3/h；

Q——废气治理设备处理气体在标准状态下的体积流量，m^3/s 或 m^3/h。

由于加工或操作的原因，会造成设备漏风的现象，从而使进口气体量与出口气体量不同，一般用漏风率 δ 来表示废气治理设备的严密程度，δ 为正值表示向外漏，δ 为负值表示向内漏。计算公式如下：

$$\delta = \frac{Q_1 - Q_2}{Q_1} \times 100\% \tag{1-2}$$

若进出口气体不是在标准状况下（$T = 273K$，$p = 101.3 \times 10^3 Pa$），可用下面公式将其换算为标准状况下的体积流量。

$$Q_N = Q \times \frac{T_N}{T} \times \frac{p}{p_N} \tag{1-3}$$

式中 Q_N，T_N，p_N——标准状态下的流量（m^3/s），温度（K），压力（Pa）；

Q，T，p——操作状态下的流量（m^3/s），温度（K），压力（Pa）。

2. 净化效率

净化效率是表示废气治理设备净化性能的重要技术指标。一般对颗粒污染物的净化效率称为除尘效率，对气态污染物的净化效率根据其处理方法不同称为吸收率、吸附率、转化率、焚烧率等。

（1）总效率 废气治理设备的总效率是指在同一时间内废气治理设备捕集的粉尘质量占进入废气治理设备的粉尘质量的百分数，用 η 表示。

以净化粉尘废气污染物为例，若废气治理设备（也称除尘器）进口的气体流量为 Q_1（m^3/s），粉尘流入量为 G_1（g/s），气体含尘浓度 C_1（g/m^3）；出口气体流量为 Q_2（m^3/s），粉尘流出量为 G_2（g/s），出口气体含尘浓度为 C_2（g/m^3），治理设备捕集的粉尘为 G_3（g/s）。根据净化效率的定义，净化效率表示式为：

（质量法） $$\eta = \frac{G_3}{G_1} \times 100\% \tag{1-4}$$

因为：$G_3 = G_1 - G_2$，$G_1 = Q_1 C_1$，$G_2 = Q_2 C_2$，因此有

$$\eta = \frac{G_3}{G_1} \times 100\% = \frac{G_1 - G_2}{G_1} \times 100\% = \frac{Q_1 C_1 - Q_2 C_2}{Q_1 C_1} \times 100\%$$

$$= \left(1 - \frac{Q_2 C_2}{Q_1 C_1}\right) \times 100\% \tag{1-5}$$

若装置不漏风，$Q_1 = Q_2$，于是有：

（浓度法）
$$\eta = \left(1 - \frac{C_2}{C_1}\right) \times 100\% \tag{1-6}$$

式（1-4）要通过称重求得除尘效率，故称为质量法。这种方法多用于实验室，得到的结果比较准确。式（1-6）的方法称为浓度法，只要同时测出除尘设备进出口的含尘浓度即可计算出该设备的除尘效率，在实际使用中，重量法受到生产条件的限制，没有得到广泛的应用，浓度法虽然没有重量法准确，但较方便，在现场实测中被广泛应用。

（2）通过率　通过率是指在同一时间内，穿过废气治理设备的粒子质量与进入的粒子质量的比，一般用 P（％）表示。

$$P = \frac{G_2}{G_1} \times 100\% = 100\% - \eta \tag{1-7}$$

例如，废气治理设备 I 的效率 $\eta = 99.0\%$ 时，则 $P = 1.0\%$；另一废气治理设备 II 的效率 $\eta = 99.9\%$，$P = 0.1\%$。则废气治理设备 I 的通过效率比废气治理设备 II 高 10 倍。

（3）串联运行时的总净化效率　当入口气体含尘浓度很高，或者要求出口气体中含尘浓度较低时，用一种废气治理设备往往不能满足净化效率的要求。这时，可将两种或多种不同类型和效率的废气治理设备串联起来使用。

当两台废气治理设备串联使用时，η_1 和 η_2 分别表示第一级和第二级废气治理设备的净化效率，则除尘系统的总效率为：

$$\eta = \eta_1 + \eta_2(1 - \eta_1) = 1 - (1 - \eta_1)(1 - \eta_2) \tag{1-8}$$

当几台废气治理设备串联使用时：

$$\eta = 1 - (1 - \eta_1)(1 - \eta_2)(1 - \eta_3) \cdots (1 - \eta_n) \tag{1-9}$$

【例 1-1】　某锅炉烟气除尘用两级除尘系统处理，要求的总效率为 98%，已知两台除尘器的除尘净化效率分别为 80% 和 85%，问采用以上两个废气治理设备进行串联使用能否达到净化要求？

解：采用以上两级串联的总效率为
$$\eta = 1 - (1 - \eta_1)(1 - \eta_2)$$
$$= 1 - (1 - 0.8) \times (1 - 0.85)$$
$$= 0.97 = 97\%$$

$97\% < 98\%$，因此不能满足要求。

（4）分级效率　总效率表示废气治理设备的总体效果或平均效果，净化装置对不同粒径的粉尘具有不同的作用效果，为反映这一特性，我们引入分级效率的概念。分级效率 η_d 表示废气治理设备对不同粒径或粒径范围粉尘的净化效果。质量分级效率和浓度分级效率可分别由式（1-10）和式（1-11）计算。

$$\eta_d = \frac{G_3 g_{d3}}{G_1 g_{d1}} \times 100\% \tag{1-10}$$

$$\eta_d = \frac{Q_1 g_{d1} C_1 - Q_2 g_{d2} C_2}{Q_1 g_{d1} C_1} \times 100\% \tag{1-11}$$

若设备不漏风，$Q_1 = Q_2$，于是有：

$$\eta_d = \left(1 - \frac{g_{d2} C_2}{g_{d1} C_1}\right) \times 100\% \qquad (1-12)$$

式中，g_{d1}、g_{d2}、g_{d3} 分别为废气治理设备进口、出口和被废气治理设备捕集的粉尘粒径分布（频率分布）。

如果已知粉尘的粒径分布和各自粒径范围的分级效率，则可由下式计算废气治理设备的平均净化效率 η。

$$\eta = \sum_{i=1}^{n} g_{di} \eta_{di} \qquad (1-13)$$

式中 g_{di}——废气治理设备进口粉尘的粒径分布（频率分布），%；

  η_{di}——粒径为 d_i 的粉尘的分级效率，%。

【例1-2】 在某锅炉房对一台布袋除尘器进行测定，测得废气治理设备进口和出口气体中含尘浓度分别为 $3.2 \times 10^{-3}\text{kg/m}^3$ 和 $4.8 \times 10^{-4}\text{kg/m}^3$，布袋除尘器进口和出口粉尘的粒径分布见表1-1。

表 1-1 分级净化效率表

粉尘的粒径 d_p/μm		0~5	5~10	10~20	20~40	>40
质量分数/%	废气治理设备进口	20	10	15	20	35
	废气治理设备出口	78	14	7.4	0.6	0

计算该布袋除尘器的分级效率和净化效率。

解：(1) 计算布袋除尘器的分级效率，根据进出口粒径分布情况，分级效率由下式计算：

$$\eta_d = \frac{g_{d1} C_1 - g_{d2} C_2}{g_{d1} C_1} = 1 - \frac{g_{d2} C_2}{g_{d1} C_1}$$

d_p 为 0~5μm 粉尘，$\eta_{0\sim5} = 41.5\%$；

d_p 为 5~10μm 粉尘，$\eta_{5\sim10} = 79\%$；

d_p 为 10~20μm 粉尘，$\eta_{10\sim20} = 92.5\%$；

d_p 为 20~40μm 粉尘，$\eta_{20\sim40} = 99.55\%$；

$d_p > 40$μm 粉尘，$\eta_{>40} = 100\%$。

(2) 计算废气治理设备的平均净化效率：

$$\eta = \sum_{i=1}^{n} g_{di} \eta_{di}$$
$$= 20 \times 41.5\% + 10 \times 79\% + 15 \times 92.5\% + 20 \times 99.55\% + 35 \times 100\%$$
$$= 85\%$$

3. 压力损失

含尘气体经过废气治理设备后会产生压力降，被称为废气治理设备的压力损失，单位是 Pa。压力损失的大小除了与设备的结构形式有关之外，主要与流速有关。两者之间的关系为：

$$\Delta p = \xi \times \frac{\rho u_i^2}{2} \qquad\qquad (1\text{-}14)$$

式中　Δp——废气治理设备的压力损失，Pa；

　　　ξ——净化装置的阻力系数；

　　　ρ——气体的密度，kg/m³；

　　　u_i——装置进口气体流速，m/s。

废气治理设备的压力损失是一项重要的经济技术指标。装置的压力损失越大，动力消耗也越大，废气治理设备的设备费用和运行费用就越高。不同的废气治理设备压力损失有很大不同，如文丘里洗涤除尘器可以达到9000Pa以上，但大部分除尘器的压力损失在2000Pa以下。

输送含尘废气克服除尘器的压力损失需要消耗一定的电量能耗，可以根据除尘器的压力损失与处理风量，按式（1-15）计算其耗电量：

$$N = \frac{\Delta p \times L \times 9.8 \times t}{10^2 \times 3600 \times \eta} \qquad\qquad (1\text{-}15)$$

式中　N——耗电量，kW/h；

　　　L——处理风量，m³/h；

　　　Δp——除尘器阻力，Pa；

　　　t——运行时间，h；

　　　η——风机效率（包括风机，电机和传动效率），%；

　　　10^2——kW 与（kg·m）/s 之间的换算系数。

二、废水治理设备常用的技术指标

1. 综合技术指标

（1）处理污水量　处理后达标污水的多少，一般通过巴氏计量槽测定，并应与管道流量计的测量做比较。对于污水处理厂，利用现有系统，在保证处理效果时，处理的污水量越多越能发挥规模效益。一般记录每日平均时流量、最大时流量、平均日流量、年流量等。

（2）污染物去除指标　包括 COD_{Cr}、BOD_5、SS、TN 或 $NH_3\text{-}N$ 等污染物指标的总去除量、去除率。必要时应分析主要处理单元的污染物去除指标。

（3）出水水质达标率　出水水质达标率是全年出水水质达标天数与全年总运行天数之比。一般要求出水水质达标率在95%以上。

（4）设备完好率和设备使用率　城市污水处理厂的设备完好率是设备实际完好台数与应当完好台数之比。设备使用率是设备使用台数与设备应当完好台数之比。管理良好的城市污水处理厂设备完好率应在95%以上，设备使用率则取决于设计、建设时采购安装的盈余程度和其后管理改造等因素。较高的设备使用率，说明设计、建设和管理合理、经济。

（5）污水、渣、沼气产量及其利用指数　如城市污水处理厂的预处理与一级处理，每天都要去除栅渣、砂及浮渣。运行记录应有各种设施或设备的渣、砂净产量及单位产量。

污泥干重或湿重产量，一般都与污水水质、污水处理工艺、污泥处理工艺有关，应记录其湿、干污泥总产量、单位产量及污泥利用产量等指标。若采用传统活性污泥法处理污水，每处理 $1000m^3$ 污水可由带式脱水机产生湿泥、污泥饼 $0.7m^3$（含水率 $75\%\sim80\%$）。

当生污泥进行厌氧消化时，会产生沼气。一般每消化 $1.0kg$ 的挥发性有机物可产生 $0.75\sim1.0m^3$ 的沼气。沼气的甲烷含量为 $55\%\sim70\%$，热值约为 $23MJ/m^3$。运行指标应包括沼气产量、单位沼气产量、沼气利用量。

2. 污水水质指标

水质是指水和水中所含杂质共同表现出来的综合特性。水质指标是判断水质的具体指标。水质指标主要包括温度、色度、浑浊度、嗅和味、溶解性固体和悬浮性固体、生化需氧量（BOD）、化学需氧量（COD）、总需氧量（TOD）、氮和磷含量、有毒有害有机物、细菌总数、总大肠菌群数等。

（1）温度　温度会对水体环境产生很大影响，因此是重要的水质指标之一。随着温度的升高，氧在水中的溶解度将降低，水中的各种化学和生化反应将相应发生变化。

（2）色度　城市污水由于主要污染物不同，会带有不同的颜色，有时会造成感官的不快。在污水处理中，对于色度超标的污水，要对污水进行预处理或后续深度处理。

（3）嗅和味　嗅和味是重要的感官指标。在饮用水处理时对嗅和味的要求非常严格，在城市污水处理中也有相应的处理规定。一般来说，嗅和味是由于污水中存在大量有机物造成的，通过对污水进行物理、化学和生物处理，污水的嗅和味都可以得到去除。

（4）溶解性固体和悬浮性固体　溶解性固体和悬浮性固体的存在，往往会对污水处理效果产生较大的影响，如会影响生物处理系统的微生物降解效果。因此，当污水中溶解性固体和悬浮性固体含量过高时，一般选用预处理技术，以保证后续处理工艺的顺利进行。悬浮性固体和挥发性悬浮性固体的浓度是污水处理工艺设计中的重要参数。

（5）生化需氧量（BOD）　生化需氧量表示在有氧的情况下，微生物降解有机物使之稳定化所需的氧量。BOD 值越大，说明水中有机物含量越高，污染越严重。在实际水质监测中，常以 5 日生化需氧量（BOD_5）来表示污水中的有机物浓度。

（6）化学需氧量（COD）　化学需氧量是指在强氧化剂，如重铬酸钾、高锰酸钾的作用下，氧化水中有机物所需的氧量。当以重铬酸钾作为氧化剂时，化学需氧量常表示为 COD_{Cr}；当以高锰酸钾作为氧化剂时，化学需氧量常表示为高锰酸盐指数（以 COD_{Mn} 表示）。COD 测定方法比 BOD 测定方法准确、快捷。因此，在水处理工程水质监测中，化学需氧量应用较为广泛，但 COD 通常与 BOD 一起，同时作为水体有机物含量的衡量指标，是水处理工程设计的基本水质参数。

（7）总需氧量（TOD）　总需氧量可以反映水中所有还原性物质氧化所需的氧量，在水处理技术研究中应用较多。

（8）N 和 P 含量　N 和 P 是衡量水体富营养化的重要水质指标，水体中 N、P 含量超标，会导致赤潮和水华发生。同时，N 和 P 又是某些污水必不可少的营养物质。采用生物技术处理污水时，N 和 P 是必需的营养物，通常生物处理系统要求 C∶N∶P 为 $100\colon5\colon1$，但其浓度应控制在适宜的范围内，否则将增加处理系统的脱氮、除磷工序。若污水中 N、P 含量不足以维持生物反应的需要时，要在工艺设计中考虑投加 N、P。

（9）有毒有害有机物　有毒有害有机物是指除少部分物质外，大多数难以被生物降解，并对人体产生较大危害的有机化合物。如表面活性剂、农药、染料、高分子聚合物等。

（10）细菌总数和总大肠菌群数　细菌和大肠杆菌在生活污水和医院污水中经常可检测出。细菌总数和总大肠菌群数是评价水体卫生程度的重要指标，直接关系到人们的健康。细菌总数和总大肠菌群数在生活污水处理与回用以及医院污水处理工序中，是重要的排放控制指标。

污水处理的前提条件是必须正确掌握全面的污水水质，而实际工程中污水的组成成分极其复杂，难以用单一指标来表示其性质。

第三节　环保设备的主要经济指标

一、环保设备经济指标的分类

从环保设备或环保系统的特点出发，其经济指标大致可以分为三类：第一类是反映已形成使用价值的收益类指标；第二类是反映使用价值的消耗类指标；第三类是与上述两类指标相联系，反映技术经济效益的综合指标。

1. 环保设备的收益类指标

（1）处理能力　指单位时间内能处理"三废"物质的量。如水处理设备的流量大小、除尘设备的风量大小等。显然，环保设备的处理能力与处理工艺、设备、体积消耗以及总造价密切相关。一般设备应按系列化要求，对处理能力进行合理分级，力求单位处理能力的总投资最少。

（2）处理效率　指通过处理后的污染物去除率。环保设备的处理效率与处理对象有关，如除尘设备的分级效率就对尘粒大小较为敏感。同时，设备的处理效率又因所采用的处理工艺不同而不同。

（3）设备运行寿命　是指既能保证环境治理质量，又能符合经济运行要求的环保设备运行寿命。设备运行寿命实质上也代表环保设备投资的有效期。

（4）"三废"资源化能力　指通过环保设备对污染源进行治理后，变废为宝，从中获得直接经济价值的能力。如回收硫、回收贵金属、水循环、废渣制建材等。

（5）降低损失水平　指通过环保设备对污染源进行治理后，改善了环境质量，减少或免交处理前的环境污染赔偿费，或减少生产资料损失。如改善排水状况、降低对捕鱼量的影响等。

（6）非货币计量效益　指通过环保设备对污染源进行治理后，产生的不能直接用货币计量的效益。如空气净化、环境幽雅舒适、社会稳定等。

2. 环保设备的耗费类指标

（1）投资总额　是指购置和制造环保设备支出的全部费用。含购买、制作、安装等直接费用和管理费、占地费等非直接费用。

（2）运行费用　是指让环保设备正常运行所需的全部费用。包括直接运行费（人工、水、电、材料）和间接运行费（管理、折旧费等）。

（3）设备耗用时间　是指环保设备从开始投资到实际运行所耗用的时间，反映了从购买到形成使用价值的速度。

（4）有效运行时间　是指环保设备每年实际运行的时间，常用有效利用率表示。实际代表着环保设备不开动时所造成的耗费。

$$有效利用率=\frac{年累计运行时间}{年计划运行时间} \tag{1-16}$$

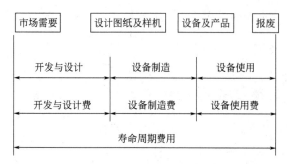

图1-4　环保设备的寿命周期和寿命周期费用

3. 环保设备的综合指标

（1）寿命周期费用　环保设备的寿命周期费用，是指环保设备在整个寿命周期过程中所发生的全部费用。所谓寿命周期，是指从研究开发开始，经过制造和长期使用，直到报废或被其他设备取代为止，所经历的整个时期（图1-4）。

从图1-4可以看出，环保设备寿命周期费用由设备开发与设计费、制造费和使用费组成。通常将环保设备寿命周期费用分为设置费和使用费两大部分。设置费是指环保设备由开发研制到正常运行所发生的一切费用，包括开发与设计费、试制费，制造或建筑过程中的直接或间接费用，以及运输、安装、调试等费用；使用费是指包括使用过程中的燃料、动力、原料、辅料、维修、人工等各种费用的总和。

（2）环境效益指数　环境效益指数是反映使用环保设备后环境质量改善的综合指标。

（3）投资回收期　投资回收期是以环保设备的净收益（包括直接和间接的收益）抵偿全部投资所需的时间，一般以年为单位，是考核环保设备投资回收能力的重要指标。根据是否考虑货币资金的时间价值，投资回收期可分为静态投资回收期和动态投资回收期。

设备选择的经济指标，其定义范围很宽，各企业可视自身的特点和需要从中选择影响设备经济性的主要因素进行分析论证。设备选型时要考虑的经济性影响因素主要有：①初期投资；②对产品的适应性；③生产效率；④耐久性；⑤能源与原材料消耗；⑥维护修理费用等。

设备的初期投资主要指购置费、运输与保险费、安装费、辅助设施费、培训费、关税费等。在选购设备时不能简单寻求价格便宜而降低其他因素的评价标准。总之，以设备寿命周期费用为依据衡量设备的经济性，在寿命周期费用合理的基础上追求设备投资的经济效益最高。

二、环保设备经济指标的构成

1. 设备利用指标

（1）设备维修费用率

$$设备维修费用率=\frac{设备维修费用总额}{设备总原值} \tag{1-17}$$

（2）故障（事故）停机损失

故障(事故)停机损失＝故障(事故)修理费用＋故障(事故)停产损失费用

（3）备件资金周转率

$$备件资金周转率 = \frac{年备件消耗总额}{年均库存总额} \times 100\% \tag{1-18}$$

2. 能源利用指标

（1）能源弹性系数

$$能源弹性系数 = \frac{年均能源增长率}{年均工业总产值增长率} \tag{1-19}$$

（2）能源利用率

$$能源利用率 = \frac{用能设备总有效使用量}{能源供给总量} \times 100\% \tag{1-20}$$

（3）单位产值综合耗能量

$$单位产值综合耗能量 = \frac{综合耗能量}{企业净产值} \tag{1-21}$$

我国的环保设备运行管理目标是推行设备管理科学化、标准化和现代化。这是一项长期的艰巨任务，必须根据国家相关的方针、政策，制定具体的规划和步骤，积极稳步地推行设备管理现代化；必须积极推行环保设备运行管理的市场化、社会化，为环保设备正常运行管理创造良好的条件。

 习题

> 1. 什么是环保设备？什么是环保设施？
> 2. 简述环保设备的构成机理。
> 3. 简述环保设备的分类方法。
> 4. 环保设备的特点有哪些？
> 5. 废气处理设备的技术指标有哪些？
> 6. 废气治理设备的总效率的定义是什么？
> 7. 污水处理设备的综合技术指标有哪些？
> 8. 请说明环保设备收益类经济指标的组成。
> 9. 请说明环保设备耗费类经济指标的组成。
> 10. 请说明环保设备综合经济指标的组成。

第二章

废水处理设备中的液固分离设备

 学习指南

　　本章主要介绍了废水处理设备中常用液固分离设备的基本知识。通过学习，掌握格栅、沉砂池、沉淀池、气浮装置、滤池、离心机、膜分离、电渗析、反渗透设备的类型、构造及工作原理；掌握常用废水处理设备中液固分离设备的选用原则，通过对其运行和维护理论知识的学习，结合现场教学，初步学会废水处理分离工艺的选择和分离设备的选型，提高实际工程中分离设备运行和维护的操作技能。

 素质目标

　　增强对废水处理中的液固分离设备的规范操作管理意识；选择设备要分析其技术指标和经济指标，具有节约意识；在使用和维护设备时要具有安全意识；培养生态环境意识。

　　根据污染物性质的不同，采用物理的、化学的方法进行污染物质相态分离的设备，统称分离设备。各种不同类型的分离设备主要作用是从受污染的混合物中分离出某种需要的组分，或者除去其中某些有害的杂质。废水处理技术中用于污染防治的分离设备种类繁多，废水污染物的存在状态基本属于流体状态，许多分离过程都在液体相态中进行。在实际废水处理工艺中，废水中液固过滤或根据固形物密度不同进行沉降与气浮是分离工序中常用的两种基本操作。

第一节　格栅分离设备

　　格栅是一种最简单的过滤设备，用于去除水中那些较大的悬浮颗粒物，以保证后续处理设备正常工作。格栅通常由一组或多组平行金属栅条制成的框架组成，倾斜或直立地设置在进水渠道中，以拦截粗大的悬浮物，防止后处理工序中的管道、阀门或水泵被堵塞。

一、格栅的构造与工作原理

　　机械格栅（图 2-1）由机架、动力装置、耙齿及电控箱组成，斜置于废水流经的通道中，与地面形成一定的倾角。栅条与机架固定在一起，栅条用于拦截污水中的悬浮性污物；传动链条带动固定数组的除污耙齿，耙齿伸入栅条缝隙之中，通过链条带动连续不断地将污水中固体物提升至顶端，在链条运动时，悬浮污物均掉落到栅条后的栅渣收集箱中。

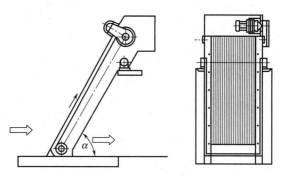

图 2-1 NC 型机械格栅外形

旋转式格栅除污机由机架、动力装置、耙齿、清洗机构及电控箱组成。耙齿链是由若干组用 ABS 工程塑料、尼龙或不锈钢制成的特殊形耙齿，按一定的排列次序装配在耙齿轴上形成的封闭式回转链。耙齿链的下部安装在进水渠的液面下。当传动系统带动链轮做匀速定向旋转时，整个耙齿发生自下而上的运动，并将固体杂物从液体中分离、携带出来，流体则通过耙齿的栅缝隙流过去，整个工作状态连续进行。

目前作为格栅的机械设备发展相当快，市场上各种类型、材质、规格的格栅很多。按形状，格栅可分平面格栅和曲面格栅；按栅条间隙，可分为粗格栅（50~100mm）、中格栅（10~40mm）、细格栅（3~10mm）三种；按清渣方式，可分为人工清渣格栅和机械清渣格栅两种。

回转式
格栅

二、格栅的选择

栅条断面形状一般有五种，见表 2-1。圆形断面水力条件好，水流阻力小，但刚性差，一般多采用矩形断面。三种矩形断面的栅条中，两头半圆的矩形断面栅条的水力条件及刚性最佳。

表 2-1 栅条断面形状与尺寸

栅条断面	正方形	圆形	矩形	带半圆的矩形	两头半圆的矩形
尺寸/mm	20 20 20	20 20 20	10 10 10 50	10 10 10 50	10 10 10 50

栅渣的清除方法，一般按所需清渣的量而定，每日栅渣量大于 $0.2m^3$ 时，应采用机械格栅除渣机。目前，一些小型废水处理厂，为了改善劳动条件，也采用机械格栅除渣机。常用的机械格栅除渣机的类型有链条式、移动式伸缩臂、圆周回转式、钢丝绳牵引式等，各类机械格栅除渣机的适用范围及优缺点见表 2-2。

表 2-2 不同类型格栅除渣机的比较

类 型	适用范围	优 点	缺 点
链条式	深度不大的中小型格栅，主要清除长纤维、带状物等生活污水中杂物	1. 构造简单，制造方便； 2. 占地面积小	1. 杂物进入链条和链轮之间时容易卡住； 2. 套筒滚子链造价高、耐腐蚀性差

续表

类　型	适用范围	优　点	缺　点
移动式伸缩臂	中等深度的宽大格栅。耙斗式适用于废水除污	1. 不清渣时,设备全部在水面上,维护检修方便; 2. 可不停水检修; 3. 钢丝绳在水面上运行,寿命长	1. 需三套电动机、减速器,构造较复杂; 2. 移动时耙齿与栅条间隙的对位较困难
圆周回转式	深度较浅的中小型格栅	1. 构造简单,制造方便; 2. 动作可靠,容易检修	1. 配置圆弧形格栅,制造较难; 2. 占地面积大
钢丝绳牵引式	固定式适用于中小型格栅,深度范围广;移动式适用于宽大格栅	1. 适用范围广泛; 2. 无水下固定部件的设备,维护检修方便	1. 钢丝绳干、湿交替易腐蚀,需采用不锈钢丝绳,货源困难; 2. 有水下固定部件的设备,维护检修需停水

移动伸缩臂式格栅除污机

　　格栅作为预处理设备,应综合考虑后续设备的性能和格栅位置进行选择。水泵前格栅间隙应根据水泵要求确定,污水泵型号与栅条间隙之间的关系见表2-3。

表2-3　污水泵型号与栅条间隙的关系

污水泵型号	栅条间隙/mm	栅渣量/[L/(人·d)]
$2\frac{1}{2}$PW,$2\frac{1}{2}$PWL	≤20	4～6
4PW	≤40	2.7
6PW	≤70	0.8
8PW	≤90	0.5
10PWL	≤110	<0.5

　　污水处理系统前格栅栅条间隙应符合下列要求:人工清除格栅栅条间隙25～40mm;机械清除格栅栅条间隙10～25mm。栅条间隙还应综合考虑处理污水状况与特征、污水流量和排水体制等因素。栅渣量与栅条间隙有关,当缺乏运行资料时,可按表2-4确定。

表2-4　栅渣量与栅条间隙的关系

栅条间隙/mm	栅渣量/(m³/10³m³污水)	栅条间隙/mm	栅渣量/(m³/10³m³污水)
16～25	0.10～0.05	30～50	0.03～0.01

　　圆形断面栅条水力条件较好,水力阻力小,但刚度差。一般多采用矩形断面栅条。选用机械清除格栅时,一般不少于2台。大型污水处理厂应设置粗、细两道格栅。

三、格栅的设计原则

　　(1)水泵前格栅栅条间隙,应根据水泵允许通过污物的能力来确定。

　　(2)污水处理系统一般宜设中、细二道格栅,一般泵前设一道中格栅,泵后设一道细格栅。

　　(3)每日栅渣量大于0.2m³,一般采用机械清渣,同时机械格栅不少于2台,一备一用。

　　(4)格栅前渠内水流速度0.4～0.9m/s,过栅速度0.6～1.0m/s。

（5）格栅倾角一般为 $45°\sim75°$，机械格栅一般为 $60°\sim70°$。

（6）通过格栅的水头损失一般为 $0.08\sim0.15m$。

（7）放置格栅的沟深超过 7m 应选用钢丝型格栅机，深度小于或等于 2m 宜采用弧形格栅，中等深度宜采用链式除污机。

（8）单台格栅工作宽度一般不超 3m，超过时可采用多台。

（9）栅条高度一般按正常水位决定，当池内设有可靠自动装置时，则栅条高度可以比正常水位高 1.0m。

（10）格栅必须设工作台，台面高出栅前最高设计水位 0.5m，工作台两侧过道宽度不应小于 0.7m，工作台正面过道宽度不应小于 1.2m，工作台应有安全、冲洗设施。

四、格栅的运行与维护

在所有水处理设备的运行与维护工作中，格栅是最为简单的设备之一。对于人工清除污物的格栅，运行管理人员的主要任务是及时清除截留在格栅上的污物，防止栅条间隙堵塞；对于机械清除格栅，则是保证机械除污机的正常运转。

机械清除格栅通常采用间歇式的清除装置，其运行可用定时装置控制操作，亦可用格栅前、后渠道水位差的随动装置控制操作。为保证设备的安全运行，机械除污装置应设超负荷自动保护装置。

为了保证机械除污机的正常运转，应制订详细的维护检修计划，对设备的各部位进行定期检查维修并认真做好检修记录，如轴承减速器、链条的润滑情况，传动皮带或链条的松紧程度，控制操作的定时装置或水位差的随动装置是否正常等，及时更换损坏的零部件。

当机械除污机出现故障或停机检修时，应采用人工方式清污。

在格栅的安设及操作管理中，应注意如下事项。

（1）为使水流通过格栅时水流横断面积不减少，应及时清除格栅上截留的污物。

（2）为了防止栅前产生壅水现象，把格栅后渠底降低一定高度。该高度应不小于水流通过格栅的水头损失。

（3）间歇式操作的机械格栅，其运行可用定时装置控制操作，或可用格栅前、后渠道水位差的随动装置控制操作。有时也采用上述两种方式相结合的运行方式。

● 第二节　沉砂分离设备 ●

沉砂通常采用沉砂池，沉砂池的功能是从污水中分离密度较大的无机颗粒，如砂、炉灰渣等。沉砂池一般设在泵站、反应池之前，用于保护机件和管道免受磨损，还能使沉淀池中污泥具有良好的流动性，防止排放与输送管道被堵塞，且能使无机颗粒和有机颗粒分别分离，便于分离处理和处置。

沉砂池以重力分离作为基础（一般属自由沉淀类型），即把沉砂池内的水流速度控制到只能使密度大（通常相对密度不小于 2.65）的无机颗粒沉淀，而有机颗粒可随水流出。

沉砂池的结构材料常用钢筋混凝土或钢板。考虑到污水的腐蚀性及设备的经济性，以钢筋混凝土材料居多。沉砂池的常用类型有平流式沉砂池、竖流式沉砂池、曝气沉砂池、多尔沉砂池及钟式沉砂池等。

一、平流式沉砂池

除砂设备
工作流程

平流式沉砂池由入流渠、出流渠、闸板、水流部分及沉砂斗组成，见图 2-2。它的优点在于截留无机颗粒效果较好、工作稳定、构造简单、排沉砂较方便等，是沉砂池中常用的一种。平流式沉砂池常用的排砂方式与装置主要有重力排砂和机械排砂两种。图 2-2 即为重力排砂。机械排砂主要是依靠真空泵、砂泵等配套设备将砂斗中的泥砂吸出。大、中型污水处理厂应采用机械除砂。

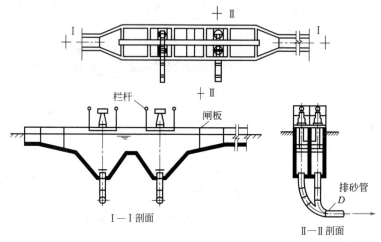

图 2-2　平流式沉砂池

曝气沉
砂池

二、曝气沉砂池

沉砂池的沉砂中夹杂约 15% 的有机物，普通平流式沉砂池对被有机物包覆的砂粒截留效果不佳，且沉砂易于腐化发臭，增加了沉砂后续处理的难度。为了解决这个难题，人们在沉砂池内增设曝气设备，便形成了曝气沉砂池。曝气沉砂池不仅可以在一定程度上克服普通平流式沉砂池的缺点，还可以对废水起预曝气作用。

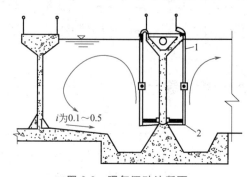

图 2-3　曝气沉砂池断面

1—压缩空气管；2—空气扩散板

曝气沉砂池的断面见图 2-3。曝气沉砂池的水流部分是一个矩形渠道，在沿池壁一侧的整个长度距池底 0.6～0.9m 处安设曝气装置，曝气沉砂池的下部设置集砂槽，池底有 i 为 0.1～0.5 的坡度，坡倾向另一侧的集砂槽，以保证砂粒滑入。

曝气沉砂池的有效水深一般取 2～3m，宽深比取 1.0～1.5，若池长比池宽大很多时，则应考虑设置横向挡板，池的外形应尽可能不产生偏流或死角，在集砂槽附近安置纵向挡板。池中的曝气装置安装在池的一侧，距池底约 0.6～0.9m，空气管上应设调节空气的阀门，曝气穿孔管管孔径为 2.5～

6.0mm。曝气沉砂池的进水口应与水在沉砂池中的旋转方向一致，出水口常用淹没式，出水方向与进水方向垂直，并宜考虑设置出水挡板。

三、多尔沉砂池

多尔沉砂池是一个浅的方形水池，结构如图2-4所示。在池的一边设有与池壁平行的进水槽，并在整个池壁上设有整流器，以调节和保持水流的均匀分布。废水经沉砂池使砂粒沉淀，在另一侧的出水堰溢流排出。沉砂池底的砂粒由刮砂机刮入排砂坑。砂粒用往复式刮砂机械或螺旋式输送器进行淘洗，以除去有机物。刮砂机上装有桨板，用以产生一股反方向的水流，将从砂上洗下来的有机物带走，回流到沉砂池中，而淘净的砂粒及其他无机杂粒由排砂机排出。

多尔
沉砂池

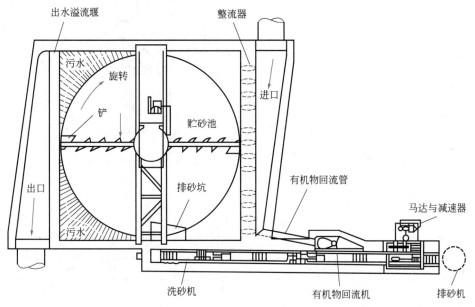

图 2-4　多尔沉砂池

多尔沉砂池的设计参数参见表2-5，多尔沉砂池的沉淀面积要根据要求去除的砂粒直径及污水温度确定，可参照图2-5。

表 2-5　多尔沉砂池设计参数

项　目		设　计　值			
沉砂池直径/m		3.0	6.0	9.0	12.0
最大流量/(m³/s)	要求去除砂粒直径为0.21mm	0.17	0.70	1.58	2.80
	要求去除砂粒直径为0.15mm	0.11	0.45	1.02	1.81
沉砂池深度/m		1.1	1.2	1.4	1.5
最大设计流量时的水深/m		0.5	0.6	0.9	1.1
洗砂器宽度/m		0.4	0.4	0.7	0.7
洗砂器斜面长度/m		8.0	9.0	10.0	12.0

四、钟式沉砂池

钟式沉砂池是一种利用机械力控制水流流态与流速、加速砂粒沉淀，并使有机物随水流带走的沉砂装置，如图 2-6 所示。废水由流入口切线方向流入沉砂区，利用电动机及传动装置带动转盘和斜坡式叶片，由于所受离心力的不同，把砂粒甩向池壁，掉入砂斗，有机物则被送回废水中。通过调整转速，可达到最佳沉砂效果。沉砂由压缩空气输送管经砂提升管、排砂管清洗后排出，清洗水回流至沉砂区。根据废水处理量的不同，钟式沉砂池可分为不同型号，具体参见表 2-6。

钟式
沉砂池

行车泵
吸砂机

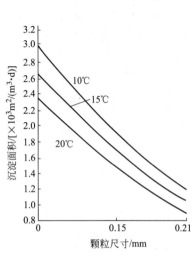

图 2-5　颗粒尺寸与沉淀面积关系

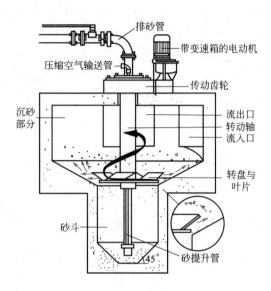

图 2-6　钟式沉砂池

表 2-6　钟式沉砂池的型号与流量表

型号	50	100	200	300	550	900	1300	1750	2000
流量/(L/s)	50	110	180	310	530	880	1320	1750	2200

五、沉砂池的设计原则

（1）城市污水处理厂均应设置沉砂池，其个数与分格数应大于 2，按并联系列设计。当污水水量小时，可考虑一格工作，另一格备用。

（2）按去除相对密度为 2.65、粒径为 0.2mm 以上砂粒设计。

（3）沉砂池设计流量应按分期建设考虑。

① 当污水为自流进入时，应按每天最大流量计算。

② 当污水为提升进入时，应按每天工作水泵最大组合流量计算。

③ 在合流制系统中，应按降雨时设计流量计算。

（4）沉砂量（城市污水）按 $15 \sim 30 \text{m}^3 / 10^6 \text{m}^3$ 污水计量，沉砂含水率 60%，容重 1500kg/m^3。

（5）砂斗容积应按等于或小于 2d 沉砂量计算，砂斗水平倾角应等于或大于 55°，沉砂池超高不应小于 0.3m。

（6）排砂一般采用机械方法，大型污水站可采用人工重力排砂，其排砂管径不应小于 200mm，并应尽量缩短排砂管长度。

● 第三节　沉淀分离设备 ●

沉淀分离通常采用沉淀池。沉淀池是分离水中悬浮物质的一种主要处理构筑物，常用于给水净化、废水的混凝沉淀处理、污水生物处理系统的初沉处理以及泥水分离处理，应用十分广泛。

沉淀池按其功能可分为五个区，即进水区、沉淀区、污泥区、出水区及缓冲区。进水区和出水区是使水流均匀地流过沉淀池。沉淀区又称澄清区，是可沉降颗粒与废水分离的工作区。污泥区是污泥贮存、浓缩和排出的区域。缓冲区是分隔沉淀区和污泥区的水层，保证已沉降颗粒不因水流搅动而再度浮起。

沉淀池常用的类型有四种，即平流式沉淀池、竖流式沉淀池、辐流式沉淀池和斜板（管）沉淀池。沉淀池多为钢筋混凝土结构，除满足工艺要求外，其强度与结构设计、制造还应满足《城乡排水工程项目规范》（GB 55027—2022）及《给水排水管道工程施工及验收规范》（GB 50268—2008）。普通钢筋混凝土池壁一般现场浇注，池壁最小厚度为 12cm，池高一般为 3.5～6m。

平流式
沉淀池

一、平流式沉淀池

1. 平流式沉淀池的结构及工作原理

平流式沉淀池的工作原理是：废水从池的一端流入，从另一端流出，水流在池内做水平运动，池平面形状呈长方形，可以是单格或多格串联。在池的进口端或沿池长方向，设有一个或多个贮泥斗，贮存沉积下来的污泥。为使池底污泥能滑入污泥斗，池底应有 0.01～0.02mm 的坡度。采用机械排泥的平流式沉淀池，池宽应与排泥机械相配套。常用平流式沉淀池的结构见图 2-7、图 2-8、图 2-9，平流式沉淀池的排泥、布水见图 2-10、图 2-11、图 2-12。

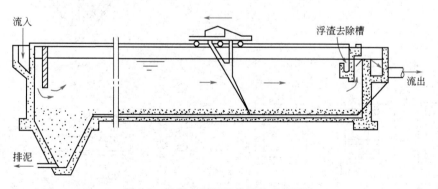

图 2-7　配行车刮泥机的平流式沉淀池

2. 平流式沉淀池的主要优缺点及适用场合

平流式沉淀池的主要优点是：①沉淀效果好；②对水量和水温的变化有较强的适应能力；③处理流量大小不限；④施工方便；⑤平面布置紧凑。

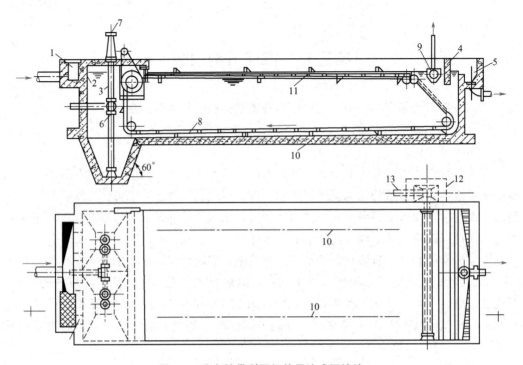

图 2-8　设有链带刮泥机的平流式沉淀池

1—进水槽；2—进水孔；3—进水挡板；4—出水挡板；5—出水槽；6—排泥管；7—排泥闸门；
8—链带；9—可转动的排渣管槽；10—导轨；11—支撑；12—浮渣室；13—浮渣管

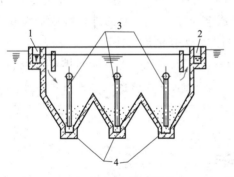

图 2-9　多斗式平流沉淀池

1—进水槽；2—出水槽；3—排泥管；4—污泥斗

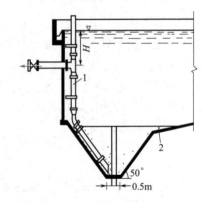

图 2-10　沉淀池静水压力排泥

1—排泥管；2—集泥斗

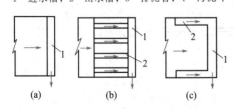

图 2-11　沉淀池集水渠布置形式

1—集水槽；2—集水支渠

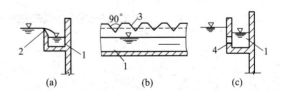

图 2-12　沉淀池的出水堰形式

1—集水槽；2—自由堰；3—锯齿三角堰；4—淹没孔口

平流式沉淀池的主要缺点是：①池子配水不易均匀；②采用多斗排泥时，每个泥斗单设排泥管排泥，操作工作量大；③采用机械排泥时，设备和机件浸于水中，易锈蚀。

平流式沉淀池的适用场合：①适用于地下水位较高和地质条件较差的地区；②大、中、小型水厂及废水处理厂均可采用。

二、竖流式沉淀池

1. 竖流式沉淀池的结构及工作原理

竖流式沉淀池多为圆形或方形，直径或边长为 4～7m，一般不大于 10m。沉淀池上部为圆筒形的沉淀区，下部为截头圆锥状的污泥斗，两层之间为缓冲层，约 0.3m，如图 2-13 所示。

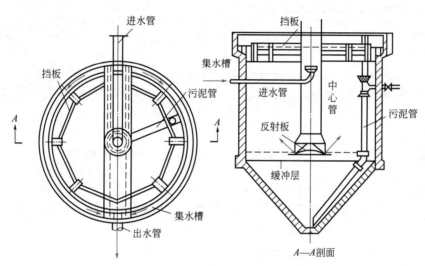

圆形竖流
式沉淀池

图 2-13　圆形竖流式沉淀池

废水从中心管自上而下流入，经反射板向四周均匀分布，沿沉淀区的整个断面上升，澄清水由池四周集水槽收集。集水槽大多采用平顶堰或三角形锯齿堰，堰口最大负荷为 1.5L/(m³·s)。如池径大于 7m，为集水均匀，可设置辐射式的集水槽与池边环形集水槽相通。沉淀池贮泥斗倾角为 45°～60°，污泥可借静水压力由排泥管排出，排泥管直径应不小于 200mm，静水压力为 1.5～2.0m。排泥管下端距池底不大于 2.0m，管上端超出水面不少于 0.4m。为了防止漂浮物外溢，在水面距池壁 0.4～0.5m 处设挡板，挡板伸入水面以下 0.25～0.3m，伸出水面以上 0.1～0.2m。

竖流式沉淀池的喇叭口与反射板的具体尺寸按工艺要求确定。为了保证水流自下而上做垂直运动，竖流式沉淀池径深比通常不大于 3。

2. 竖流式沉淀池的主要优缺点及适用场合

竖流式沉淀池的主要优点在于占地面积小，排泥方便，运行管理简单；主要缺点是池深大，施工困难，对水量和水温变化的适应性较差，以及池子直径不宜过大。

竖流式沉淀池主要适用于小型废水处理厂（站）。

三、辐流式沉淀池

1. 普通辐流式沉淀池的结构及工作原理

普通辐流式沉淀池呈圆形或正方形，直径或边长一般为 6～60m，最大可达 100m，中心深度为 2.5~5.0m，周边深度 1.5~3.0m。废水从辐流式沉淀池的中心进入，沉淀后由四周的集水槽排出。图 2-14 为中心进水、周边出水、机械排泥的普通辐流式沉淀池。辐流式沉淀池大多采用机械刮泥（尤其是池径大于 20m 时，几乎都用机械刮泥），将全池的沉积污泥收集到中心泥斗，再借静压力或污泥泵排出。除机械刮泥的辐流式沉淀池外，常将池径小于 20m 的辐流式沉淀池建成方形，废水沿中心管流入，池底设多个泥斗，使污泥自动滑入泥斗，形成斗式排泥。

辐流式
沉淀池

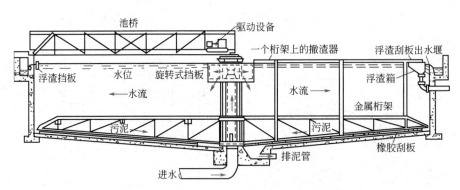

图 2-14　中心进水周边出水机械排泥的普通辐流式沉淀池

普通辐流式沉淀池为中心进水，中心导流筒内流速达 100mm/s，用作二次沉淀池时，活性污泥很难在池中有效沉淀，这股水流向下流动的动能较大，易冲击底部沉泥，池子的容积利用系数较小（通常约为 48%）。

2. 向心辐流式沉淀池结构及工作原理

向心辐流式沉淀池是圆形，周边为流入区，而流出区既可设在池中心 [图 2-15(a)]，也可设在池周边 [图 2-15(b)]，一定程度上克服了普通辐流式沉淀池易冲击底部沉泥及容积利用系数较小的缺点。

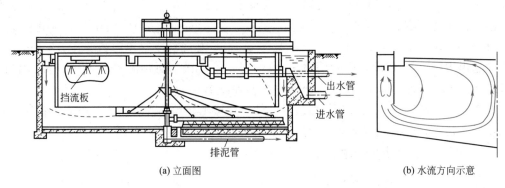

(a) 立面图　　　　　　　　　(b) 水流方向示意

图 2-15　向心辐流式沉淀池

向心辐流式沉淀池有 5 个功能区，即配水槽、导流絮凝区、沉淀区、出水区和污泥区。

向心辐流式沉淀池的容积利用系数比普通辐流式沉淀池有显著提高，最佳出水槽位置是设在 R 处（即周边进、出水），也可设在 $R/3$ 或 $R/4$ 处。根据实测资料，不同位置出水槽的容积利用系数见表 2-7。

表 2-7　不同出水槽位置的容积利用系数

出水槽位置	容积利用系数/%	出水槽位置	容积利用系数/%
R 处	93.6	$R/3$ 处	87.5
$R/2$ 处	79.7	$R/4$ 处	85.7

3. 辐流式沉淀池的主要优缺点及适用场合

辐流式沉淀池的主要优点在于：对大型废水处理厂（>5 万 m^3/d）比较经济实用，而且机械排泥设备已定型化，排泥较方便。主要缺点是排泥设备复杂，要求具有较高的运行管理水平和施工质量。

辐流式沉淀池主要适用于地下水位较高地区以及大、中型水厂和废水处理厂。

四、斜板（管）沉淀池

斜板（管）
沉淀池

斜板沉淀池是在沉淀池内加设一组倾斜的隔板。如各斜隔板之间再进行分隔，即成为斜管沉淀池。按照水流与污泥的相对运动方向，斜板（管）沉淀池分为异向流、同向流和横向流三种形式。废水处理中常采用异向流。

图 2-16 为斜板（管）沉淀池结构图。沉淀池工作时，水从平行板间或斜管内流过，沉积在斜板底侧上的泥渣靠重力自动滑入集泥斗。为使水流在池内均匀分布，进水常采用穿孔墙整流布水，出流常采用穿孔管或淹没孔口，外设集水槽。集泥常用多斗式，以穿孔管或机械排泥。入流区高度一般分别为 $0.6\sim1.2m$ 和 $0.5\sim1.0m$。为了防止水流短路，应在池壁与斜板的间隙内装设阻流板。如图 2-16 所示，斜板倾

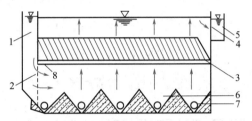

图 2-16　斜板（管）沉淀池
1—配水槽；2—穿孔墙；3—斜板或斜管；
4—淹没孔口；5—集水槽；6—集泥斗；
7—排泥管；8—阻流板

角越小，则沉淀面积越大，沉淀效率也越高，从理论上来讲 $45°$ 为最佳，但排泥困难，通常倾角宜为 $50°\sim60°$。

斜管断面形状呈六角形并组成蜂窝状斜管堆。斜板大多采用塑料板、玻璃钢板或木板；斜管除上述材料外，还可以用酚醛树脂涂刷的蜂窝，常以一种组装形式安装。

斜板（管）沉淀池可采用多斗排泥，也可采用钢丝绳牵引的刮泥车。刮泥车在斜板（管）组下面来回运动，将池底的污泥汇集到污泥斗。污泥斗及池底构造与一般平流沉淀池相同。

斜板（管）沉淀池具有沉淀效率高、停留时间短、占地省等优点，但其维护和运行要求相对较高，在废水处理中应慎重使用，当用地紧张或旧污水处理厂改造时可考虑使用。斜板（管）沉淀池通常用在选矿水尾矿浆的浓缩、炼油厂含油污水的隔油、城市污水处理的初沉处理等领域。

五、沉淀池的设计原则

（1）沉淀池个数与分格数不低于 2 个，并按并联考虑。

（2）设计流量应按分期建设考虑。

① 当污水自流进入时，应按每期最大设计流量计算。

② 当污水为提升进入时，应按每期工作水泵最大组合流量计算。

③ 在合流制处理系统中，应按降雨时设计流量计算，沉淀时间不宜小于 30min。

（3）沉淀池有效水深一般为 2～4m，缓冲层一般为 0.3～0.5m，超高不低于 0.3m。污泥斗斜壁水平倾角：圆斗不小于 55°，方斗不宜小于 60°。排泥直径不低于 200mm。

（4）采用机械排泥时可连续排泥或间歇排泥。

（5）采用重力排泥时，污泥斗排泥管一般为铸铁管，其下端伸入斗中，顶端开口伸出水面便于疏通，在其水面以下 1.4～2m 处，从排泥管接出水平排出管，污泥靠静水压力排出。

（6）在多个同类型构筑物前应合理设置配水设备，使其配水均匀。

（7）周边进水圆形辐流式沉淀池和圆形周边进出水辐流式沉淀池的配水，应采取使其配水均匀的有效措施。

（8）沉淀池出水堰最大负荷：初沉池≤2.9L/(s·m)，二沉池≤1.7L/(s·m)。

（9）初沉池污泥区容积按不大于 2d 污泥量计算，若采用机械排泥则按 4h 污泥量计算；曝气池后的二沉池污泥区容积按不大于 2d 污泥量计算，并连续排泥。

（10）曝气池后二沉池污泥区容积应考虑总污泥回流量。

（11）二沉池一般采用表面负荷计算表面积，固体负荷≤150kg/(m²·d)。

六、沉淀池的选择

各种沉淀池的特点及适用场合见表 2-8，沉淀池的设计参数见表 2-9。

表 2-8　沉淀池的特点及适用场合

沉淀池	优　点	缺　点	适 用 场 合
平流式	造价低，操作管理方便，对冲击负荷和湿度变化适用强；带有机械排泥时，排泥效果好	占地大，不采用机械排泥时，排泥困难	地下水位高及地质条件差的地区以及大、中、小型污水厂
竖流式	排泥方便，管理简单，占地面积小	上升流速受颗粒沉降速度限制，出水量小，一般沉淀效果差，对水量和水温变化的适用性差	小型污水处理厂
辐流式	沉淀效果好；有机械排泥装置时，排泥效果好	基建投资及日常维护费用大，刮泥机维护管理复杂，耗用金属材料多，施工困难	大、中型污水处理厂
斜管、斜板	沉淀效率高，池体小，占地小	耗材多，老化后需更换，费用高，对水质浊度适应性较差	各种规模污水处理厂，用于旧沉淀池改建、扩建、挖潜

表 2-9　沉淀池设计数据

类　　别	沉淀池位置	沉淀时间/h	表面负荷/[m³/(m²·h)]	污泥含水率
初沉池	单独沉淀池	1.5～2.0	1.5～2.5	95%～97%
	二级处理前	1.0～2.0	1.5～3.0	95%～97%
二沉池	活性污泥后	1.5～2.5	1.0～1.5	99.2%～99.6%
	生物膜法后	1.5～2.5	1.0～2.0	96%～98%

七、沉淀池的运行与维护

1. 刮泥和排泥操作

刮泥和排泥操作一般有两种方式：间歇刮（排）泥和连续刮（排）泥。

（1）刮泥　通过刮泥机械把池底污泥刮至泥斗，有的刮泥机同时将池面浮渣刮入浮渣槽。平流式初沉池采用行车刮泥机时，一般用间歇刮泥；采用链条式刮泥机时，则既可间歇刮泥也可连续刮泥。刮泥周期长短取决于污泥的量和质，当污泥量大或已腐变时，应缩短周期，但刮板行走速度不能超过其极限，即 1.2m/min，否则会搅起已经沉淀的污泥，影响出水质量。连续刮泥易于控制，但链条和刮板磨损较严重。辐流式初沉池周边沉淀的污泥要较长时间才能被刮板推移到中心泥斗，一般须采用连续刮泥。采用周边刮泥机时，周边线速度不可超过 3m/min，否则周边沉淀污泥会被搅起，使沉淀效果下降。

（2）排泥　对排泥操作的要求是既要把污泥排净，又要使污泥浓度较高。排泥时间长短取决于污泥量、排泥泵流量和浓缩池要求的进泥浓度。排泥时间确定方法如下：在排泥开始时，从排泥管定时连续取样测定含固量变化，直至含固量降至基本为零，所需时间即排泥时间。大型污水处理厂一般采用自动控制排泥，多用时间程序控制，即定时开停排泥泵或阀，这种方式不能适应泥量的变化。较先进的排泥控制方式是定时排泥，并在排泥管路上安装污泥浓度计或密度计，当排泥浓度降至设定值时，泥泵自动停止。PLC 自动控制系统能根据积累的污泥量和设定的排泥浓度自动调整排泥时间，既不降低污泥浓度，又能将污泥较彻底排除。

2. 运行管理及注意事项

沉淀池运行管理的基本要求是保证各项设备安全完好，及时调控各项运行控制参数，保证出水水质达到规定的指标。为此，应着重做好以下几方面工作。

（1）避免短流　进入沉淀池的水流，在池中停留的时间通常并不相同，一部分水的停留时间小于设计停留时间，很快流出池外；另一部分则停留时间大于设计停留时间。这种停留时间不相同的现象叫短流。

短流使一部分水的停留时间缩短，得不到充分沉淀，降低了沉淀效率；另一部分水的停留时间可能很长，甚至出现水流基本停滞不动的死水区，减少了沉淀池的有效容积，死水区易滋生藻类。总之，短流是影响沉淀池出水水质的主要原因之一。

形成短流的原因很多。为避免短流，一是在设计中尽量采取一些措施。如采用合理的进水分配装置，以消除进口射流，使水流均匀分布在沉淀池的过水断面上；减少紊流产生，防止污泥区附近的流速过大；增加溢流堰的长度；沉淀池加盖或设置隔墙，以降低池水受风力和光照升温的影响；高浓度水经过预沉淀等。二是加强运行管理，应严格检查出水堰是否平直，发现问题要及时修理。另外，在运行中，浮渣可能堵塞部分溢流堰口，致使整个出流堰的单位长度溢流量不等而产生水流抽吸，操作人员应及时清理堰口上的浮渣。通过采取上述措施，可使沉淀池的短流现象降到最低限度。

（2）正确投加混凝剂　当沉淀池用于混凝工艺的液固分离时，正确投加混凝剂是沉淀池运行管理的关键之一。根据水质水量的变化及时调整投药量，特别要防止断药事故的发生，因为即使短时期停止加药也会导致出水水质的恶化。

（3）及时排泥　及时排泥是沉淀池运行管理中极为重要的工作。污水处理过程中沉淀池中所含污泥量较多，且绝大部分为有机物，如不及时排泥，就会发生厌氧发酵，致使污泥上浮，不仅破坏了沉淀池的正常工作，而且使出水水质恶化。

初沉池排泥周期一般不宜超过 2d，二次沉淀池排泥周期一般不宜超过 2h。当排泥不彻底时，应停止工作，采用人工冲洗的方法彻底清除污泥。机械排泥的沉淀池要加强排泥设备的维护管理，一旦机械排泥设备发生故障，应及时修理，防止池底非正常积泥，影响出水水质。应规定日常维护检修项目，并做好检修记录。

（4）防止藻类滋生 在给水处理中的沉淀池，当原水藻类含量较高时，会导致藻类在池中滋生，尤其是在气温较高的地区，沉淀池中加装斜板或斜管时，这种现象可能更为突出。藻类滋生虽不会严重影响沉淀池的运转，但对出水的水质不利。防止措施有：在水中加氯以抑制藻类生长，另外采用三氯化铁混凝剂亦对藻类有抑制作用；对于已经在斜板和斜管上生长的藻类，可用高压水冲洗的方法去除，冲洗时先放去部分池水，使斜管或斜板的顶部露出水面，然后用高压水冲洗。

第四节 气浮分离设备

气浮设备是利用高度分散的微小气泡作为载体去黏附废水中的污染物，使其因密度小于水而浮上水面，以实现固液或液液分离的设备。在水处理中，气浮法广泛应用于含有细小悬浮物、藻类及微絮体的废水、造纸废水和含油废水等的处理。

按照微气泡产生方式的不同，可将气浮设备分为电解气浮设备、布气气浮设备和溶气气浮设备。

一、电解气浮设备

竖流式电解气浮池

电解气浮是在直流电的作用下，采用不溶性的阳极和阴极直接电解废水，正、负两极产生氢和氧的微细气泡，将废水中颗粒状污染物带至水面进行分离的一种技术。气泡直径约为 $10\sim60\mu m$，浮升过程中不会引起水流紊动，浮载能力大，尤其适用于脆弱絮凝体的分离。另外，电解气浮设备还具有降低 BOD、氧化、脱色和杀菌作用，对废水负荷变化适应性强，生成污泥量少，占地少，无噪声。常用处理水量一般为 $10\sim20m^3/h$。但由于存在电耗较高及操作运行管理复杂、电极结垢等问题，通常不用于处理水量大的场合。

电解气浮设备可分为竖流式和平流式两种，如图 2-17 和图 2-18 所示。

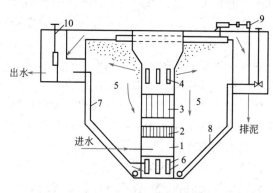

图 2-17 竖流式电解气浮装置

1—入流室；2—整流栅；3—电极组；4—出流孔；
5—分离室；6—集水孔；7—出水管；8—排沉泥管；
9—刮渣机；10—水位调节器

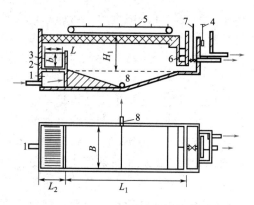

图 2-18 平流式电解气浮装置

1—入流室；2—整流栅；3—电极组；
4—出口水位调节器；5—刮渣机；
6—浮渣室；7—排渣阀；8—污泥排出口

二、布气气浮设备

布气气浮是采用扩散板或缩孔管直接向气浮池中通入压缩空气，或借水泵吸水管吸入空气，也可以采用水力喷射器、高速叶轮等向水中充气，形成的气泡直径大约为 $1000\mu m$。

1. 叶轮气浮

图 2-19 为叶轮气浮设备构造示意图。叶轮在电机驱动下高速旋转，在盖板下形成负压，从进气管吸入空气，废水由盖板上的小孔进入。在叶轮的搅动下，空气被粉碎成细小的气泡，并与水充分混合形成水气混合体被甩出导向叶片之外，导向叶片可使阻力减小，再经整流板稳流后，在池体内平稳地垂直上升，形成的泡沫不断地被缓慢转动的刮板刮出槽外。图 2-20 为叶轮盖板的构造图。

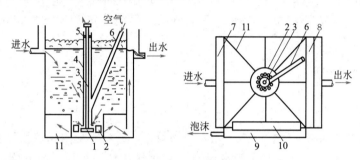

图 2-19　叶轮气浮设备构造
1—叶轮；2—盖板；3—转轴；4—轴承；5—轴承；6—进气管；
7—进水槽；8—出水槽；9—浮渣槽；10—刮渣板；11—整流板

叶轮气浮主要适用于处理水量不大、污染物浓度较高的废水，如洗煤废水及含油脂、羊毛废水，除油效率可达 80% 左右；也用于含表面活性剂的废水泡沫上浮分离，设备不易堵塞。

2. 射流气浮

射流气浮是采用以水带气的方式向废水中混入空气进行气浮的方法。射流器构造如图 2-21 所示。射流气浮的原理是由喷嘴射出的高速水流使吸入室内形成真空，从而使

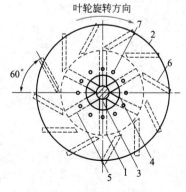

图 2-20　叶轮盖板的构造
1—叶轮；2—盖板；3—转轴；4—轴套；
5—叶轮叶片；6—导向叶片；
7—循环进水孔

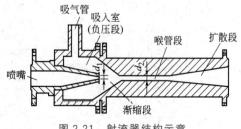

图 2-21　射流器结构示意

吸气管吸入空气。气、水混合物在喉管内进行激烈的能量交换，空气被粉碎成微细的气泡。进入扩散段后，动能转化为势能，进一步压缩气泡，增大了空气在水中的溶解度，随后进入气浮池。射流器各部分结构尺寸的最佳值一般通过试验确定。当进水压强为 $3\sim5kg/cm^2$ 时，喉管直径 d_2 与喷嘴直径 d_1 的最佳比值为 $2.0\sim2.5$。

全溶气气浮
工艺流程

真空气
浮设备

三、溶气气浮设备

溶气气浮是使空气在一定压力作用下溶解于水中，并达到过饱和状态，然后再突然使溶气水在常压下将空气以微细气泡的形式从水中逸出，进行气浮。

根据气泡在水中析出所处压力的不同，溶气气浮可分为加压溶气气浮和溶气真空气浮两种类型。前者是空气在加压条件下溶入水中，而在常压下析出；后者是空气在常压或加压条件下溶入水中，而在负压条件下析出。国内外最常用的气浮法是加压溶气气浮。

四、气浮池的类型

1. 平流式气浮池

平流式气浮池在目前气浮净水工艺中使用最为广泛，常采用反应池与气浮池合建的形式，如图 2-22 所示。废水进入反应池（可用机械搅拌、折板、孔室旋流等形式）完成反应后，将水流导向底部，以便从下部进入气浮接触室，延长絮体与气泡的接触时间。池面浮渣刮入集渣槽，清水由底部集水管集取。该形式的优点是池身浅，造价低，构造简单，管理方便；缺点是与后续处理构筑物在高程上配合较困难，分离部分的容积利用率不高等。

2. 竖流式气浮池

竖流式气浮池如图 2-23 所示。其优点在于接触室在池中央，水流向四周扩散，水力条件比平流式单侧出流要好，便于与后续构筑物配合；缺点在于与反应池较难衔接，容积利用率低。

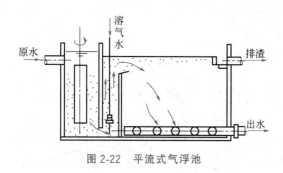

图 2-22　平流式气浮池

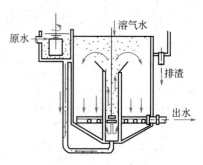

图 2-23　竖流式气浮池

3. 综合式气浮池

综合式气浮池常分为三种，即气浮、反应一体式，气浮、沉淀一体式，气浮、过滤一体式。此外，常用气浮设备还有加压泵、空气压缩机、刮渣机等。

五、气浮分离的特点和适用领域

1. 气浮分离的特点

(1) 由于气浮池表面负荷可高达 $12m^3/(m^2 \cdot h)$，水力停留时间 $10\sim20min$，池深需 2m 左右，占地面积小。

(2) 具有预曝气作用，有利于后续处理。

(3) 对低浊度污水的处理效果好，甚至可去除原水中的浮游生物，出水水质好。

(4) 浮渣含水率低。

(5) 可回收有用物质。

(6) 气浮所用药剂，比沉淀方法省，但电耗大。

2. 气浮分离的应用领域

(1) 用于处理低浊、含藻类及一些浮游生物的饮用水处理工艺（一般原水常年悬浮物含量在 100mg/L 以下）。

(2) 用于石油、化工及机械制造业中含油（包括乳化油）污水的油水分离。

(3) 用于有机及无机污水的物化处理工业中。

(4) 用于污水中有用物资的回收，如造纸厂污水中纸浆纤维及填料的回收工艺。

(5) 用于处理水源受到一定污染及色度高、溶解氧低的原水。

(6) 用于污水处理厂剩余污泥的浓缩处理工艺。

六、气浮池一般设计原则

(1) 有条件的情况下，应对原水进行气浮小型实验，根据具体情况选择适当溶气压力和回流比。

(2) 通常溶气压力为 $196\sim490kPa$，回流比为 $5\%\sim10\%$。

(3) 根据小型实验确定好絮凝剂最佳投加量和反应时间。反应时间一般为 $10\sim15min$。

(4) 反应池与气浮池合建。进入气浮池接触室的流速应控制在 0.1m/s 以下。

(5) 接触室水流上升流速一般为 $10\sim20mm/s$，室内水流水力停留时间不宜小于 60s。

(6) 根据选定回流量、溶气压力选择合适的接触室溶气释放器（有 TS 型、TJ 型）。

(7) 气浮分离室水流（向下）一般取 $1.5\sim2.5mm/s$，表面负荷 $5.4\sim9.0m^3/(m^2 \cdot h)$。

(8) 气浮有效水深 $2.0\sim2.5m$，水力停留时间 $10\sim20min$。

(9) 气浮池长宽比无严格要求，一般单格宽度不超过 10m，池长不超过 15m。

(10) 气浮渣一般采用刮渣机定期排除，其行进速度控制在 5m/min 之内。

(11) 气浮池出水集水管一般采用穿孔集水管，最大流速控制在 0.5m/s 左右。

(12) 压力溶气罐一般采用阶梯环为填料，填料层高度通常取 $1\sim1.5m$。

七、调试与运行

1. 加压溶气气浮的调试

(1) 使被处理水在气浮池内均匀分布。

（2）调节压力溶气罐和管道的压力，使其符合设计要求。

（3）检查气浮池表面浮渣，浮渣应均匀。

（4）确定排除浮渣的周期。

（5）制定从气浮池表面排除浮渣的操作规程。

（6）确定气浮设备的工作效率。

（7）当出现处理的实际效率与原设计有偏差时，应修正其主要的工艺参数（如泵的压力、供气量、回流比等），以建立最适宜的工作条件。

（8）提出气浮设备的运行条件及明确规定所有的工作参数，以指导运行管理工作。

2. 加压溶气气浮的运行

气浮设备的运行，主要是对复杂的物理、化学现象与过程进行经常性的观察。管理人员应经过专门培训，具有较熟练的技术，主要操作包括如下内容。

（1）管理全部操作，调整各种泵的流量。

（2）调节压力溶气罐的压力。

（3）调节空气量或回流水量。

（4）按时按规定完成投药工作。

（5）开启和关闭刮渣机械，调节其运行速度。

（6）调节气浮池的出水量。

（7）调节排渣量。

（8）操纵输送浮渣的机械设备。

第五节　滤池过滤分离设备

依照过滤速度的不同，滤池可分为慢滤池（≤4m/s）、快滤池（4～10m/s）和高速滤池（10～60m/s）三种；按作用力不同，有重力滤池（作用水头4～5m）和压力滤池（作用水头15～25m）两种；按过滤时水的方向分，有下向流、上向流、双向流和径向流滤池四种；按滤料层组成分，有单层滤料、双层滤料和多层滤料滤池三种。

一、普通快滤池

图2-24为普通快滤池的透视图和剖面示意图。快滤池一般用钢筋混凝土建造，滤池内包括滤料层、承托层、配水系统、集水渠和洗砂排水槽五个部分。池外有集中管廊，配有原水进水管、清水出水管、冲洗水管、冲洗排水管等主要管道以及相配的控制闸阀等附件。

快滤池的运行过程包括过滤和冲洗两个交替循环的过程。过滤是生产清水的过程，过滤时加入混凝剂的原水自进水管经集水渠、洗砂排水槽流入滤池，自上而下穿过滤料层和承托层，清水由配水系统收集，经清水总管流出滤池。此时开 F_1、F_2 阀，关 F_3、F_4 阀。过滤一段时间后，由于滤料层不断截污，滤料层孔隙逐渐减小，水流阻力不断增大，另一方面水流对孔隙中截留的杂质冲刷力增大，使出水水质变差。当滤层的水头损失达到最大允许值时，或当过滤出水水质接近超标时，则应停止滤池运行，进行反冲洗。

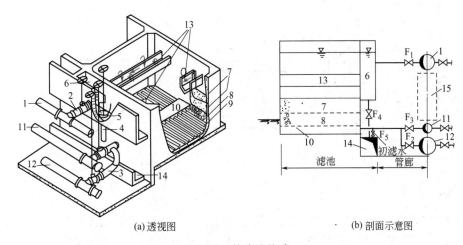

普通
快滤池

(a) 透视图　　　　　　　　　　　(b) 剖面示意图

图 2-24　快滤池构造

1—进水干管；2—进水支管；3—清水支管；4—排水管；5—排水阀；6—集水渠；7—滤料层；8—承托层；
9—配水支管；10—配水干管；11—冲洗水管；12—清水总管；13—排水槽；14—废水渠；15—走道空间

　　滤池反冲洗时，开 F_3、F_4，关 F_1、F_2。反冲洗水由冲洗水管经滤池配水系统进入滤池底部，由下而上逆向通过垫料层和滤料层，使滤料层膨胀、悬浮，借水流剪切力和颗粒碰撞摩擦力清洗滤料层并将滤层内污物排出。冲洗废水由洗砂排水槽经集水渠和排污管排出。反冲洗完毕，滤池又进入下一个过滤周期。

　　滤池运行过程中，为保证系统配水均匀，可采用大阻力配水系统，如图 2-25、图 2-26 所示。过滤所用的过滤头和排水槽断面结构见图 2-27 和图 2-28。

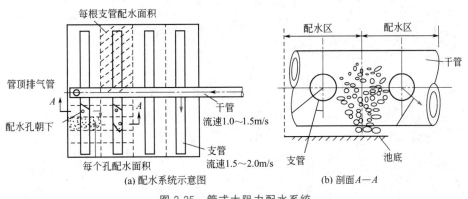

(a) 配水系统示意图　　　　　　　　(b) 剖面 A—A

图 2-25　管式大阻力配水系统

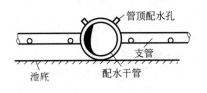

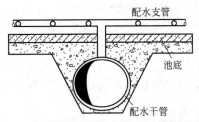

(a) 滤池面积较大、干管直径较大时，
在干管顶上开孔安装滤头

(b) 将干管埋设在滤池底板以下，干管顶连接
短管，穿过底板与支管相连

图 2-26　"丰"字大阻力配水系统

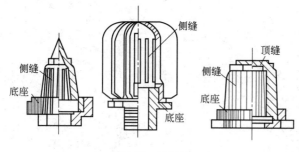

图 2-27　过滤头

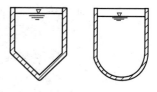

图 2-28　冲洗排水槽断面形状

二、无阀滤池

　　无阀滤池是利用水力学原理，通过进、出水的压差自动控制虹吸的产生和破坏，实现自动运行的滤池。无阀滤池克服了普通快滤池管道系统复杂、各种控制阀门多、操作步骤复杂及建造费用高的缺点。

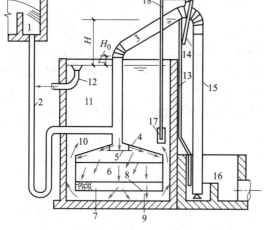

图 2-29　无阀滤池结构

1—进水分配槽；2—进水管；3—虹吸上升管；
4—顶盖；5—挡板；6—滤料层；7—承托层；
8—配水系统；9—底部空间；10—连通间；
11—冲洗水箱（清水池）；12—出水管；
13—虹吸辅助管；14—抽气管；
15—虹吸下降管；16—水封井；
17—虹吸破坏斗；18—虹吸破坏管

　　图 2-29 为无阀滤池结构示意图。其工作原理为：原水自进水管 2 进入滤池后，自上而下穿过滤床，滤后水经连通管进入顶部贮水箱，待水箱充满后，过滤水由出水管 12 排入清水池。随着过滤进行，水头损失逐渐增大，虹吸上升管 3 内的水位逐渐上升（即过滤水头增大），当这个水位达到虹吸辅助管 13 的管口处时，废水就从辅助管下落，并抽吸虹吸管顶部的空气，在很短的时间内，虹吸管因出现负压而投入工作，滤池进入反冲洗阶段。贮水箱中的清水自下而上流过滤床，反冲洗水由虹吸管排入排水井。当贮水箱水位下降至虹吸破坏管口时，虹吸管吸进空气，虹吸破坏，反洗结束，滤池又恢复过滤状态。

　　无阀滤池的运行过程全部自动进行，操作方便，工作稳定可靠；在运转中滤层不会出现负水头；结构简单，材料节省，造价比普通快滤池低 30%～50%。但滤料进出困难；因冲洗水箱位于滤池上部，使滤池总高度较大；滤池冲洗时，原水也由虹吸管排出，浪费了一部分澄清的原水，且反洗污水量大。

　　无阀滤池常用于中、小型给水工程，且进水悬浮物浓度宜在 100mg/L 以内。由于采用小阻力配水系统，所以单池面积不能太大。现有标准设计可供选用。

三、虹吸滤池

　　虹吸滤池的滤料组成和滤速选定，与普通快滤池相同，采用小阻力配水系统；所不同的是利用虹吸原理进水和排走反洗水。其构造如图 2-30 所示。

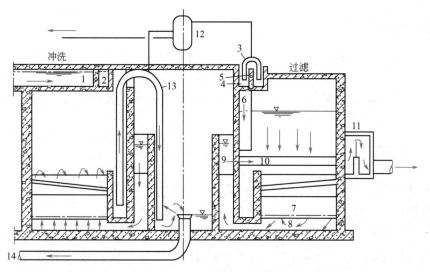

图 2-30　虹吸滤池构造

1—进水槽；2—配水槽；3—进水虹吸管；4—单个滤池进水槽；5—进水堰；6—布水管；7—滤层；
8—配水系统；9—集水槽；10—出水管；11—出水井；12—真空系统；13—冲洗虹吸管；14—冲洗排水管

四、移动罩滤池

图 2-31 为移动罩滤池的示意图，移动罩滤池的滤层厚度（L）约为 275mm，比普通滤池薄得多，但其滤料较细（即滤料粒径 d_e 较小），所以 L/d_e 的比值及去除效果与普通快滤池差不多，只是过滤持续时间较短。

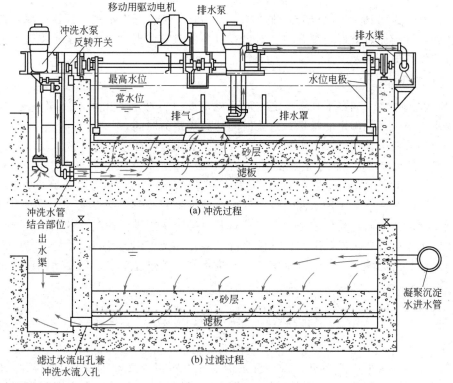

图 2-31　移动罩滤池

五、压力滤池（罐）

压力滤
池（罐）

压力滤池是一个承压的钢罐，内部构造与普通快滤池相似，在压力下工作，允许水头损失可达 6~7m。进水用泵直接抽入，滤后水压力较高，常可直接送到用水装置或水塔中。压力滤池过滤能力强，容积小，设备定型，使用的机动性大，但单个滤池的过滤面积较小，仅适用于废水量小的场合。

压力滤池分竖式和卧式两种，竖式滤池有现成标准产品（图 2-32），直径一般不超过 3m。

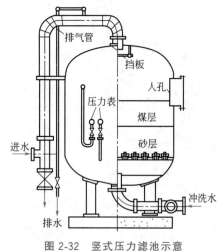

图 2-32　竖式压力滤池示意

六、滤池投产前准备

检查所有管道和阀门是否完好，各管口标高是否符合设计要求，特别是排水槽面是否水平。对滤料最好是在放入前进行严格的检查，确保其粒径与设计相符。初次铺设的滤料应比设计厚度多 5cm 左右。清除滤池内的杂物，保持滤料平整，然后放水检查，排出滤料内的空气。待放水检查结束后，对滤料进行连续冲洗，直至清洁。当滤料用于净化饮用水时还必须对滤料进行消毒处理。

七、滤池的操作运行

1. 过滤操作

缓慢开启进水阀，当水位升到排水槽上缘时，逐渐打开出水阀，开始过滤，待出水水质达到设计指标时方可全部开启。对过滤过程的时间、出水水质、水头损失等主要运行参数应做好原始记录。

2. 冲洗操作

（1）冲洗条件　满足下列情况之一时，就需要进行冲洗：出水水质超过规定标准；滤层内水头损失达到额定的指标；过滤时间达到规定的时间。

（2）冲洗前的准备　高位水箱冲洗应做好以下检查：首先检查冲洗水塔水箱的水量是否足够；其次检查清水池水位是否满足冲洗要求；最后在水泵供水冲洗时应检查水泵是否完好，能否正常运行。检查结束后，报告厂调度室，得到许可后方可开始冲洗作业。

（3）冲洗顺序　关闭进水阀，待滤池内水位下降到滤料层面以上 10~20cm 时关闭出水阀；开启排水阀，排出滤池内余水；打开反冲洗水阀进行冲洗，冲洗 5~7min，待反洗水的出水符合要求时，关闭反冲洗水阀，停止冲洗工作。

（4）恢复过滤顺序　关闭排水阀；打开进水阀；按过滤要求，恢复滤池正常运转。

● 第六节　离心分离设备 ●

离心分离通常采用离心机。离心机是依靠一个可以随转动轴旋转的圆筒（又称转鼓），在传动设备驱动下产生高速旋转，液体也随同旋转，由于其中不同密度的组分产生不同的离心力，从而达到分离目的。在废水处理领域，离心机常用于污泥脱水和分离回收废水中的有用物质，如从洗羊毛废水中回收羊毛脂等。

一、离心机的分类及工作原理

污水中的悬浮物借助离心设备的高速旋转，在离心力作用下与水分离的过程叫离心分离。由于在离心力场中悬浮物所受的离心力远大于它所受的重力，所以能获得很好的分离效果。

含固体悬浮物的污水在离心设备中做快速旋转运动时，质量大的固体颗粒由于受到离心力作用而被抛到外圈，与壁面碰撞而沉降，达到与污水分离的目的。

离心机的种类很多，按分离因素分类，有高速离心机（转速＞3000r/min）、中速离心机（转速为1500～3000r/min）和低速离心机（转速为1000～1500r/min）；按几何形状可分为转筒离心机（有圆锥形、圆筒形、锥筒形）、盘式离心机和板式离心机等。

图 2-33 为离心机的构造原理。工作时将欲分离的液体注入转鼓中（间歇式）或流过转鼓（连续式），转鼓绕轴高速旋转，即产生分离作用。转鼓有两种：一种是壁上有孔和滤布，工作时液体在惯性作用下穿过滤布和壁上小孔排出，而固体截留在滤布上，这种称为过滤式离心机；另一种壁上无孔，工作时固体贴在转鼓内壁上，清液从紧靠转轴的孔隙或导管连续排出，这种称为沉降式离心机。

离心机设备紧凑、效率高，但结构复杂，只适用于处理小批量的废水、污泥脱水以及很难用一般过滤法处理的废水。

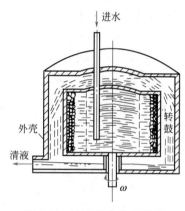

图 2-33　离心机的构造原理

二、离心机的运行与维护

离心机的结构形式不同，操作方法也不完全一样。这里仅以螺旋沉降离心机和卧式刮刀卸料离心机为典型，介绍离心机的安全操作、维护管理方法。

1. 启动前准备

（1）清除离心机周围的障碍物。

（2）检查转鼓有无不平衡迹象。所有离心机转子（包括转鼓、轴等）均由设备制造厂家做过校正试验，但如果在上次停车前没有洗净残留在转鼓内的沉淀物，将会出现不平衡现象，从而导致启动时振幅较大，不够安全。一般用手拉动三角皮带转动转鼓进行检查，若发现不平衡状态，应用清水冲洗离心机内部，直至转鼓平衡为止。

（3）启动润滑油泵，检查各注油点，确认已注油。

（4）将刮刀调节至规定位置。

（5）检查刹车手柄的位置是否正确。

（6）液压系统先进行单独试车。

（7）"假"启动，短暂接通电源开关并立即停车，检查转鼓的旋转方向是否正确，并确认无异常现象。

（8）离心机在启动前，必须进行下列检查，检查合格后方可启动。

① 电动机架和防振垫已妥善安装和紧固；

② 分离机架已找平；

③ 皮带轮已找正，并且皮带松紧程度适当；

④ 传动皮带的防护罩已正确安装和固定；

⑤ 全部紧固件均已紧固，且紧固的转矩值适当；

⑥ 管道已安装好，热交换器、冷却水系统已安装好；

⑦ 润滑油系统已清洗干净，并能对主轴供应足够的冷却润滑油；

⑧ 润滑油系统控制仪表已接好，且仪表准确、可靠；

⑨ 所使用的冷却润滑油（液）均符合有关规定；

⑩ 所用的电器线路、保安线路均已正确接好；

⑪ 主轴、转鼓的径向跳动偏差在允许范围之内。

2. 离心机启动

（1）启动离心机主电动机。

（2）调节离心机转速，使其达到正常操作的转速。

（3）打开进料阀。

3. 离心机运行与维护

（1）在离心机运行中，应经常检查各转动部位的轴承温度、各连接螺栓有无松动现象以及有无异声和强烈振动等。

（2）离心机在正常运行工况下，噪声的声压级不得大于 85dB。

（3）离心机设计、安装时，应根据情况采取防振、隔振措施，减少机器的振动和噪声。

（4）原来运转时振动很小的离心机，经检修拆装后其回转部分振动加剧，应考虑是否由于转子的不平衡所致。必要时需要重新进行一次转子的平衡试验。空车时振动不大，而投料后振动加剧，应检查布料是否均匀，有无漏料或塌料现象，特别是在改变物料性质或悬浮液浓度时，尤其要密切注意这方面的情况。

（5）离心机使用一段时间后，如发现振动愈来愈大，应从转鼓部分的磨损、腐蚀、物料情况以及各连接零件（包括地脚螺栓等）是否松动等方面进行检查、分析。

（6）对于成品已使用的离心机，在没有经过仔细的计算校核以前，不得随意改变其转速，更不允许在高速回转的转子上进行补焊、拆除或添加零件及重物。离心机的盖子在未盖好以前，禁止启动。

（7）禁止使用任何物体、以任何形式强行使离心机停止运转。机器未停稳之前，禁止人工铲料。禁止在离心机运转时用手或其他工具伸入转鼓内接取物料。

（8）进入离心机内进行人工卸料、清理或检修时，必须切断电源、取下保险、挂上警告牌，同时还应将转鼓与壳体卡死，严格执行操作规程。

（9）不允许超负荷进行。下料要均匀，避免发生偏心运转而导致转鼓与机壳摩擦产生火花；为安全操作，离心机的开关、按钮应安装在方便操作的地方。必须保证离心机安装正确，并有安全保护装置。外露的旋转零部件必须设有安全保护罩。电动机与电控箱接地必须安全可靠。制动装置与主电动机应有联锁装置，且准确可靠。

4. 离心机停车

（1）关闭进料阀。一般采取逐步关闭进料阀，使其逐渐减少进料，直到完全停止进料为止。

（2）清洗离心机。

（3）待进料完全停止后，停电动机。

（4）离心机停止运转后，停止润滑油泵和水泵运行。

● 第七节　膜分离、电渗析、反渗透过滤分离等设备 ●

膜是分离两相和选择性传递物质的屏障。膜的种类和功能繁多，可以是固态的，也可以是液态的；膜结构可以是均质的，也可以是非均质的；可以是中性的，也可以是带电的。膜分离是借助于膜在某种推动力的作用下，利用流体中各组分对膜的渗透速率的差别而实现组分分离的过程。不同的膜分离过程所用的膜具有不同的结构、材质和选择特性。被膜隔开的两相可以是气态，也可以是液态。推动力可以是压力差、浓度差、电位差或温度差。所以，不同膜分离过程的分离体系和适用范围也不同。

膜分离技术在近几年发展迅速，其应用已经从早期的脱盐发展到化工、轻工、石油、冶金、电子、纺织、食品、医药等工业污水、废气的处理，原材料及产品的回收与分离，生产高纯水等。目前最常用的膜分离法有电渗析、反渗透、超过滤和微孔膜过滤等。电渗析是利用离子交换膜对阴阳离子的选择透过性，以直流电场为推动力的膜分离法。而反渗透、超过滤和微孔膜过滤则是以压力为推动力的膜分离法。膜分离法具有无相态变化、分离时节省能源、可连续操作等优点，因此膜分离技术在水处理领域得到越来越广泛的应用，与之相匹配的膜分离设备也得到日新月异的发展。膜分离设备种类繁多，常用的有微滤分离膜设备、电渗析设备、反渗透设备、超滤设备等。

一、连续微滤膜（CMF）分离

1. 微滤膜简介

微滤是一种与常规过滤十分相似的膜分离过程。微滤膜属于筛网状过滤介质，使所有比网孔大的粒子全部被截留在膜表面。微滤膜具有比较整齐、均匀的多孔结构，孔径范围为 $0.05 \sim 10\mu m$，主要用于对悬浮溶液和乳液进行过滤分离。最早的微滤膜是 1907 年 Bechhold 制备的多孔火棉胶膜。而微滤膜的广泛应用是从二战之后开始的。美国 Sartorius 公司首先获取了微滤膜的技术，最初的微滤膜只有 CN 材质，也仅局限于微生物污染检测。随着聚合物材料的开发、成膜机理的研究和膜制备技术的革新与进步，膜品种扩大到 CA-CN、聚酰胺、PVDF、PAN（聚丙烯腈）、PC（聚碳酸酯）、PES、PS、PP、PE、聚酯和无机膜等；膜的制备工艺从完全挥发相转化扩大到凝胶相转化、拉伸致孔以及核辐射刻蚀致孔等；膜孔径范围从 $0.1\mu m$ 扩大到 $75\mu m$；膜组件从单一的膜片过滤器发展到板式、卷式、管式和中空纤维；应用范围也从实验室微生物检测拓展到制药、医疗、食品、生物、化工、环境保护等领域。

我国微滤膜的研究始于 20 世纪 70 年代初，开始以 CA-CN 膜为主，80 年代相继开发成功 CA（醋酸纤维素）、CA-CTA、PS、PAN、PVDF 和尼龙等微滤膜。同时，无机膜也有了初期产品，并在医药、乳品加工、食品、电子、石油化工、分析检测和环境保护领域有较广泛的应用。与国外产品相比较，我国相转移微滤膜的性能和国外同类产品基本一致，许多微滤膜组件和滤芯已替代了进口产品。

目前市场上的微滤膜材质主要有有机和无机两大类。有机膜主要是聚合物，通常采用相转化、拉伸、烧结和径迹刻蚀等方法制备。由于聚合物材料固有的局限性，使得有机微滤膜不能在极端条件下使用，于是人们把注意力转向了陶瓷、金属等无机材料。无机膜有良好的化学和热稳定性，其孔径可被较好地控制，孔径分布通常较窄。无机膜比较重要的制备方法有烧结、溶胶-凝胶、阳极氧化等。

（1）CMF（continuous micro-filtration）的含义   CMF 即连续微孔过滤，能够除去水中 $0.2\mu m$ 的颗粒，利用中空纤维膜，加上自我清洗系统，通过气反洗工艺来维持高流量。反洗能够除去膜上短期内截留的固体物质。CMF 主要包括过滤和反洗两个过程。

（2）常规的 CMF 膜分离系统   微滤膜材质有聚丙烯（PP）、聚乙烯（PE）、聚偏氟乙烯（PVDF）、聚砜（PS）和聚醚砜（PES）等。微滤膜有平板和中空纤维两种类型，其中后者应用最为广泛。现在市场上应用的微滤膜主要有聚丙烯和聚偏氟乙烯两种。PP、PVDF 微滤分离膜系统示意图和膜系统运行的中试装置见图 2-34、图 2-35、图 2-36 和图 2-37。

（3）CMF 系统的优点

① 采用错流过滤，处理效果不随进水水质而变化，运行中水质优良、稳定。

② 利用高效气反洗，可减少使用化学药品进行清洗。

③ 操作运行和维护人员少，可进行远程监控。

④ 自动化控制，连续运行，占地面积小，操作方便，运行成本低廉。

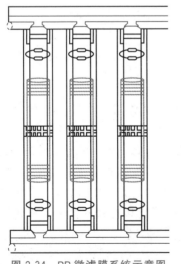

图 2-34   PP 微滤膜系统示意图

图 2-35   PP 微滤膜中试装置

2. 微滤膜的过滤机理

（1）微滤膜的过滤分离   微滤膜的过滤是利用筛分原理。当污水经过膜表面时，水体中粒径大于膜表面微孔的物质被膜截留，而水、水溶性物质和尺寸小于膜表面微孔的

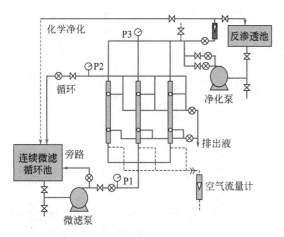

图 2-36　PVDF 微滤膜系统示意图

图 2-37　PVDF 微滤膜中试装置

物质通过膜孔。图 2-38 是中空纤维微滤膜的切面示意图，图 2-39 是 PVDF 中空纤维微滤膜的断面形貌图。由图 2-39 可见，纤维膜外壁和内壁附近是指状的微孔，而中间则是海绵状的微孔。

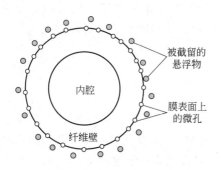

图 2-38　中空纤维微滤膜的切面示意图

图 2-39　PVDF 中空纤维微滤膜的断面形貌图

（2）微滤膜的在线反冲洗　当微滤膜系统运行一定时间后，膜表面积累了大量的悬浮物质，这时需要进行反冲洗。以聚丙烯（PP）中空纤维微滤分离膜为例说明。PP 微滤膜的韧性和强度好，其运行采用全流过滤（或称死端过滤），其反冲洗采用气水联合双洗技术，整个过程主要有四个阶段。阶段一是内腔排空，向膜纤维丝内外压入压缩空气，并保持系统内的压力为 120kPa，使膜系统内的水通过排水阀全部排出；阶段二是增压过程，将膜系统内的压力提高到 132kPa；阶段三是反吹过程，瞬间打开反冲洗排水阀，使膜丝外部的压力瞬时下降，这时膜丝内部的空气从膜孔逸出，并且把沉积在膜表面的悬浮物质吹脱下来；阶段四是卷扫过程，打开进水阀，将从膜表面吹脱下来的污染物冲出膜系统，并使膜系统中重新注满水。PVDF 微滤膜的弹性和韧性比 PP 微滤膜差，其运行通常采用错流过滤，其反冲洗也是用气水联合双洗，但过程与 PP 微滤膜不同：首先停止进污水，此时鼓入压缩空气，使纤维丝在水中摇曳摆动，以抖落沉积膜表面的悬浮物质，同时将处理后的出水缓慢从纤维丝内部打回，冲洗膜表面；然后停止进气，加大反冲洗水的流量；最后将反冲洗水排出。微滤膜反冲洗过程可控制在 30～60s 之间，反冲洗间隔控制在 30～45min 之间为宜。

（3）微滤膜系统的在线化学清洗　当微滤膜系统运行 4 周左右时，膜表面会沉积一些胶体和有机污染物，这时必须进行在线化学清洗。化学清洗的过程为：①膜系统进水；②系统循环过滤；③反冲洗；④加药后，手动继续清洗；⑤第一步循环，药液进入膜中心；⑥浸泡；⑦第二步循环，药液在膜外循环；⑧排药；⑨充水至高液位，然后反洗；⑩系统阀门复位，接原水；⑪按停机按钮，重新启动系统，清洗完成。

3. 微滤膜系统的维护和保养

（1）膜完整性检测　在膜系统运行中，保证分离膜的完好是非常重要的。现场可采用压降检测（PDT）、声波检测（SAT）对微滤膜的完好性进行检测和评估。如果出现微滤膜的破损，应及时修补或更换膜组件。

（2）做好常规化学量和膜运行参数的记录　膜系统在运行过程中，常规化学量的指标应是相对稳定的，如果化学量指标，尤其是膜出水的指标发生显著变化时，必须引起足够重视。分离膜运行参数，如透膜压力、过滤阻力、进水污染指数的变化是相对平缓的，如果出现突变，必须及时查找原因，制订合理的解决方案。通常应做好常规化质量和膜运行参数的记录。

（3）系统报警信息分析和故障排除　在运行过程中，要注意进水压力、透膜压力、出水污染指数、进水污染指数等参数的变化与报警。PP 微滤分离膜系统必须防止氧化性药剂对膜的破坏。系统停止运行时间超过 1 周时，必须对膜系统进行药液保护。

二、电渗析设备

1. 电渗析设备原理与除盐过程

电渗析是在直流电场作用下，以电位差为推动力，利用离子交换膜的选择渗透性（与膜电荷相反的离子透过膜，相同的离子则被膜截留），使溶液中的离子做定向移动以脱除或富集电解质的膜分离操作。电渗析可使电解质从溶液中分离出来，从而实现溶液的浓缩、淡化、精制和提纯。它是一种特殊的膜分离操作，所使用的膜只允许一种电荷的离子通过而将另一种电荷的离子截留，称为离子交换膜。由于电荷有正、负两种，离子交换膜也有两种。只允许阳离子通过的膜称为阳膜，只允许阴离子通过的膜称为阴膜。

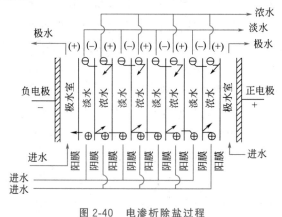

图 2-40　电渗析除盐过程

电渗析设备的除盐过程如图 2-40 所示，当含盐水通过电渗析器，由于水中的离子是带电的，在直流电源的作用下，阳离子和阴离子各自会做定向迁移，阳离子向负极迁移，阴离子向正极迁移，而离子交换膜具有选择透过性能。图 2-40 中淡水室的阴离子向正极迁移，透过阴离子交换膜（简称阴膜）进入浓水室，浓水室内的阴离子不能透过阳离子交换膜（简称阳膜）而留在浓水室内；阳离子向负极迁移，通过阳膜进入浓水室，浓水室中阳离子不能透过阴膜而留在浓水室中。这样，浓水室因阴、阳离子不断进入使浓度增高，淡水室因阴、阳离子不断迁出使浓度降低而获得淡水。图2-41给出了隔板型电渗析器的外观结构图。

2. 电渗析设备的构成

如图2-42、图2-43所示，电渗析器主要由一层层交替排列的隔板、离子交换膜及两端的电极组成，外面用压板和螺杆把隔板和膜压紧而成。电渗析器主要部件有膜堆、极框和压紧装置等。国产离子交换膜及其性能列于表2-10中。

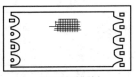

(a) 无回路隔板

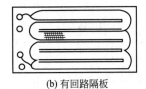

(b) 有回路隔板

图2-41 隔板型电渗析器外观结构

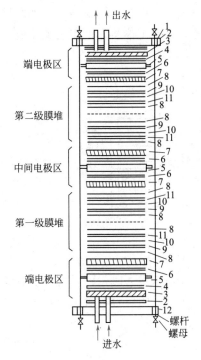

图2-42 电渗析器组成示意

1—上压板；2—垫板甲；3—电极托板；
4—垫板乙；5—石墨电极；6—垫板丙；
7—板框；8—阳膜；9—淡水隔板；
10—阴膜；11—浓水隔板；12—下压板

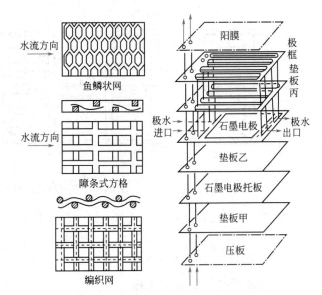

图2-43 隔网类型与石墨端电极示意

表2-10 国产离子交换膜性能

膜的种类	厚度/mm	干膜交换容量/(mg当量/g)	含水率/%	面电阻/(Ω·cm²)	离子选择透过性/%	爆破强度/(kg/cm²)
聚乙烯异相阳膜	0.38~0.5	≥2.8	≥40	8~12	≥90	≥4
聚乙烯异相阴膜	0.38~0.5	≥1.8	≥35	8~15	≥90	≥4
聚乙烯醇异相阳膜	0.7~1.0	2.0~2.6	47~53	10	≥90	≥3
聚乙烯醇异相阴膜	0.7~1.0	≥2.0	47~53	≥15	≥85	≥3
聚乙烯半均相阳膜	0.25~0.45	2.4	38~40	5~6	>95	≥5
聚乙烯半均相阴膜	0.25~0.45	2.5	32~35	8~10	>95	≥5

续表

膜的种类	厚度/mm	干膜交换容量/(mg当量/g)	含水率/%	面电阻/(Ω·cm²)	离子选择透过性/%	爆破强度/(kg/cm²)
聚氯乙烯半均相阳膜	0.25～0.45	1.3～1.8	35～45	≥15	≥90	>1
聚氯乙烯半均相阴膜	0.25～0.45	1.3～1.8	25～35	≥15	≥90	>1
聚乙烯含浸法均相阳膜（CM-001）	0.3	2.0	35	<5	≥95	>3.5
氯醇橡胶均相阴膜（CH-231）	0.28～0.32	0.8～1.2	25～45	6	≥85	>6
聚丙烯异相阳膜	0.38～0.40	2.91	29.7～45.7	10～15	≥95	>7
聚丙烯异相阴膜	0.38～0.40	1.75	22～25	12～16	≥94	>7
涂浆法聚氯乙烯均相阳膜	0.18～0.22	1.68～2.01		≤5	>95	>3

3. 电渗析器的组装和安装

单台电渗析器，通常用"级"和"段"说明组装方式。一般称一对电极之间的膜堆为一级，具有同一水流方向的并联膜堆称为一段。因此，一台电渗析器的组装方式有一级一段、多级一段、一级多段和多级多段四种，见图2-44。

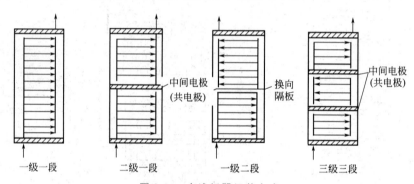

图2-44　电渗析器组装方式

电渗析器最常用的基本方式是一级一段组装方式。处理水量大时，可采用多台电渗析器并联；欲提高水质时，可采用多台电渗析器串联。在串联的各台电渗析器之间，可考虑设置或不设置中间水箱和水泵。

4. 电渗析装置的适用范围

现阶段电渗析的适用范围大致是：

① 当进水含盐量在500～4000mg/L时，采用电渗析是技术可行、经济合理的。

② 当进水含盐量小于500mg/L时，应结合具体条件，通过经济技术比较确定是否采用电渗析法。

③ 在进水含盐量波动较大、酸碱浓度较高和废水排放困难等特殊情况下，可采用电渗析法。电渗析器出口水的含盐量不宜低于10～15mg/L。

三、反渗透设备

1. 反渗透原理

反渗透是利用反渗透膜选择性地只透过溶剂（通常是水）而截留离子物质的性质，以膜两侧静压差为推动力，克服溶剂的渗透压，使溶剂通过反渗透膜而实现对液体混合物进行分离的过程。反渗透属于以压力差为推动力的膜分离技术，因为它和自然渗透的方向相反，故称反渗透。自然渗透与反渗透的原理见图 2-45。

反渗透主要是分离溶液中的离子，由于分离过程不需加热，没有相的变化，具有耗能较少、设备体积小、操作简单、适应性强、应用范围广等优点。它的主要缺点是设备费用较高，膜清洗效果较差。反渗透在水处理中的应用范围日益扩大，已成为水处理技术的重要方法之一。

反渗透通常采用内压错流运行方式（如图 2-46）。

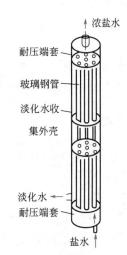

图 2-46　内压型管束式反渗透器

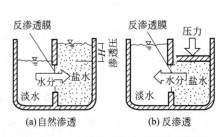

图 2-45　自然渗透与反渗透的原理

反渗透膜主要有平板、管式和中空纤维等类型；反渗透膜组件有板式、卷式和中空纤维式等，如图 2-47、图 2-48 和图 2-49 所示。

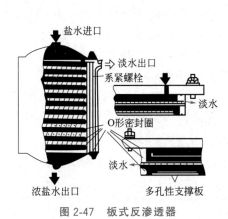

图 2-47　板式反渗透器

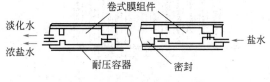

图 2-48　螺旋卷式反渗透器

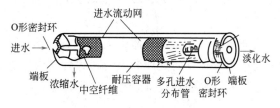

图 2-49　中空纤维式反渗透器

2. 反渗透过程工艺流程

根据料液的情况、分离要求以及所有膜组件一次分离效率等的不同，反渗透过程可以采用不同工艺流程。

（1）一级一段连续式　料液一次通过膜组件成为浓缩液而排出。这种方式透过液的回收率不高，在工业中

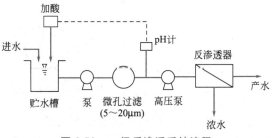

图 2-50　一级反渗透系统流程

较少采用。

（2）一级一段循环式 为了提高透过液的回收率，将部分浓缩液返回进料贮槽与原有的进料液混合后，再次通过膜组件进行分离。这种方式可提高透过液的回收率，但因为浓缩液中溶质的浓度比原料液要高，使透过液的质量有所下降。

（3）一级多段连续式 图2-50可看作是反渗透一级多段分离流程。在处理过程中，连续将第一段的浓缩液作为第二段的进料液，再把第二段的浓缩液作为下一段的进料液，而各段的透过液连续排出。这种方式的透过液回收率高，浓缩液的量较少，但其溶质浓度较高。

（4）一级多段循环式 工艺流程与（1）～（3）相似。

（5）多级多段循环式 工艺流程与（1）～（3）相似。

四、超滤分离

超过滤简称超滤，是在压力推动下的筛孔分离过程。一般用来分离分子量大于500的溶质，分离溶质的分子量上限大致为50万左右，这一范围的物质主要是胶体、大分子化合物和悬浮物。

从把物质从溶液中分离出来的过程看，反渗透和超滤二者基本上是一样的。反渗透既能去除离子物质又能去除许多有机化合物。

超滤不能去除低分子量的盐类，但能有效地去除大部分胶体、大分子化合物、病原体和微生物。这些物质在中等质量分数时渗透压不大，所以超滤能在较低的压差条件下工

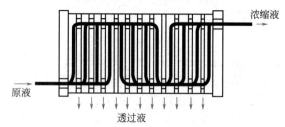

图 2-51 平板式 DDS 超过滤组件

作，常用的工作压力为0.1～2.0MPa。反渗透的工作压力则较超滤高。

超滤膜过滤系统有平板式（图2-51）、卷式等。卷式超滤膜过滤结构类似于反渗透卷式膜，是应用较为广泛的超滤膜过滤系统。

超滤膜过滤分离系统可间歇操作，也可连续运行，如图2-52和图2-53所示。超滤膜可分离去除水体中大分子有机物质和油脂类物质，如表2-11所示，超滤膜对乳化废水有优良的处理效果。超滤可以用来分离回收重要化工原料，如电泳漆回收；超滤也可同其他处理技术组合，如化学处理技术。

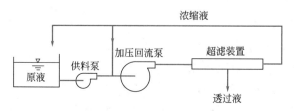

图 2-52 间歇式超滤系统流程

超滤技术用于处理工业废水十分有效。由于低压操作、管理容易，超滤技术的研究发展很快，目前我国已有14个工厂生产超滤器。

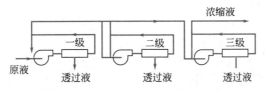

图 2-53　连续式串联超滤系统流程

表 2-11　超滤处理乳化废水的效果

原液/(mg/L)		超滤液/(mg/L)		去除率/%	
含油量	COD_{Cr}	含油量	COD_{Cr}	油	COD_{Cr}
31000	32000	340	560	98.9	98.3
114000	35200	200	642	99.8	98.2
550000	54000	100	680	99.9	98.7

● 第八节　现场教学 ●

一、教学目标

有针对性地了解本地 1～2 个工厂企业各类环保设备的结构、功能及设备运行方式，掌握该工厂污染治理工艺流程中所采用的主要分离设备的工作原理，了解有关分离设备方面的新工艺、新技术、新设备在生产中的应用。

二、教学内容

(1) 通过废水处理斜板沉淀池实训活动，进行双向流斜板沉淀的模拟实训，加深对其构造和工作原理的认识，进一步了解斜板沉淀池运行的影响因素，熟悉双向流斜板沉淀池的运行操作方法。

(2) 根据本地条件，有针对性地到污水处理厂、自来水供水公司等有分离设备的工厂进行现场实习，并按下列要求完成实习报告。

① 了解生产工艺情况及污染源的特性；

② 了解分离设备的选择、运行和使用情况；

③ 了解各种分离设备的维护维修知识和技能。

三、教学方法

采用工程技术人员在工作现场给学生讲解、学生实训实习、教师指导实习与资料查找收集相结合的方式。

四、学生能力体现

(1) 通过实训实习，使学生将书本知识与工程实际应用结合起来；

(2) 通过实训实习让学生加深对分离设备主要设备的认识，提高学习兴趣；

(3) 能对分离设备进行初步选型对比。

习题

1. 格栅的运行与维护应注意的事项有哪些?
2. 沉砂池的常用类型有哪些?
3. 平流式沉淀池的工作原理是什么?
4. 平流式沉淀池的主要优点是什么? 适用于哪些场合?
5. 沉淀池的运行管理及注意事项有哪几方面?
6. 按照微气泡产生方式的不同,可将气浮装置分为哪几种?
7. 竖流式气浮池的优点和缺点有哪些?
8. 气浮分离应用于哪些领域?
9. 普通快滤池的工作原理是什么?
10. 离心机的运行与维护应注意哪几方面?
11. 反渗透的工作原理是什么?

第三章

废水生化处理常用的典型设备

 学习指南

> 本章主要介绍了废水生化处理常用的典型设备的基本知识。通过学习，了解废水生化处理设备的分类，掌握利用活性污泥法原理的氧化沟、SBR反应器、滗水器、生物转盘等几种典型活性污泥工艺的技术特征、规格、性能及工作原理，熟悉各种滤池的构造，巩固对各种新型处理设备的认识并实际加以运用。

素质目标

> 选择废水生化处理常用的典型设备要分析其技术指标和经济指标，具有节约意识；增强对设备的规范操作和管理意识；在使用和维护设备时要具有安全意识；培养生态环境意识。

污水的生化处理以好氧方式为主。根据微生物在反应器中的生长形式，好氧生物处理可分为活性污泥法和生物膜法。这里分别介绍活性污泥法设备和生物膜法设备。

第一节　活性污泥法污水处理设备

活性污泥工艺一般由曝气池、沉淀池、污泥回流和剩余污泥排除系统构成，曝气池是其中最主要的系统构筑物。

一、曝气池

曝气池实际上是一种生化反应器，是活性污泥系统的核心设备。活性污泥系统的净化效果，在很大程度上取决于曝气池的功能是否能够正常发挥。按混合液的流态，曝气池可分为推流式、完全混合式和二池结合型三类。严格说来，推流式和完全混合式只具理论上的意义，工程实践中曝气池的构造与曝气方式密切相关。根据曝气方式的不同，曝气池又可分为鼓风曝气式曝气池和机械曝气式曝气池。

1. 鼓风曝气式曝气池

大多数情况下，采用鼓风曝气的曝气池，考虑到空气管道的设置，以采用长方形为宜。这样，空气管道可沿池长方向布置。图3-1为曝气池廊道的横断面布置。

曝气池的构造，从满足工艺等方面的要求来讲，主要考虑池的廊道组合、廊道的横断面、廊道的长度、廊道的顶部、廊道的底部及其他因素。

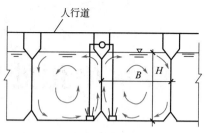

图 3-1 曝气池廊道的横断面布置

2. 机械曝气式曝气池

采用机械曝气的曝气池，考虑到曝气机械的形式、池液的完全混合与否以及曝气区和沉淀区合建与否，其构造可分以下几种情况。

① 采用曝气转刷的曝气池，其构造形式有环槽式和廊道式。

② 采用曝气叶轮的曝气池，考虑到和叶轮旋转的作用范围相适应，以及混合液在池内的完全混合，池形以圆形、正方形、正八角形为宜。而在大型污水处理厂，则采用廊道曝气池。廊道分成一系列相互连接的正方形单元，每个单元设置一个曝气叶轮，相邻单元之间可设隔墙（图 3-2）。

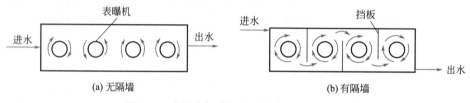

(a) 无隔墙　　　　　　　　　　　　　　　(b) 有隔墙

图 3-2 采用曝气叶轮构造的廊道式曝气池

3. 曝气沉淀池

曝气沉淀池（图 3-3）的平面呈圆形或正方形，主要由三部分组成。

① 曝气区。在曝气区中，废水和活性污泥充分均匀混合、接触，并进行混合液的充氧。

曝气区的水深一般在 4m 以内。过深时构筑物施工较困难，特别在地下水位较高、土质较差的地区；另外，亦应考虑到叶轮的提升能力。

② 沉淀区。位于曝气区外侧供混合液的泥、水分离之用。

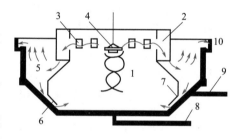

图 3-3 曝气沉淀池

1—曝气区；2—导流区；3—回流孔；4—曝气叶轮；
5—沉淀区；6—顺流区；7—回流缝；
8，9—进水管；10—出水槽

③ 导流区。在曝气区和沉淀区之间，设有一个导流区。由于来自曝气区的混合液出流流势较急，不宜直接进入沉淀区，故必须设置这一导流区，起缓冲过渡作用。

完全混合曝气沉淀池虽然具有结构紧凑、占地少及无需污泥回流设备等优点，但也有一些不足之处，主要是在合建式的情况下，很难有效发挥二沉池的泥水分离和污泥浓缩作用。因为二沉池要发挥好作用，必须满足污泥固体通量的要求，而这在合建式的曝气沉淀池内是较难满足的。另外，合建式曝气沉淀池污泥回流量的控制效果，也没有在分建式的情况下另设污泥回流设备好。总之，将二沉池和曝气池合建在一起，从运转管理、提高处理效果上来看，不如两者分建得好。

二、二沉池

二沉池（二次沉淀池）和曝气池是一个反应系统中两个不可分割的组合体，它们构成了活性污泥法整个系统的重要组成内容。二沉池的运行正常与否，直接关系到曝气池以至整个系统的运行。原理上讲，二沉池与一般的沉淀池并无不同。但二沉池除了对混合液进行固液分离外，还对污泥进行浓缩。故二沉池的设计横断面积，不仅应满足设计水力表面负荷率的要求，亦应满足设计污泥固体表面负荷率（或污泥固体通量）的要求。这样，才有可能获得良好的出水和回流污泥。

二次沉淀池的容积计算方法与一般沉淀池并无不同，但由于水质和功能不同，采用的设计参数也有差异。计算的方法可用下列公式表示：

$$A = \frac{Q_{max}}{\mu} \qquad (3-1)$$

$$V = rQ_{max}t \qquad (3-2)$$

式中　A——澄清区表面积，m^2；

　　Q_{max}——废水设计流量，用最大时流量，m^3/h；

　　μ——沉淀效率参数，$m^3/(m \cdot h)$ 或 m/h；

　　V——污泥区容积，m^3；

　　r——最大污泥回流比；

　　t——污泥在二次沉淀池中的浓缩时间，h。

混合液进池以后基本上分为两路：一路流过澄清区从沉淀池出水槽流出池子，另一路流过污泥区从排泥管排出。这样，流过澄清区的应当是污水的流量，故采用污水的最大时流量作为设计流量。

三、典型的活性污泥工艺

随着活性污泥法在生产上的广泛应用和对其生物反应、净化机理、运行管理等的深入研究，出现了很多种工艺，如阶段曝气法、渐减曝气法、吸附再生法、完全混合法、延时曝气法、氧化沟、SBR 工艺等。其中以氧化沟、SBR 应用较多。采用这两种工艺，通过适当的控制，可以实现脱氮除磷功能。

1. 氧化沟

氧化沟又名循环曝气池，是活性污泥法最常见的设备之一。氧化沟由沟体、曝气设备、进水分配井、出水溢流堰和自动控制设备等部分组成，见图 3-4。

曝气设备是氧化沟的主要装置，起着供氧、推动水流在水平方向的流动和防止活性污泥沉淀等作用。常用曝气设备有表面曝气机、曝气转刷或转碟、射流曝气器和导管式曝气机等。

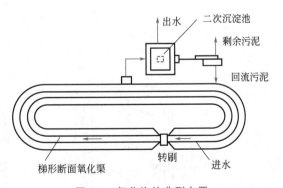

图 3-4　氧化沟的典型布置

当设有两组以上的氧化沟时，必须设置进水配水井，以分配和控制进水量。

自动控制设备一般有溶解氧控制系统、进水分配井、闸门和出水堰的控制等。

按照氧化沟的构造特征和运行方式的不同，氧化沟可分为几种不同类型的布置形式：卡罗塞尔（Carousel）氧化沟、导管式氧化沟、侧渠式氧化沟、曝气沉淀氧化沟、多池交替工作氧化沟、射流曝气氧化沟。它们的结构特点如图 3-5 至图 3-10 所示。

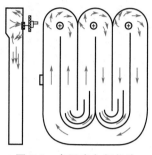

图 3-5　卡罗塞尔氧化沟

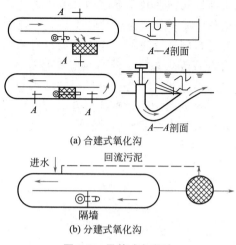

(a) 合建式氧化沟

(b) 分建式氧化沟

图 3-6　导管式氧化沟

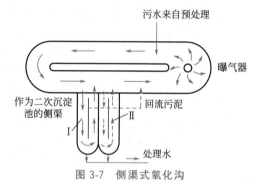

图 3-7　侧渠式氧化沟

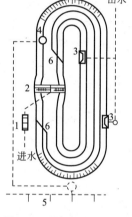

图 3-8　曝气沉淀氧化沟

1—沉砂池；2—曝气转刷；3—出水溢流堰；
4—污泥井；5—污泥干化床；6—单向活阀门

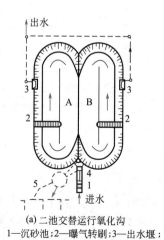

(a) 二池交替运行氧化沟

1—沉砂池；2—曝气转刷；3—出水堰；
4—排泥管；5—污泥井

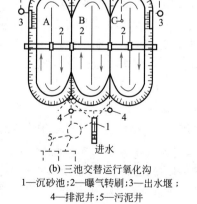

(b) 三池交替运行氧化沟

1—沉砂池；2—曝气转刷；3—出水堰；
4—排泥井；5—污泥井

图 3-9　多池交替工作氧化沟

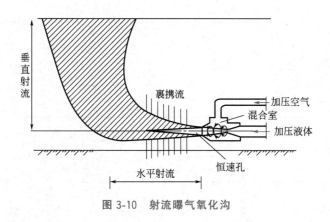

图 3-10　射流曝气氧化沟

2. 间歇式生物处理装置（SBR）

SBR 反应池去除有机物的机理在充氧时与普通活性污泥法相同。不同点是在运行时进水、反应、沉淀、排水和空载排泥 5 个工序，依次在同一 SBR 反应池中周期性运行。其运行模式为进水→反应→沉淀→排放→空载（待机）。现在流行的 A/O、A^2/O、水解-好氧工艺均可在简单的 SBR 反应池中实现。

SBR 反应池的技术特征如下。

① 理想的推流过程可使生化反应推动力增大，效率提高，池内厌氧、好氧处于交替状态，污水净化效果好。

② 运行效果稳定。污水在理想的静止状态下沉淀，需要时间短、效率高，出水水质好。

③ 耐冲击负荷。池内有滞留的处理水，对污水有稀释、缓冲作用，有效抵抗水量和有机污物的冲击。

④ 工艺过程中的各工序可根据水质、水量进行调整，运行灵活。

⑤ 反应池内存在 COD、BOD_5 浓度梯度，能有效控制活性污泥膨胀。

⑥ 脱氮除磷。适当控制运行方式，实现好氧、缺氧、厌氧状态交替，具有良好的脱氮除磷效果。

⑦ 工艺流程简单，造价低。主体设备只有一个序批式间歇反应器，无二沉池、污泥回流系统，调节池、初沉池也可省略，布置紧凑，节省占地面积。

⑧ 适用于生活污水以及食品、化工、轻工、制药、印染等有机工业废水。

不同厂家生产的 SBR 反应器由于处理对象等的差异，规格与性能也不一样。表 3-1 是某厂生产的 SSB 型间歇式生物处理装置的规格和性能。其外形尺寸见表 3-2，示意图见图 3-11。

表 3-1　SSB 型间歇式生物处理装置规格及性能

型号	处理水量 /(m³/d)	L/m	B/m	H/m	进水/(mg/L)		出水/(mg/L)	
					BOD₅	COD	BOD₅	COD
SSB-1	120	4.3	2.6	4.0	350	500	30	60
SSB-2	200	6.6	2.8	4.0	350	500	30	60
SSB-3	300	9.3	3.0	4.0	350	500	30	60
SSB-4	500	13.5	3.2	4.2	305	500	30	60

表 3-2   SSB 型间歇式生物处理装置外形尺寸

型号	处理水量 /(m³/d)	L/m	B/m	H/m	进水/(mg/L)		出水/(mg/L)	
					BOD$_5$	COD	BOD$_5$	COD
SSB-1	120	6.5	3.0	4.0	350	600	30	60
SSB-2	200	7.4	3.0	4.0	350	600	30	60
SSB-3	300	9.0	3.6	4.0	350	600	30	60
SSB-4	500	14.0	4.0	4.2	305	600	30	60

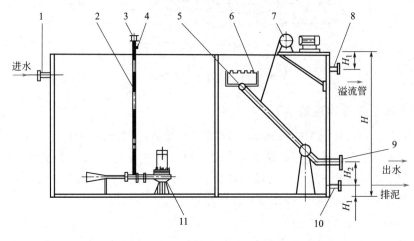

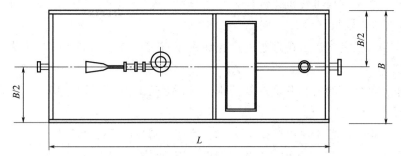

图 3-11   SSB 型间歇式生物处理装置示意图

1—进气管；2—空气管；3—消声器；4—电动阀；5—排水软管；6—滗水槽；

7—滗水器电机；8—溢流管；9—出水管；10—排泥放空管；11—SBQ-11 曝气器

　　滗水器是 SBR 工艺中最关键的设备之一，也是运行最关键、要求自动化程度最高的设备之一。目前国内外对滗水器做了大量的研究工作，研究出了多种动力学形式的滗水器，常见的有浮筒式（浮球式）、虹吸式、套筒式和旋转式滗水器。浮筒式（浮球式）滗水器具有构造简单、造价低的优点；缺点是排水器始终位于液面下，易积泥，且须有相应的电动阀门与之配套。虹吸式和套筒式等滗水器的优点是排水器位置可浮出液面，排水平稳，不带悬浮物，缺点是造价较高。上述四种滗水器的外形及安装见图 3-12。

四、活性污泥法污水处理设备的运行管理

　　活性污泥法处理装置在建成投产之前，需进行验收工作。在验收中，可采用清水进行试运行，这样可以提高验收质量，对发现的问题可作最后修正，并为运行提供资料。

　　对于城市污水和性质与之类似的工业废水，投产时需要先进行活性污泥的培养与

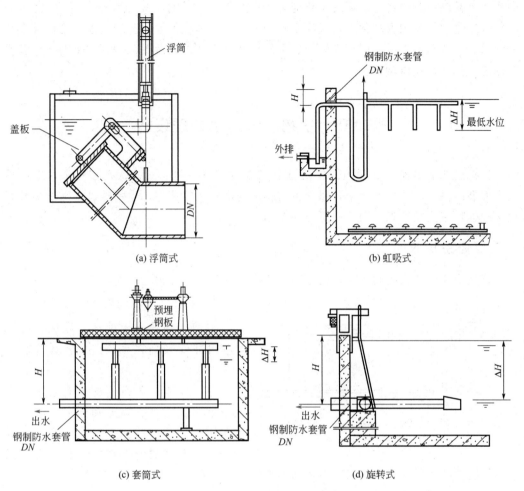

图 3-12 滗水器外形及安装

驯化；对于其他工业废水除培养活性污泥外，还需要使活性污泥适应所处理污水的特点，有针对性地对其进行驯化，某些情形下，驯化工作需要较长的时间。当活性污泥的培养和驯化结束后，还应进行以确定最佳条件为目的的试运行工作。

在工业废水处理站，可先用粪便水或生活污水培养活性污泥。当活性污泥培养成熟，即可加入进水中并逐渐增加工业污水的相对浓度，使微生物逐渐适应新的生活条件，得到驯化。活性污泥培养成熟后，就开始试运行。试运行的目的是确定最佳的运行条件，并将各设备调整到最佳运行状态。

试运行确定最佳条件后，即可转入正常运行。为了保持良好的处理效果、及时发现问题、采取有效对策、积累生产经验，需对处理情况定期进行检测。

此外，每天要记录进水量、回流污泥量、剩余污泥量，还要记录剩余污泥的排放规律、曝气设备的工作情况以及空气量和电耗等，剩余污泥（或回流污泥）浓度也要定期测定。

当系统运行不当（如曝气过量），会使活性污泥生物营养的平衡遭到破坏，使微生物量减少且失去活性、吸附能力降低、污泥絮凝体缩小，一部分则成为不易沉淀的羽毛状污泥，导致处理水质浑浊、污泥沉降比（SV）降低等。当污水中存在有毒物质时，微生物会受到抑制或伤害，系统净化能力下降，乃至完全停止，从而使污泥失去活性。一般可通过生物相观察和化学量监测来判别产生这种情况的原因。当鉴别出是运行方面的问题时，应对污水量、回流污泥量、空气量和排泥状态以及 SV、MLSS、DO 等多项指标进行检查，加以调整。

第二节　生物膜法污水处理设备

生物过滤法出现于 19 世纪末，是生物膜法最早的一种形式。一百多年来，生物膜法也发展出多种形式。近年来，属于生物膜法的塔式生物滤池、生物转盘、生物接触氧化法和生物流化床得到了较多的研究和应用。

一、普通生物滤池

普通生物滤池又叫滴滤池，是生物滤池早期的类型，即第一代生物滤池。

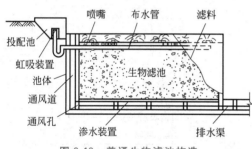

图 3-13　普通生物滤池构造

1. 普通生物滤池结构组成

普通生物滤池由池体、滤床、布水装置和排水及通风系统组成，其构造见图 3-13 所示。

(1) 池体　普通生物滤池池体的平面形状多为方形、矩形和圆形。池壁一般采用砖砌或混凝土建造，起围挡滤料的作用。有的池壁上带有小孔，用以促进滤层的内部通风。为防止风吹而影响废水的均匀分布，池壁顶应高出滤层表面 0.4～0.5m，滤池壁下部通风孔总面积不应小于滤池表面积的 1%。

(2) 滤床　滤床由滤料组成。滤料是生物滤池污水处理与净化的核心，净化污水的微生物就生长在滤料表面上。滤料应选用强度高、耐腐蚀、重量轻、颗粒均匀、比表面积大、孔隙率高的材料。与快滤池一样，滤床一般分成工作层和承托层两层：工作层粒径为 25～40mm，厚度为 1.3～1.8m；承托层粒径为 60～100mm，厚度为 0.2m。

(3) 布水装置　下流式滤池的布水装置设在填料层的上方，用以将污水均匀分配到整个滤池表面，并应具有适应水量变化、不易堵塞和易于清通等特点。根据结构可分成固定式和活动式两种。上流式滤池的布水装置设在承托层的下部，上流式滤池的应用较下流式滤池普遍。

(4) 排水及通风系统　排水系统位于池体的底部，用以排出处理水、支撑滤料及保证通风。排水系统通常分为两层，包括滤料下的渗水装置和底板处的集水沟及总排水渠。渗水装置的排水面积应不小于滤池表面积的 20%，同池底之间的间距应不小于 0.3m。滤池底部可用 0.01 的坡度坡向池底集水沟，废水经集水沟汇流入总排水渠，总排水渠的坡度应不小于 0.005。

总排水渠及集水沟的过水断面应不大于沟断面积的 50%，以保留一定的空气流通空间。

如果生物滤池的池面积不大，池底可不设集水沟，而采用坡度为 0.005～0.01 的池底将水流汇向池内或四周的总排水渠。

2. 固定喷嘴式布水装置设计

图 3-14 为常用的固定喷嘴式布水装置的结构图，由馈水池、虹吸装置、配水管道和喷嘴组成。污水进入馈水池，当水位达到一定高度后，虹吸装置开始工作，污水进入布水管路。配水管安置在滤料层中距滤料表面 $0.7\sim0.8\mathrm{m}$，配水管设有一定坡度以利于放空。喷嘴安装在布水管上，伸出滤料表面 $0.15\sim0.2\mathrm{m}$，喷嘴的口径一般为 $15\sim20\mathrm{mm}$。当水从喷嘴喷出，受到喷嘴上部倒锥体的阻挡，使水流向四处分散，形成水花，均匀地喷洒在滤料上。当馈水池水位降到一定程度时，虹吸被破坏，喷水停止。

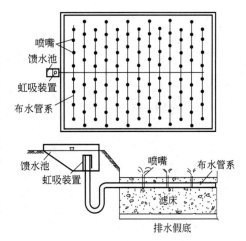

图 3-14　固定喷嘴式布水装置

这种布水器受气候影响较小，但布水不均匀，需要较大的作用压力（$19.6\mathrm{kPa}$）。

普通生物滤池的优点有：①处理效果好，BOD_5 的去除率达 95% 以上；②运行稳定，便于管理，节省能源。其主要缺点是：①负荷低，占地面积大，处理水量小，滤池易堵塞；②卫生条件差，易产生池蝇并散发臭味等。这种滤池一般适用于处理每日污水量不高于 $1000\mathrm{m}^3$ 的小城镇污水及工厂有机废水，目前较少采用。

二、高负荷生物滤池

高负荷生物滤池能解决普通生物滤池在净化功能和运行中存在的实际负荷低、易堵塞等问题。高负荷生物滤池是通过限制进水 BOD_5 值和在运行上采取处理水回流等技术来提高有机负荷率和水力负荷率，它的这两项指标分别为普通生物滤池的 $6\sim8$ 倍和 10 倍。

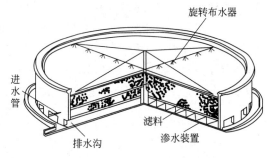

图 3-15　高负荷生物滤池结构

1. 高负荷生物滤池基本构造

高负荷生物滤池的构造如图 3-15 所示，其构造基本上与低负荷生物滤池相同，平面形状多为圆形，布水装置采用旋转布水装置。

高负荷滤池已开始广泛使用聚氯乙烯、聚苯乙烯和聚酰胺等材料制成的波形板状、管状和蜂窝状等人工滤料。

2. 旋转布水器的设计

旋转布水器是一种连续式喷淋装置。这种布水装置布水均匀，使生物膜表面形成一层流动的水膜，能保证生物膜得到连续冲刷，目前已得到广泛应用。旋转布水器适用于圆形或多边形生物滤池。

旋转布水器的结构见图 3-16，它主要由进水竖管和可转动的布水横管组成。

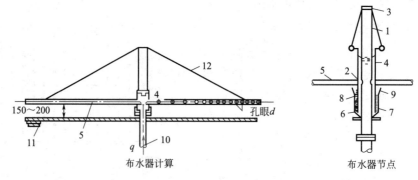

图 3-16　旋转布水器

1—固定竖管；2—出水孔；3—轴承；4—转动部分；5—布水横管；6—固定环；
7—水银封口；8—轴承滚珠；9—甘油密封；10—进水管；11—滤料；12—拉杆

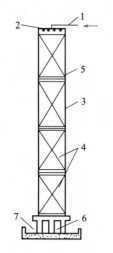

图 3-17　塔式生物滤池

1—进水管；2—布水器；3—塔体；
4—滤料；5—滤料支撑；
6—塔底进风口；7—集水池

三、塔式生物滤池

1. 塔式生物滤池构造

塔式生物滤池构造如图 3-17 所示。塔身截面呈圆形、方形或矩形，一般高度为 8~24m，直径 1~3.5m，径高比为 1:6~1:8。由塔身、滤料、布水系统、通风系统和排水系统组成。

2. 塔式生物滤池性能与适用条件

塔式生物滤池负荷比高负荷生物滤池大好几倍，比普通生物滤池大好几十倍，可承受较高浓度的废水，耐负荷冲击能力也强，要求通风量较大，在最不利的水温条件下往往需要实行机械通风。

塔式生物滤池的滤层厚，水力停留时间长，分解的有机物数量大，单位滤池面积的处理能力强，占地面积小，管理方便，工作稳定性好，投资和运转费用低，还可采用密封塔结构，避免废水中挥发性物质二次污染，卫生条件好。但是，塔式生物滤池出水浓度较高，外观不清晰，常有游离细菌，所以一般适用于二级串联处理系统中作为第一级处理设备，也可以在废水处理程度要求不高时使用。

四、生物转盘反应设备

生物转盘是在生物滤池基础上发展起来的一种高效、经济的污水生物处理设备，具有结构简单、运转安全、电耗低、抗冲击负荷能力强、不发生堵塞的优点。目前，生物转盘已广泛运用于我国的生活污水以及许多行业的工业废水处理中，并取得良好效果。

1. 生物转盘结构设计

生物转盘的净水机理和生物滤池相同，但其构造却完全不一样。生物转盘污水处理装置由生物转盘、氧化槽和驱动装置组成，构造如图 3-18 所示。生物转盘由固定在一转轴上的许多间距很小的圆盘或多角形盘片组成。盘片是生物转盘的主体和生物膜的载体，要求具有重量轻、强度高、耐腐蚀、防老化、比表面积大的优点。氧化槽位于转盘的正下方，一般采用钢板或钢筋混凝土制成与盘片外形基本吻合的半圆形，在氧化槽的两端设有进、出水设备，槽底有放空管。

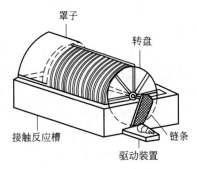

图 3-18　生物转盘构造

与生物滤池相同，生物转盘也无污泥回流系统，为了稀释进水，可考虑出水回流，但是生物膜的冲刷不依靠水力负荷的增大，而是通过控制一定的盘面转速来达到。

生物转盘在实际应用中有各种构造类型，最常见的是多级转盘串联，可以延长处理时间，提高处理效果。但转盘串联级数一般不超过四级，级数过多，处理效率提高程度不大。根据圆盘数量及平面位置，可以采用单轴多级或多轴多级形式。

2. 生物转盘的优缺点

生物转盘是一种较新型的生物膜法废水处理设备，国外使用比较普遍，国内主要用于工业废水处理，如含酚废水、印染废水、制革废水和造纸废水等。与活性污泥法相比，生物转盘在使用上具有以下优点。

① 操作管理简便，无活性污泥膨胀现象及泡沫现象，无污泥回流系统，生产上易于控制。

② 剩余污泥数量小，污泥含水率低，沉淀速度大，易于沉淀分离和脱水干化。据生产实践统计，转盘污泥形成量通常为 0.4～0.5kg（去除 BOD_5），污泥沉淀速度可达 4.6～7.6m/h。污泥开始沉淀，底部即开始压密，故一些生物转盘将氧化槽底部作为污泥沉淀与贮存用，从而省去二次沉淀池。

③ 设备构造简单，无通风、回流及曝气设备，运转费用低，耗电量低，一般去除 BOD_5 耗电量为 0.024～0.03kW·h/kg。

④ 可采用多层布置，设备灵活性大，可节省占地面积。

⑤ 可处理高浓度的废水，承受 BOD_5 可达 1000mg/L，耐冲击能力强。根据所需的处理程度，可进行多级串联，扩建方便。国外还将生物转盘建成去除 BOD_5-硝化-厌氧脱氮-曝气充氧组合处理系统，以提高废水处理水平。

⑥ 废水在氧化槽内停留时间短，一般在 1～1.5h 左右，处理效率高，BOD_5 去除率一般可达 90% 以上。

生物转盘同一般生物滤池相比，也具有一系列优点。

① 无堵塞现象。

② 生物膜与废水接触均匀，盘面面积的利用率高，无沟流现象。

③ 废水与生物膜的接触时间较长，而且易于控制，处理程度比高负荷生物滤池和塔式生物滤池高，可以调整转速改善接触条件和充氧能力。

④ 同一般低负荷滤池相比，它占地较小，如采用多层布置，占地面积可同塔式生物滤池相媲美。

⑤ 系统的水头损失小，能耗省。

但是，生物转盘也有如下缺点。

① 盘材较贵，投资大。从造价考虑，生物转盘仅适用于小水量、低浓度的废水处理。

② 因为无通风设备，转盘的供氧依靠盘面的生物膜接触大气，这样废水中挥发性物质将会产生污染。采用从氧化槽的底部进水可以减少挥发物的散失，比从氧化槽表面进水好，但挥发性物质污染依然存在。因此，生物转盘最好作为第二级生物处理装置。

③ 生物转盘的性能受环境气温及其他因素影响较大。所以，在北方设置生物转盘时一般置于室内，并采取一定的保温措施。建于室外的生物转盘都应加设雨棚，防止雨水淋洗使生物膜脱落。

五、生物接触氧化池

生物接触氧化池的早期形式为淹没式好氧滤池，即经曝气的废水流经填料层，使填料颗粒表面长满生物膜，废水和生物膜相接触，在生物膜作用下废水得到净化。随着各种新型塑料填料的制成和使用，目前这种淹没式好氧滤池已发展成为接触氧化池。接触氧化池内用鼓风或机械方法充氧，填料大多为蜂窝型硬性填料或纤维型软性填料。

接触氧化池由池体、填料及支架、曝气装置、进出水装置以及排泥管道等组成，如图 3-19 所示。接触氧化池的池体在平面上多呈圆形、矩形或方形，为用钢板焊接制成的设备或用钢筋混凝土建造的构筑物，各部位尺寸为：池内填料高度 3.0~3.5m，底部布气层高 0.6~0.7m，顶部稳定水层高 0.5~0.6m，总高度 4.5~5.0m。

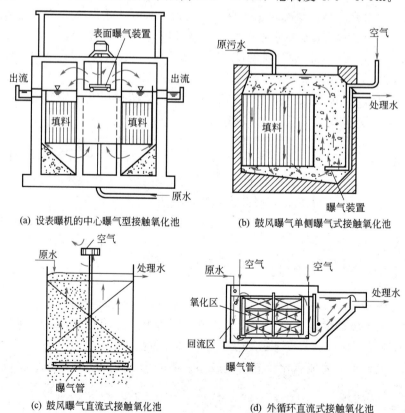

(a) 设表曝机的中心曝气型接触氧化池　　(b) 鼓风曝气单侧曝气式接触氧化池

(c) 鼓风曝气直流式接触氧化池　　(d) 外循环直流式接触氧化池

图 3-19　接触氧化池基本构造

接触氧化池的形式按曝气装置的位置分为分流式和直流式，按水流循环方式分为内循环式和外循环式，按供氧方式分为鼓风式、机械曝气式、洒水式和射流曝气式等。

六、生物流化床

生物流化床是使废水通过流化接触的颗粒床，同在颗粒床表面生长均匀的生物膜相接触而获得净化的装置，由床体、载体、布水装置、充氧装置和脱膜装置等组成。生物流化床的废水净化涉及流化机理、吸附机理和生物化学机理，尽管过程十分复杂，但具备高效率和承受力强的优点，所以这种方法很受人们的重视。如采用直径 1mm 的砂粒做载体，其比表面积为 $3300m^2/m^3$，是一般生物滤池的 50 倍，比采用塑料滤料的塔式生物滤池高约 20 倍。因此，在流化床内能维持相当高的微生物浓度，比一般活性污泥法高 10～20 倍，故废水底物的降解速度很快，停留时间很短，废水负荷相当高。

生物流化床主要是根据使载体流化的动力来源划分其类型，表 3-3 列举的是生物流化床的分类、充氧方式及其去除对象。

表 3-3 生物流化床的分类

流化床	去除对象	流化方式	充氧方式
好氧流化床	有机污染物（BOD、COD、氮）	液流动力流化床	表面机械曝气、鼓风曝气、加压溶解
		气流动力流化床	气液混流充氧
		机械搅动流化床	鼓风曝气
厌氧流化床		液流动力流化床	不需充氧
		机械搅动流化床	

七、填料的性能及选用参数

1. 填料的性能要求

在生物膜法废水处理系统中，对填料的性能要求有以下几个方面。

（1）水力特性　要求比表面积大，孔隙率高，水流畅通，阻力小，流速均匀。

（2）生物膜附着性　有一定的生物膜附着性能。

（3）化学与生物稳定性　要求经久耐用，不溶出有害物质，不产生二次污染。

（4）经济性　要求价格便宜，货源广，便于运输和安装。

2. 填料分类

（1）按形状可以分为蜂窝状、束状、筒状、列管状、波纹状、板状、网状、盾状、圆环辐射状以及不规则粒状等。

（2）按性状可以分为硬性、软性、半软性等。

（3）按材质可以分为塑料、玻璃钢、纤维等。

3. 常用填料

（1）蜂窝状填料　如图 3-20 所示，蜂窝状填料材质为玻璃钢或塑料，这种填料比表面积大（133～360 m^2/m^3，根据内切圆直径而定），孔隙率高（97％～98％），重量轻但强度高，堆积高度可达 4～5m，管壁无死角，衰老生物膜易于脱落等。主要缺点是：如选定的蜂窝孔径与 BOD 负荷率不相适应，生物膜的生长与脱落就会失去平衡，填料易于堵塞；如采用的曝气方式不适宜，蜂窝管内的流速难以均匀。

（2）波纹板状填料 波纹板状填料结构如图 3-21 所示，用硬聚氯乙烯平板和波纹板相隔黏结而成。这种填料孔径大，不易堵塞；结构简单，便于运输、安装，可单片保存现场黏合；质量轻，强度高，防腐蚀性能好。主要缺点是难以得到均一的流速。

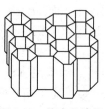

图 3-20 蜂窝状填料

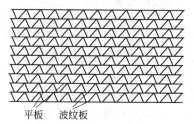

平板 波纹板

图 3-21 波纹板状填料

（3）软性填料 软性填料结构如图 3-22 所示，也称软性纤维状填料，具有比表面积大、利用率高、空隙可变不堵塞、重量轻、强度高、性能稳定、运输方便、组装容易等优点，被广泛应用于印染、丝绸毛纺、食品、制药、石油化工、造纸、麻纺、医院等废水处理中。经改型后产品已发展成第二型、第三型系列产品。

（4）半软性填料 半软性填料如图 3-23 所示，由变性聚乙烯塑料制成，具有一定的刚性和柔性，能保持一定形状又有一定的变性能力，具有散热性能好，阻力小，布水、布气均匀，质量轻，耐腐蚀，不堵塞，安装运输方便等特点。

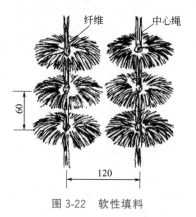

纤维 中心绳

60

120

图 3-22 软性填料

图 3-23 半软性填料

（5）多孔球形悬浮填料 多孔球形悬浮填料的结构如图 3-24 所示。其特点是微生物挂膜快，老化的生物膜易脱落，材质稳定，抗酸碱，耐老化，使用寿命长达 15 年，长期不需要更换，产品耐生物降解，安装方便。

（6）组合填料 组合填料是在软性与半软性填料基础上发展而成的，其结构如图 3-25 所示。它的性能优于软性和半软性填料，弥补了前两种填料的不足，易于挂生物膜，老化的生物膜又容易脱落。

（7）不规则粒状填料 有砂粒、碎石、无烟煤、焦炭以及矿渣等，粒径一般由几毫米到数十毫米。这类填料的主要特点是表面粗糙，易于挂膜，截留悬浮物的能力较强，易于就地取材，价格便宜等；缺点是水流阻力大，易于产生堵塞现象，应根据污水处理工艺选择合适的填料及其粒径。

八、生物滤池的运行管理

生物滤池投入运行之前，先要检查各项机械设备（水泵、布水器等）和管道，然后

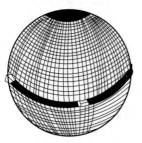

图 3-24　多孔球形悬浮填料

图 3-25　组合填料

用清水代替污水进行试运行，发现问题时需作必要的整改。

生物滤池的投产也有一个生物膜的培养与驯化的阶段，这一阶段一方面是使微生物生长、繁殖，直到滤料表面长满生物膜，微生物的数量满足污水处理的要求。另一方面则是使微生物能逐渐适应所处理的污水水质，即驯化微生物。可先将生活污水投配入滤池，待生物膜形成后（夏季约 2～3 周即达成熟）再逐渐加入工业废水；或直接将生活污水与工业废水的混合液投配入滤池；或向滤池投配其他污水处理厂的生物膜或活性污泥等。当处理工业废水时，通常先投配 20% 的工业废水量和 80% 生活污水量来培养生物膜。当观察到有一定的处理效果时，逐渐加大工业废水量和生活污水量的比值，直到全部是工业废水时为止。生物膜的培养与驯化结束后，生物滤池便可按设计方案正常运行。

在污水生物处理设备运行中，布水管及喷嘴的堵塞会使污水在滤料表面上分布不均，导致进水面积减少、处理效率降低，严重时大部分喷嘴被堵塞，会使布水器内压力增高而爆裂。

布水管及喷嘴堵塞的防治措施有清洗所有孔口、提高初次沉淀池对油脂和悬浮物的去除率、维持滤池适当的水力负荷以及按规定对布水器进行涂油润滑等。

第三节　污水厌氧处理设备

在污水处理中，厌氧法通常用于处理较高浓度的有机废水或好氧法难以降解的有机废水，有厌氧生物滤池、厌氧接触法、升流式厌氧污泥床反应器、分段厌氧消化法（两相厌氧消化法）、厌氧流化床反应器等工艺。

一、厌氧生物滤池

如图 3-26 所示，废水由池底进入，由池顶部排出，填料浸没于水中，微生物附着生长在填料之上。滤池中微生物量较高，平均停留时间可长达 150d，因此可以达到较高的处理效果。滤池填料可采用碎石、卵石或塑料等，平均粒径为 40mm。

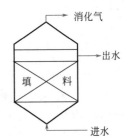

图 3-26　厌氧生物滤池示意

厌氧生物滤池的主要优点是：处理能力较强；滤池内可以保持很高的微生物浓度而不需要搅拌设备；不需要另外的泥水分离设备，出水 SS 较低；设备简单，操作管理方便。主要缺点是易堵塞，特别是滤池下部的生物膜较厚，更易发生堵塞的现象。故厌氧生物滤池主要用于含悬浮物很低的溶解性有机废水。

图 3-27 为 UAAF 型厌氧生物滤池的示意图，规格及外形尺寸见表 3-4。

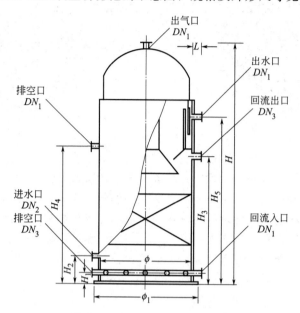

图 3-27 UAAF 型厌氧生物滤池

表 3-4 UAAF 型厌氧生物滤池规格及外形尺寸

| 型号 | 基本尺寸/mm | | | | | | | | | | | | 设备质量/t | 运行质量/t |
	ϕ	ϕ_1	H	H_1	H_2	H_3	H_4	H_5	L	DN_1	DN_2	DN_3		
UAAF-200	5000	5200	11800	250	500	9000	9200	10600	250	100	50	125	32	240
UAAF-300	5700	5900	13200	250	500	10000	10200	12000	250	1250	60	150	42	350
UAAF-400	6500	6800	13200	300	500	10000	10200	12000	250	150	80	200	50	450
UAAF-600	8000	8300	13200	300	500	10000	10200	12000	250	200	100	250	68	670

二、厌氧接触法

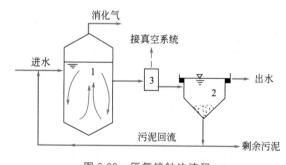

图 3-28 厌氧接触法流程

1—混合接触池（消化池）；2—沉淀池；3—真空脱气器

厌氧接触法流程类似于好氧的传统活性污泥法，如图 3-28 所示。废水先进入混合接触池（消化池）与回流的厌氧污泥混合，废水中的有机物被厌氧污泥所吸附、分解，厌氧反应所产生的消化气由顶部排出。消化池出水于沉淀池中完成固液分离，上清液由沉淀池排出，部分污泥回流至消化池，另一部分作为剩余污泥处置。

厌氧接触法的消化池池型一般有浮盖型、传统型、蛋型和欧式平底型四种，如图 3-29 所示。其中，蛋型消化池搅拌均匀，池内无死角，污泥不会在池底固结，污泥清除周期长，利于消化池运行；浮渣易于清除；在池容相等的情况下，池的总表面积小，利于保温。蛋型结构受力条件好，抗震性能高，还可节省建筑材料。

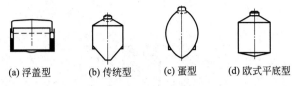

(a) 浮盖型　　(b) 传统型　　(c) 蛋型　　(d) 欧式平底型

图 3-29　消化池的基本池型

三、升流式厌氧污泥床反应器

图 3-30　UASB 构造

升流式厌氧污泥床反应器（UASB）构造如图 3-30 所示。废水自下而上地通过厌氧污泥床，床体底部是一层絮凝和沉淀性能良好的污泥层，中部是一层悬浮层，上部是澄清区。澄清区设有三相分离器，用以完成气、液、固三相分离。被分离出的消化气由上部导出，被分离的污泥则自动回流到下部反应区，出水进入后续构筑物。其分离原理与好氧的完全混合活性污泥法类似，厌氧消化过程所产生的微小沼气气泡，对污泥床进行缓和的搅拌作用，还有利于颗粒污泥的形成。

UASB 经过几十年的应用和发展，目前又开发出多种改良类型。以下是几种国内厂家生产的 UASB 反应器。

1. SWN 型升流式厌氧污泥床

SWN 型升流式厌氧污泥床的规格及性能见表 3-5、表 3-6，设备尺寸见图 3-31、图 3-32 和表 3-7、表 3-8。

表 3-5　SWN-Ⅰ型升流式厌氧污泥床反应器规格及性能

型号	处理水量 /(m³·h⁻¹)	进水 COD /(mg·L⁻¹)	COD 负荷 /[kg·(m³·d)⁻¹]	有效容积/m³	进水管径/mm	出水管径/mm	直径 φ/m	排泥放空管径/mm
SWN-Ⅰ-0.5	0.5			4.56	50	100	1.0	150
SWN-Ⅰ-1.0	1.0			10.25	50	100	1.5	150
SWN-Ⅰ-2.0	2.0			18.22	50	100	2.0	150
SWN-Ⅰ-3.0	3.0		5.9～7.5	26.24	50	100	2.4	150
SWN-Ⅰ-4.5	4.5	2500	COD 去除率≥85%	35.71	50	100	2.8	150
SWN-Ⅰ-5.5	5.5		（常温条件下）	46.65	50	100	3.2	150
SWN-Ⅰ-7.0	7.0			59.04	70	100	3.6	150
SWN-Ⅰ-9.0	9.0			72.88	150	150	4.0	150
SWN-Ⅰ-10.0	10.0			80.36	70	150	4.2	150

表 3-6　SWN-Ⅱ型升流式厌氧污泥床反应器规格及性能

型号	处理水量 /(m³·h⁻¹)	进水 COD /(mg·L⁻¹)	COD 负荷 /[kg·(m³·d)⁻¹]	有效容积/m³	进水管径/mm	出水管径/mm	外形尺寸 /mm	排泥放空管径 /mm
SWN-Ⅱ-10	10			96	100	150	4.7×4.2×7.2	150
SWN-Ⅱ-15.0	15			144	100	150	4.7×6.2×7.2	150
SWN-Ⅱ-20.0	20	2500	6～8	192	150	150	4.7×8.2×7.2	150
SWN-Ⅱ-25.0	25	COD 去除率≥85%		240	150	150	4.7×10.2×7.2	150
SWN-Ⅱ-30.0	30			288	200	200	4.7×12.2×7.2	150
SWN-Ⅱ-35.0	35			336	200	200	4.7×14.2×7.2	150

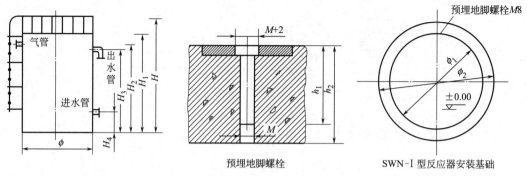

图 3-31　SWN-Ⅰ型升流式厌氧污泥床反应器及基础

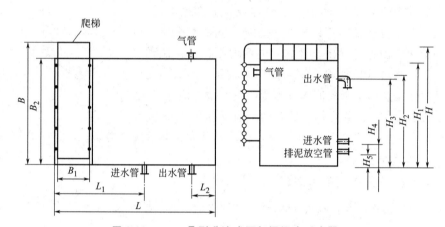

图 3-32　SWN-Ⅱ型升流式厌氧污泥床反应器

表 3-7　SWN-Ⅰ型升流式厌氧污泥床反应器设备尺寸

型号	直径 ϕ/m	总高 H/m	罐高 H_1/m	出水管高 H_2/m	进水管高 H_3/m	排泥放空管高 H_4/m	备注
SWN-Ⅰ-0.5	1.0	7.0	6.2	5.75	0.50	0.15	
SWN-Ⅰ-1.0	1.5	7.0	6.2	5.75	0.50	0.15	
SWN-Ⅰ-2.0	2.0	7.0	6.2	5.75	0.50	0.15	
SWN-Ⅰ-3.0	2.4	7.0	6.2	5.75	0.50	0.15	进水管、出水管及排泥放
SWN-Ⅰ-4.5	2.8	7.0	6.2	5.75	0.50	0.15	空管间的夹角可根据设计
SWN-Ⅰ-5.5	3.2	7.0	6.2	5.75	0.50	0.15	作调整
SWN-Ⅰ-7.0	3.6	7.0	6.2	5.75	0.50	0.15	
SWN-Ⅰ-9.0	4.0	7.0	6.2	5.75	0.50	0.15	
SWN-Ⅰ-10.0	4.2	7.0	6.2	5.75	0.50	0.15	

表 3-8　SWN-Ⅱ型升流式厌氧污泥床反应器设备尺寸

型号	总长 L/m	进水管 L_1/m	出水及气 管 L_2/m	总宽 B/m	爬梯宽 B_1/m	池宽 B_2/m	总高 H/m	池高 H_1/m	气管高 H_2/m	出水 管高 H_3/m	进水 管高 H_4/m	排泥放 空管高 H_5/m
SWN-Ⅱ-10	4.20	2.10	0.50	4.70	0.50	4.20	7.20	6.50	6.40	5.80	0.50	0.20
SWN-Ⅱ-15	6.20	3.10	0.50	4.70	0.50	4.20	7.20	6.50	6.40	5.80	0.50	0.20
SWN-Ⅱ-20	8.20	4.10	0.50	4.70	0.50	4.20	7.20	6.50	6.40	5.80	0.50	0.20
SWN-Ⅱ-25	10.20	5.10	0.50	4.70	0.50	4.20	7.20	6.50	6.40	5.80	0.50	0.20
SWN-Ⅱ-30	12.20	6.10	0.50	4.70	0.50	4.20	7.20	6.50	6.40	5.80	0.50	0.20
SWN-Ⅱ-35	14.20	7.10	0.50	4.70	0.50	4.20	7.20	6.50	6.40	5.80	0.50	0.20

2. SSB 型厌氧反应器

SSB 型厌氧反应器的规格及外形尺寸见表 3-9、图 3-33。

表 3-9　SSB 型厌氧反应器规格及外形尺寸

型号	SSB-1	SSB-2	SSB-3	SSB-4	SSB-5
直径 ϕ/mm	5000	6600	8700	10800	10800
总高 H/m	7.80	8.60	11.30	12.00	13.50
水处理容积/m³	56	110	256	405	507
贮气容积/m³	37	95	200	350	480
进水管直径/mm	$DN60$	$DN80$	$DN100$	$DN150$	$DN150$
出水管直径/mm	$DN60$	$DN80$	$DN100$	$DN150$	$DN150$
沼气管直径/mm	$DN60$	$DN80$	$DN150$	$DN200$	$DN200$
放空管直径/mm	$DN100$	$DN100$	$DN100$	$DN100$	$DN100$
运转质量/t	110	250	450	630	850

四、厌氧流化床反应器

厌氧流化床是一种高效的生物膜法处理方法。它是利用砂或填料等大比表面积的物质为载体，厌氧微生物以生物膜形式结在砂或其他载体的表面，在污水中呈流动状态，微生物与污水中的有机物接触，吸附分解有机物，从而达到处理污水的目的。图 3-34 是 YLH 型厌氧流化床反应器。

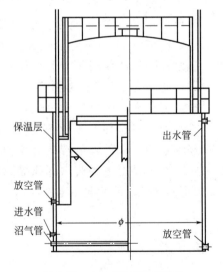

图 3-33　SSB 型厌氧反应器

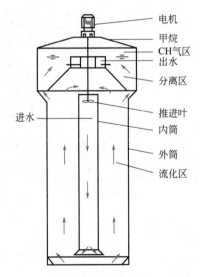

图 3-34　YLH 型厌氧流化床反应器

YLH 型厌氧流化床采用循环处理，污水进入设备后由电机带动内筒中的推进叶，把污水向下压形成较高流速的下向流，污水充到底部后进入内、外筒之间，这时污水为上向流，使污水充分混合，污水与砂在内筒中不断循环，从而达到流化的目的。处理出水经设备上面的砂、水分离设备分离后，水流出而砂留在设备内。运行所产生的甲烷气体在设备的上方由专门设备送到贮气罐备用。

YLH 型厌氧流化床的规格及性能见表 3-10。

表 3-10　YLH 型厌氧流化床反应器规格及性能

型　号	YLH-1.6	YLH-2.0	YLH-2.5	YLH-3.0	YLH-3.5	YLH-4.0
直径/m	1.6	2.0	2.5	3.0	3.5	4.0
有效容积/m³	8	15	30	53	84	125
处理 COD 能力/(kg·d⁻¹)	320	600	1200	21200	3360	5000
日产气量/m³	112	210	420	742	1175	1750
COD 去除率			85%～90%			
BOD 去除率			90%～95%			
电机功率/kW	1.5	3	5.5	7.5	11	15
处理费用/(元·kg⁻¹)	0.03	0.025	0.022	0.02	0.02	0.015

五、分段厌氧消化法

根据厌氧消化分阶段进行的理论，研究开发了二段式厌氧消化法，即将水解酸化的过程和甲烷化过程分开在两个反应器内进行，以使两类微生物都能在各自的最佳条件下生长繁殖。第一段的功能是水解酸化有机底物使之成为可被甲烷菌利用的有机酸；由底物浓度和进水量引起的负荷冲击得到缓冲，有害物质也在这里得到稀释；一些难降解的物质在此截留，不进入后面的阶段。第二段的功能是保持严格的厌氧条件和合适的 pH 值，以利于甲烷菌的生长；降解、稳定有机物，产生含甲烷较多的消化气；截留悬浮固体，以保证出水水质。

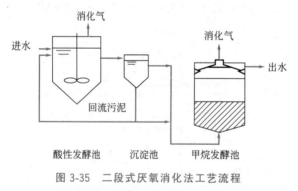

图 3-35　二段式厌氧消化法工艺流程

二段式厌氧消化法工艺流程如图 3-35 所示。对悬浮物含量较低、进水浓度不高的废水可以采用操作简单的厌氧生物滤池作为酸化池，串联厌氧污泥床作为甲烷发酵池。二段式厌氧消化法具有运行稳定可靠，能承受 pH 值、毒物等的冲击，有机负荷高，消化气中甲烷含量高等特点。但这种方法设备较多、流程较复杂，在带来运转灵活性的同时，也使得操作管理变得比较复杂。研究表明，二段式并不是对各种废水都能提高负荷。因此，采用何种反应器以及如何进行组合，要根据具体的水质情况而定。

第四节　污泥处理设备

一、污泥前期混凝预处理设备

混凝（或絮凝）是处理水体污染物中污泥前期凝缩的主要方法之一，混凝通常包括混合、胶体脱稳与凝聚，以及沉淀分离等过程。在某种程度上，混凝和絮凝是可等同的。混合设备是完成混凝过程的重要设备，是将混合后产生的细小絮体逐渐絮凝成大絮体以便于沉淀浓缩。

混合设备能保证在较短的时间内将药剂扩散到整个水体，并使水体产生强烈紊动，为药剂在水中的水解和聚合创造了良好的条件。一般混合时间约为 2min，混合时的流速应在 1.5m/s 以上。常用的混合方式有水泵混合、隔板混合和机械混合。

1. 水泵混合

把药剂加于水泵的吸水管或吸水喇叭口处，利用水泵叶轮的高速转动使混合快速而剧烈，达到良好的混合效果，不用另建混合设备，但需在水泵内侧、吸入管和排放管内壁衬以耐酸、耐腐材料。如果泵房远离处理构筑物则不宜采用，因已形成的絮体在管道出口破碎后难以重新聚结，不利于以后的絮凝。

2. 隔板混合

图 3-36 为分流隔板式混合槽。槽内设隔板，药剂从隔板前投入，水在隔板通道间流动时与药剂充分混合。该设备的混合效果好，但占地面积大，水头损失也大。

图 3-37 为多孔隔板式混合槽，槽内设若干穿孔隔板，水流经小孔时作旋流运动，使药剂与原水充分混合。当流量变化时，可调整淹没孔口数目，以适应流量变化。缺点是水头损失较大。

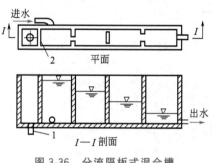

图 3-36　分流隔板式混合槽
1—溢流管；2—溢流堰

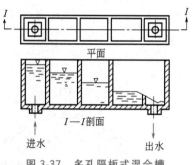

图 3-37　多孔隔板式混合槽

3. 机械混合

机械混合多采用结构简单、加工制造容易的桨板式机械搅拌混合槽，如图 3-38 所示。混合槽可采用圆形或方形水池。

二、污泥的浓缩设备

污泥浓缩的脱水对象是间隙水，经浓缩后活性污泥的含水率可降至 97%～98%，初沉池污泥的含水率可降至 85%～90%。常用的污泥浓缩方法有重力浓缩、气浮浓缩、离心浓缩、微孔滤机浓缩以及生物浮选浓缩。

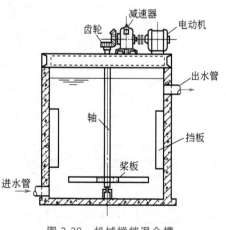

图 3-38　机械搅拌混合槽

1. 污泥重力浓缩设备

重力浓缩是减少污泥体积最经济有效的方法，其中利用自然的重力作用是使用最广泛和最简单的浓缩方法。重力浓缩的原理是在重力作用下将污泥中的孔隙水挤出，从而使污泥得到浓缩，属于压缩沉淀类型，该方法适用于密度较大的污泥和沉渣。

重力浓缩池按工作方式可以分为间歇式和连续式，前者适用于小型污水处理厂，后者适

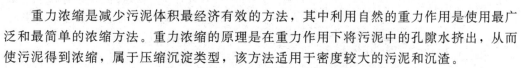

用于大、中型污水处理厂。连续式浓缩池一般采用辐流式浓缩池，结构类似于辐射式沉淀池，可分为有刮泥机与污泥搅动装置、不带刮泥机以及多层浓缩池（带刮泥机）等形式。

图 3-39 为连续式重力浓缩池的基本结构，操作时污泥由进泥管连续进泥，浓缩污泥通过刮泥机刮到泥斗中，并从排泥管中排出，澄清水由溢流堰溢出。如果浓缩池较小，也可采用竖流式浓缩池，结构如图 3-40 所示。

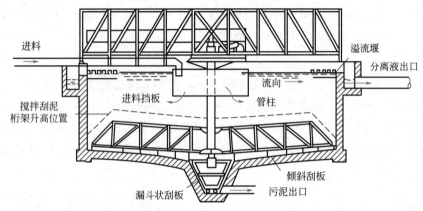

图 3-39 连续式重力浓缩池构造

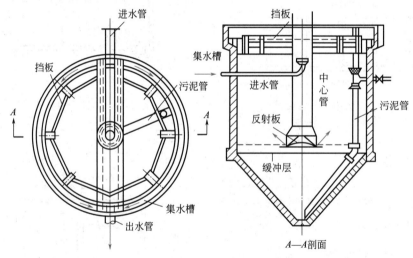

图 3-40 竖流式浓缩池

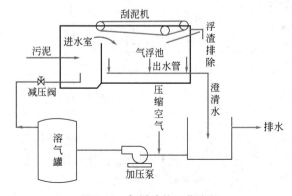

图 3-41 气浮浓缩工艺流程

2. 污泥气浮浓缩设备

重力浓缩法比较适合于密度大的污泥（如初次原污泥等）。对于密度接近于 1 的轻污泥，若活性污泥效果不佳，此时最好采用气浮浓缩法。气浮浓缩法原理是依靠大量的微小气泡附在污泥颗粒表面上，通过减小颗粒的密度使污泥上浮。

图 3-41 为污泥气浮浓缩工艺流程图。澄清水从池底引出，一部分用

水泵引入压力溶气罐加压溶气，另一部分外排。溶气水通过减压阀从底部进入进水室，减压后的溶气水释放出大量微小气泡，并迅速依附在待气浮的污泥颗粒上，从而使污泥颗粒密度下降易于上浮。进入气浮池后，能上浮的污泥颗粒上浮，在池表面形成浓缩污泥层由刮泥机刮出池外；不能上浮的污泥颗粒则沉到池底，由池底排出。该法适用于浓缩密度接近于水的污泥。

气浮浓缩池的主要设计参数：气固比（有效空气总质量与入流污泥中固体物总质量之比）为 $0.03\sim0.04$；水力负荷为 $1.0\sim3.6m^3/(m^2\cdot h)$，一般选用 $1.8m^3/(m^2\cdot h)$；停留时间与气浮浓度有关。

3. 污泥离心浓缩设备

离心浓缩的原理是利用污泥中固体、液体的密度及惯性差，在离心力场中固体、液体因受离心力的不同而被分离。其优点是效率高、时间短、占地少，缺点是运行费和机械维修费高，因此较少用于污泥的浓缩。常用的离心机有转盘式、转鼓式、筐式（三足式）等类型。

三、污泥的脱水干化设备

污泥经浓缩处理后，含水率（95%～97%）仍很高，需进一步降低含水率。将污泥的含水率降低至 85% 以下的过程称为脱水干化。污泥脱水干化有自然干化法与机械脱水法。而机械脱水法包括真空过滤法、压滤法、滚压带法和离心法，其原理都是给多孔介质（滤材）两侧施加压力差，将悬浮液过滤分成滤饼、澄清液两部分，以达到脱水的目的。各种脱水干化方法效果见表 3-11。

表 3-11 各种脱水干化方法效果对比表

脱水方法	自然干化	机械脱水				干燥法	焚烧法
		真空过滤法	压滤法	滚压带法	离心法		
脱水装置	自然干化场	真空转鼓真空转盘	板框压滤机	滚压带式压滤机	离心机	干燥设备	焚烧设备
脱水后含水率/%	70～80	60～80	45～80	78～86	80～85	10～40	0～10
脱水后状态	泥饼状	泥饼状	泥饼状	泥饼状	泥饼状	粉状、粒状	灰状

1. 真空过滤设备

真空过滤设备是目前使用最广泛的机械脱水方法。它具有处理量大、能连续生产、操作平稳等优点，主要用于初沉池污泥的脱水。间歇式真空过滤器有叶轮过滤器，只适用于少量的污泥；连续式真空过滤设备有圆筒形、圆盘形及水平形。

（1）转鼓式真空过滤机　图 3-42 为转鼓式真空过滤机构造图。真空转鼓每旋转一周依次经过滤饼形成区、吸干区、反吹区及休止区，完成对污泥的过滤及剥落。GP 型转鼓真空过滤机为外滤面刮刀卸料结构，适用于分离 0.01～1mm 固相颗粒的悬浮液。

（2）水平真空带式过滤机　水平真空带式过滤机具有水平过滤面、上部加料和卸料方便等特点，是近年来发展最快的一种真空过滤设备，主要形式有橡胶带式、往复盘式、固定盘式和连续移动式四种。

2. 压滤设备

加压过滤是通过对污泥加压，将污泥中的水分挤出，作用于泥饼两侧的压力差比真空过滤时大，因此能取得含水率较低的干污泥。间歇式加压过滤机有板框压滤机和凹板压滤机两类，连续式加压过滤机有旋转式和滚压带式两大类。

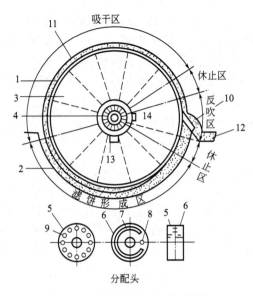

图 3-42　转鼓式真空过滤机构造
1—空心转鼓；2—污泥贮槽；3—扇形间格；
4—分配头；5—转动部件；6—固定部件；
7—与真空泵通的缝；8—与空压机通的孔；
9—与各扇形格相通的孔；10—刮刀；11—泥饼；
12—皮带输送器；13—真空管路；14—压缩空气管路

3. 离心机

离心机的推动力是离心力，推动的对象是固相，离心力的大小可控制，比重力大得多，因此脱水的效果比重力浓缩好。优点是设备占地小，效率高，可连续生产，自动控制，卫生条件好；缺点是对污泥预处理要求高，必须使用高分子聚合电解质作为调理剂，设备易磨损。

根据分离因素的不同，离心机可分为低速离心机（转速为 1000～1500r/min）、中速离心机（转速为 1500～3000r/min）和高速离心机（转速为 3000r/min 以上）三类。在污泥脱水处理中，由于高速离心机转速快、对脱水泥饼有冲击和剪切作用，因此常用低速离心机进行污泥离心脱水。

根据形状，离心机可分为转筒式离心机（图 3-43）和盘式离心机等，其中以转筒式离心机在污泥脱水中应用最广泛。转筒式离心机主要组成部分是转筒和螺旋输泥机（见图 3-43），其工作过程如下：污泥通过中空转轴的分配孔连续进入筒内，在转筒的带动下高速旋转，并在离心力作用下泥、水分离。螺旋输泥机和转筒同向旋转，但转速有差异，即两者之间存在相对转动，这一相对转动使得泥饼被推出排泥口，而分离液从另一端排出。

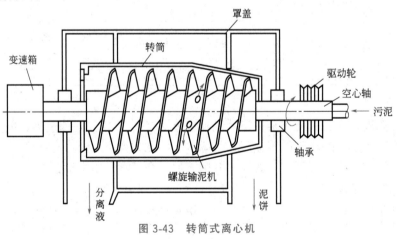

图 3-43　转筒式离心机

● 第五节　现场教学 ●

一、教学目标

① 参照养鱼技术培养学生对污水处理厂好氧生物法的理解；通过酸奶制作培养学

生对厌氧生物法的学习乐趣。

② 有针对性地了解本地一个工厂生化污水处理站或污泥处理厂或畜禽养殖场沼气畜禽粪便沼气发酵站的处理工艺、处理方法及设备的运行与维护。

二、校内实训教学方法

① 在实训室进行活性污泥法-好氧生化池实训活动、熟悉活性污泥法的基本流程，加深对污水好氧生物处理和活性污泥法原理的理解，初步掌握生化法处理生活污水的技能。

② 通过实训室设置的养鱼缸养鱼技术，了解养鱼过程中需要定期曝气打氧、鱼食（用于模仿废水污染物）投喂，以温度控制、鱼粪水泵循环过滤去除等方式，直观掌握好氧生化法的工作机理。

③ 通过实训室购买若干台低价酸奶机，通过原味鲜牛奶＋厌氧菌制作酸奶过程，了解如何控制鲜奶厌氧发酵过程中的温度和厌氧菌的生化反应，用于直观模仿废水污染厌氧生化中的温度控制、厌氧微生物菌种控制、空气中氧气隔绝控制等方式，直观掌握厌氧生化法的工作机理。

三、校外教学内容

① 参观一个生化污水处理站或污泥处理厂，掌握污水处理的活性污泥法与生物膜法，了解各个设备的运行与维护技术规范。

② 参观一个畜禽养殖场沼气畜禽粪便沼气发酵站，了解各个设备的工作原理和工作效率。

四、学生能力体现

① 通过实训室养鱼和酸奶制作过程加深学生对生物处理法中好氧生化法和厌氧生化法工艺与设备的认识，激发学习兴趣。

② 通过参观污水处理厂使学生将书本知识与实际结合起来。

 习题

1. 活性污泥工艺系统由哪些组分构成？其中最主要的设备是什么？
2. 曝气池有哪些分类方法？
3. 二沉池的作用是什么？
4. 普通生物滤池由什么构成？其优缺点是什么？
5. 生物接触氧化池由什么组成？
6. 厌氧生物滤池的优缺点是什么？
7. 常用的污泥浓缩设备有哪些？简述其作用。

第四章

废气处理中颗粒污染物气固分离除尘设备

学习指南

　　本章主要介绍了污染物气固分离除尘设备的基本知识。通过学习，掌握各类除尘器的类型、构造及工作原理；了解我国目前除尘设备的发展现状，熟悉各类除尘器的型号、适用场所及优缺点；掌握常用除尘设备的选用原则，通过对其运行和维护理论知识的学习，结合现场教学，提高实际工程中除尘设备运行和维护的操作技能。

素质目标

　　增强对废气处理中颗粒污染物气固分离除尘设备的规范操作和管理意识；选择设备要分析其技术指标和经济指标，具有节约意识；在使用和维护设备时要具有安全意识；培养生态环境意识。

第一节　除尘设备简介

一、除尘设备分类

　　在燃料燃烧或工业生产中会向空气中排放大量的含尘气体，这些含尘气体如果不经净化处理直接排入大气，就会对大气环境造成严重的污染。从废气中将颗粒物分离出来并加以捕集、回收的过程称为除尘；从含尘气体中分离并捕集粉尘粒子或雾滴的颗粒污染物控制设备统称为除尘器。除尘器是净化颗粒物的主要装备，在其他生产行业也用于回收有价值的粉状物料。

　　除尘器按其除尘机理和结构，一般分为以下五类。

　　1. 机械式除尘器

　　机械式除尘器是利用机械力（重力、惯性力和离心力等）的作用使粉尘从气体中分离并沉降的装置，包括重力沉降室、惯性除尘器和旋风除尘器三种类型。

　　2. 湿式除尘器

　　湿式除尘器亦称湿式洗涤器，是利用液滴或液膜洗涤含尘气流，使粉尘与气流分离沉降的装置。湿式洗涤器既可用于气体除尘，亦可用于气体吸收或降温除湿，分为冲击式、泡沫塔、文氏管等除尘器。

3. 过滤式除尘器

过滤式除尘器是使含尘气流通过织物或填料层进行过滤分离的装置。主要有袋式除尘器和颗粒层除尘器等。

4. 静电除尘器

静电除尘器是利用高压电场使尘粒荷电，在库仑力作用下使粉尘与气流分离沉降的装置。一般分有干式和湿式两类。根据荷电和分离区的空间布置不同，可分为单区和双区电除尘器。

5. 组合式除尘器

该类除尘器主要是利用多种净化机理综合净化。一般有机械与过滤、机械与静电、湿式与静电等组合方式。

在实际应用中还常按除尘效率的高低将除尘器分为高效、中效与低效除尘器。电除尘器、袋式除尘器与部分湿式除尘器为目前国内外应用较广的三种高效除尘器，旋风除尘器和其他湿式除尘器属中效除尘器，重力沉降器与惯性除尘器属低效除尘器。

常规除尘器的适用范围和性能对比列于表 4-1 中。

表 4-1 常规除尘器的适用范围和性能对比

类型	除尘作用力	除尘器种类		适用范围				不同粒径效率/%			投资比		能耗/(kW/m³)
				粉尘粒径/μm	粉尘浓度/(g/m³)	温度/℃	阻力/Pa	粒径/μm			初投资	年成本	
								50	5	1			
干式	惯性、重力	惯性除尘器		>15	>10	<400	200~1000	96	16	3	<1	<1	—
	离心力	中效旋风除尘器		>5	<100	<400	400~2000	94	27	8	1	1.0	0.8~1.6
		高效旋风除尘器						96	73	27	15	1.5	1.6~4.0
	静电力	电除尘器		>0.05	<30	<400	100~200	>99	99	86	9.5	3.8	0.3~1.0
		高效电除尘器						100	>99	98	15	6.5	
	惯性、扩散与筛分	袋式除尘器	振打清灰	>0.1	3~10	<300	800~2000	>99	>99	99	6.6	4.2	3.0~4.5
			气环清灰					100	>99	99	9.4	6.9	
			脉冲清灰					100	>99	99	6.5	5.0	
			高压反吹清灰					100	>99	99	6.0	4.0	
湿式	惯性、扩散与凝集	自激式洗涤器		0.05~100	<100	<400	800~10000	100	93	40	2.7	2.1	4.5~6.3
		高压喷雾洗涤器			<10	<400		100	96	75	2.6	1.5	
		高压文氏管除尘器			<10	<800		100	>99	93	4.7	1.7	

二、选择除尘器时应考虑的主要因素

选择除尘器时，必须全面考虑除尘效率、压力损失、设备投资、占用空间、操作费用及对维修管理的要求等因素，其中最主要的是除尘效率。一般来说，选择除尘器时应该注意以下几个方面的问题。

① 排放标准和除尘器进口含尘浓度。

② 粉尘的性质。

③ 含尘气体性质。

④ 气体的含尘浓度。

⑤ 设备投资和运行费用。

三、选择方法与步骤

除尘器选择方法和步骤如图 4-1 所示。

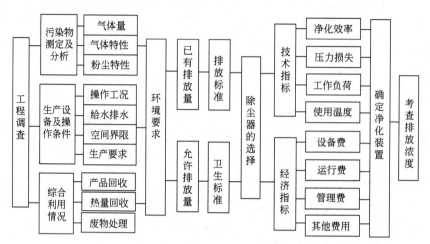

图 4-1 除尘器选择方法与步骤

四、各类除尘器的适用范围

1. 机械式除尘器

机械式除尘器造价比较低，维护管理方便，耐高温，耐腐蚀，适用于处理含湿量大的烟气，但对粒径在 $5\mu m$ 以下的尘粒去除率较低。当气体含尘浓度高时，这类除尘器可作为初级除尘，以减轻二级除尘的负荷。

重力沉降室适用于尘粒粒径较大、要求除尘效率较低、场地足够大的情况；惯性除尘器适用于排气量较小、要求除尘效率较低的地方；旋风除尘器适用于要求除尘效率较低的地方，主要用于 $1\sim20t/h$ 的锅炉烟气的处理。

2. 湿式除尘器

湿式除尘器结构比较简单，投资少，除尘效率比较高，能除去小粒径粉尘，并且可以同时除去一部分有害气体，如火电厂烟气脱硫除尘一体化等。其缺点是用水量比较大，泥浆和废水需进行处理，设备及构筑物易腐蚀，寒冷地区要注意防冻。

3. 过滤式除尘器

过滤式除尘器以袋式除尘器为主，其除尘效率高，能除掉微细的尘粒，对处理气量变化的适应性强，最适宜处理有回收价值的细小颗粒物。但袋式除尘器的投资比较高，允许使用的温度低，操作时气体的温度需高于露点温度，否则不仅会增加除尘器的阻力，甚至由于湿尘黏附在滤袋表面而使除尘器不能正常工作。当尘粒浓度超过尘粒爆炸下限时，也不能使用袋式除尘器。

袋式除尘器广泛应用于各种工业生产的除尘过程。大型反吹风布袋除尘器适用于冶炼厂、钢铁厂等的除尘；大型低压脉冲布袋除尘器适用于冶金、建材、矿山等行业的大风量烟气净化；回转反吹风布袋除尘器适用于建材、粮食、化工、机械等行业的粉尘净化；中小型脉冲布袋除尘器适用于建材、粮食、制药、烟草、机械、化工等行业的粉尘净化；单机布袋除尘器适用于各局部扬尘点如输送系统、库顶、库底等部位的粉尘净化。颗粒层除尘器适用于处理高温含尘气体，也能处理比电阻较高的粉尘，气体温度和气量变化较大时也能使用；其缺点是体积较大，清灰装置较复杂，阻力较大。

4. 电除尘器

电除尘器具有除尘效率高、压力损失低、运行费用较低的优点。电除尘器的缺点是投资大，设备复杂，占地面积大，对操作、运行、维护管理都有较高的要求，对粉尘的比电阻也有要求。目前，电除尘器主要用于处理气量大、对排放浓度要求比较严格、有一定维护管理水平的大企业，如燃煤发电厂和建材、冶金等行业。

● 第二节　机械式除尘器的选择与运维 ●

机械式除尘器构造简单、投资少、动力消耗低，除尘效率一般在 $40\% \sim 90\%$，是国内常用的除尘设备。在排气量比较大或除尘要求比较严格的场合，这类设备可作为预处理用，以减轻第二级除尘设备的负荷。常用干式机械式除尘器的特性参数见表 4-2。

表 4-2　干式机械式除尘器的特性参数

除尘器类型	最大烟气处理量/(m³/h)	可去除最小粒径/μm	除尘效率/%	压力损失/Pa	使用最高温度(烟气温度)/℃
重力沉降室	可根据安装场地决定最大烟气处理量	350	80～90	50～130	850～550
旋风除尘器	85000	10	50～60	250～1500	350～550
旋流除尘器	30000	2	90	<2000	<250
串联旋风除尘器	170000	5	90	750～1500	300～550
惯性除尘器	127500	10	90	750～1500	<400

一、重力沉降室

重力沉降室是一种最古老、最简易的除尘设备，有水平气流沉降室和垂直气流沉降室两种。简易重力沉降室效率是有限的，大多数沉降室只能除去粒径大于 $43\mu m$ 的尘粒。但这种沉降装置也具备一些明显的优点，如结构简单，造价低，压降小，可处理高温气体，能用于去除磨蚀性砂粒等。

二、惯性除尘器

惯性除尘器是使含尘气流冲击挡板，气流方向发生急剧改变，借助尘粒本身惯性力的作用，将粉尘分离下来的一种除尘装置。一般多用于密度大、颗粒粗的金属和矿物性粉尘的处理，对密度小、颗粒细的粉尘及黏结性和纤维性粉尘，则因易堵塞而不宜采用。

由于惯性除尘器的净化效率不高，故一般只用于多级除尘中的第一级除尘，捕集密度和粒径较大的金属或矿物性粗尘粒，压力损失依据类型而定，一般为 $100 \sim 1000Pa$。惯性除尘器结构类型很多，大致可分为冲击式和反转式。

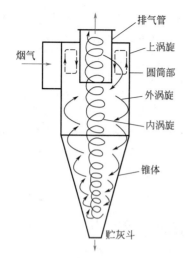

图 4-2　普通旋风除尘器结构及原理

旋风分离器

三、旋风除尘器

旋风除尘器是一种利用含尘气体旋转产生离心力，将尘粒从含尘气流中分离出来的除尘设备。旋风除尘器能有效地收集粒径在 $5\sim10\mu m$ 以上的尘粒，且结构简单，造价低廉，维护工作量少，粉尘适应性强，是目前应用较多的一种除尘设备。

1. 旋风除尘器的结构与除尘原理

普通旋风除尘器是由进气管、筒体、锥体、排气管和排灰口等组成，气流流动状况如图 4-2 所示。含尘气流进入除尘器后，沿壳体内壁由上向下作旋转运动，同时有少量气体沿径向运动到中心区域。当旋转气流的大部分到达锥体底部后，经锥体反弹转而向上沿轴心旋转，最后经排出管排出。气流旋转运动时，尘粒在离心力作用下逐步移向内壁，到达内壁的尘粒在气流和重力共同作用下沿壁面落入灰斗。旋风除尘器尺寸比例变化对性能的影响见表 4-3。

表 4-3　旋风除尘器尺寸比例变化对性能的影响

比 例 变 化	性能趋向		投资趋向
	压力损失	效率	
增大旋风除尘器直径	降低	降低	提高
加长筒体	稍有降低	提高	提高
增大入口面积(流量不变)	降低	降低	—
增大入口面积(速度不变)	提高	降低	降低
加长锥体	稍有降低	提高	提高
增大锥体的排出孔	稍有降低	提高或降低	提高
减小锥体的排出孔	稍有提高	提高或降低	—
加长排出管伸入器内的长度	提高	提高或降低	提高
增大排气管直径	降低	降低	提高

2. 选型方法

旋风除尘器选型时首先要收集资料。根据工艺提供或收集到的设计资料选择除尘器时，一般有两种方法：计算法和经验法。

（1）计算法　旋风除尘器选型计算的步骤大致如下。

① 由已知的初含尘浓度 c_i 和要求的出口浓度 c_o（或排放标准）计算出要求达到的除尘效率。

② 确定除尘器的结构类型。根据含尘浓度、粒度分布、密度等烟气特征以及除尘要求、允许的阻力和制造条件等因素全面分析，合理地选择旋风除尘器的类型。特别应当指出，锅炉排烟的特点是烟气流量大，而且烟气流量变化也很大。因此，在选用旋风除尘器时应使烟气流量的变化与旋风除尘器适宜的烟气流速相适应，以期在锅炉工况变动时也能取得良好的除尘效果。

③ 根据选取的除尘器的分级效率 η_d 和净化尘粒的粒径频率分布 ΔD，计算除尘器

能达到的总效率 η'。若 η' 大于等于除尘净化设施系统的最低设计总效率 η，则满足设计要求，否则要重新选择高性能的除尘器或改变运行参数。

④ 选定除尘器型号规格（即除尘器的尺寸），若超出样本范围，可相应放大结构尺寸，并计算出放大后的除尘效率 η''。若 $\eta'' \geqslant \eta$，则说明选定的除尘器类型和规格皆符合净化要求，否则需进行二次计算。

⑤ 根据查得的阻力系数 ξ 和确定的入口速度 v_i 计算运行条件下的压力损失 Δp。

（2）经验法

实际上由于分级效率 η_d 和粉尘粒径频率分布 ΔD 的数据非常缺乏，相似放大的计算方法还不成熟，所以现在大多采用经验法来选择除尘器的类型和规格。经验法的选择步骤如下。

① 计算要求的除尘效率（方法同计算法）。

② 确定旋风除尘器结构类型（方法同计算法）。

③ 根据使用时允许的压力降确定入口气速 v_i。如果制造厂已提供有各种操作温度下进口气速与压力降的关系，则根据工艺条件允许的压力降就可选定入口气速；若没有气速与压力降的关系数据，则需要根据允许的压力降计算入口气速，即：

切向进入式旋风除尘器

$$v_i = \sqrt{\frac{2\Delta p}{\xi\rho}} \tag{4-1}$$

式中　　v_i——入口气速，m/s；

Δp——除尘器的压力损失，Pa；

ξ——阻力系数；

ρ——含尘气体密度，kg/m^3。

若没有提供压力损耗数据，一般可取进口气速为 $12\sim15$m/s。

④ 确定除尘器筒体直径 D。根据需要处理的含尘气体流量 Q 与上一步求出的入口气速 v_i，查已选定除尘器的性能表，在保证所选除尘器的处理气量 Q_1 大于需要处理的含尘气体流量 Q 的情况下确定除尘器的型号。

⑤ 校核选定型号的除尘器的压力降。根据选定型号的除尘器首先可得到除尘器的进口截面积 A，然后由需要处理的含尘气体流量 Q 与除尘器的进口截面积 A 可求得实际工况下的进口气速 v_i'，再计算实际工况下的压力降 $\Delta p'$，若该值小于使用时允许的压力降 Δp，则说明选定的除尘器类型和规格皆符合净化要求，否则需重复步骤③和④，进行二次计算。

3. 选型要求

（1）旋风除尘器适用于净化粒径大于 $5\mu m$ 的尘粒，对细微尘粒，其除尘效率较低，但高效旋风除尘器对细微尘粒也有一定的净化效果。

（2）一般用于净化非纤维性粉尘及温度在 400℃ 以下的非腐蚀性气体。

（3）旋风除尘器对入口粉尘浓度变化的适应性强，可处理高含尘浓度的气体。

（4）旋风除尘器不适宜用于黏结性强的粉尘。当处理相对湿度较高的含尘气体时，应注意避免因结露而造成的黏结。

（5）设计或运用时必须采用气密性好的卸灰装置或其他防止旋风除尘器底部漏风的措施，以防底部漏风，效率下降。

（6）由于风量波动对旋风除尘器除尘效率和压力损失影响较大，故旋风除尘器不宜用于气量波动大的情况。

（7）当旋风除尘器内的旋转气速较高时，应注意加耐磨衬，防止磨损。

（8）性能相同的旋风除尘器一般不宜两级串联使用。当必须串联使用时，应采用不同结构尺寸。

（9）在并联使用旋风除尘器时，要尽可能使每台除尘器的处理气量相等。

4. 主要类型旋风除尘器编码说明

轴向进入式
旋风除尘器
——反转式

旋风除尘器类型代号一律采用汉语拼音字母，以表示除尘器的工作原理和构造形式特点。对需要在类型代号后列入系列规格的，一律用阿拉伯数字代替，如除尘器额定风量（以 m^3 为单位）、除尘器系列规格的袋数、配用锅炉的蒸发量和外筒直径（以 dm 为单位）等。

轴向进入式
旋风除尘器
——直进式

（1）编制规定　第一位字母表示除尘器按工作原理分类，暂分为以下四大类：

X（旋 Xuan）——旋风式　　　　S（湿 Shi）——湿式

L（滤 Lü）——过滤式　　　　　D（电 Dian）——静电式

（2）代号字母举例　构造类型方面：

L——立式（立 Li）　　　W——卧式（卧 Wo）　　　S——双级（双 Shuang）

T——筒式（筒 Tong）　　C——长锥体（长 Chang）　Z——直锥体（直 Zhi）

P——旁路（旁 Pang）　　N——扭底版（扭 Niu）　　X——下排烟（下 Xia）

工作原理方面：

P——平旋（平 Ping）　　M——水膜（膜 Mo）　　　G——多管（管 Guan）

K——扩散（扩 Kuo）　　　Z——直流（直 Zhi）

根据除尘器在除尘系统安装位置的不同分为：吸入式（即除尘器安装在通风机之前），用汉语拼音字母 X 表示；压入式（除尘器安装在通风机之后），用字母 Y 表示。为了安装方便，又于 X 型和 Y 型中各设有 S 型和 N 型两种。S 型的进气按顺时针方向旋转，N 型的进气按逆时针方向旋转。

常用的旋风除尘器的类型代号如下：

① XCX/G 型除尘器　X——旋风式，C——长锥体，X——斜底板，G——用于锅炉除尘；

② XLT 型除尘器（又称 CLT 型除尘器）　X——旋风式，L——立式，T——筒式；

③ XLK 型除尘器（又称 CLK 型除尘器）　X——旋风式，L——立式，K——扩散；

④ XZD/G 型除尘器　X——旋风式，ZD——锥体底板，G——用于锅炉除尘；

⑤ XND/G 型除尘器　X——旋风式，ND——扭底板，G——用于锅炉除尘；

⑥ XZZ/G 型除尘器　X——旋风式，Z——直型旁室，Z——直筒形锥体，G——用于锅炉除尘；

⑦ XWD 型除尘器　X——旋风式，W——卧式，D——多管；

⑧ XZY 型除尘器　X——旋风式，Z——直流，Y——带引射器；

⑨ XPX 型除尘器　X——旋风式，P—平旋，X——下排烟；

⑩ XLP 型除尘器　X——旋风式，L——立式，P——旁路；

⑪ SG 型除尘器　S——三角形进口，G——用于锅炉除尘；

⑫ XS 型除尘器　X——旋风式，S——大小双级旋风。

5. 运行与维护

（1）在旋风除尘器运行时，必须保证设备和管线的气密性。

（2）控制含尘气体处理量的变化不应该超过 10％～12％。因为气体处理量减少，气流速度将降低，从而导致除尘效率下降；处理量增加，压力损失就会增大，也会影响除尘效率。

（3）保证排灰通畅，及时清除灰斗中的粉尘。若沉积在除尘器锥体底部的灰尘不能连续及时排出，就会有高浓度粉尘在底部流转，导致锥体过度磨损。

（4）防止贮灰和集灰系统中的粉尘结块硬化。粉尘越细、越软，就越容易在器壁上结块。潮湿或黏性粉尘容易结块。控制进气口气流速度在 15m/s 以上，就可以减少粉尘黏壁现象。

● 第三节　湿式除尘器的选择与运维 ●

湿式除尘器是利用洗涤水或其他液体（通常为水）来去除含尘气流中的尘粒和有害气体的设备。其主要原理是利用水滴、水膜、气泡去除废气中的尘粒，并兼备吸收有害气体的作用。湿式除尘器具有结构简单、耗用钢材少、投资低、运行安全的特点，因而在现代除尘技术中得到广泛运用。

一、分类

湿式除尘器的类型很多。按其消耗的能量（除尘器的压力损失），可以分成低能耗（$\Delta p < 1kPa$）、中能耗（$1kPa \leqslant \Delta p \leqslant 4kPa$）和高能耗（$\Delta p > 4kPa$）湿式除尘器三类。常见的低能耗湿式除尘器有重力喷雾洗涤除尘器、湿式离心（旋风）洗涤除尘器，中能耗湿式除尘器有冲击水浴除尘器和动力洗涤除尘器，高能耗湿式除尘器有文丘里洗涤除尘器和喷射洗涤除尘器。

按其除尘机制的不同，可分为重力喷雾除尘器［图4-3（a）］、离心（旋风）水膜除尘器［图4-3（b）］、贮水式冲击水浴除尘器［图4-3（c）］、板式塔洗涤除尘器［图4-3（d）］、填料塔除尘器［图4-3（e）］、文丘里除尘器［图4-3（f）］和机械动力洗涤除尘器［图4-3（g）］。表4-4列出了这七种类型湿式除尘器的性能特性。

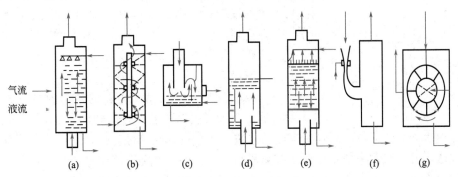

图 4-3　常见七种类型湿式除尘器

表 4-4　部分湿式除尘器的性能特征

装置名称	气体流速/(m/s)	最大气体流量/(m³/h)	压力损失/Pa	液气比/(L/m³)	水压	最小捕集粒径/μm
重力喷雾除尘器	0.5~2	600000	50~500	0.05~1	大	3~5
旋风水膜除尘器	1~2	30000	500~1500	0.5~5	中	1
贮水式冲击水浴除尘器	5~100	30000	500~2000	1~5	小	0.3
板式塔洗涤除尘器	1.3~2.5	14500	50~250	1.1~2.7	小	5
填料塔除尘器	1~2	1800	1000~3000	1~10	小	1~2
文丘里除尘器	30~150	9000	3000~20000	0.3~2	中	0.1~0.3
机械动力洗涤除尘器	1~2	60000	2000~4000	0.5~2	小	0.2

按湿式除尘器的结构分，可分为压力水式洗涤除尘器、填料塔洗涤除尘器、贮水式冲击水浴除尘器和机械回转式洗涤除尘器。

二、常见类型介绍

1. 洗涤塔

洗涤塔又称喷淋塔、喷雾塔。最早的洗涤塔是在一空塔内喷水，使其逆向与上升的含尘气体相接触，利用尘粒与水滴接触碰撞而相互凝集或尘粒间团聚，使其重量大大增加，从而靠重力作用沉降下来。

喷淋塔效率低，后来发展到在塔内装置填料或塔板等结构，增加水与含尘气体的接触面积，来提高除尘效率并减少除尘器的体积，这就是填料塔、板式塔及湍球塔。

湍球塔在较大的喷淋量范围内均能保持较好的效率。对于除尘过程，喷淋密度一般可取 $35~40m^3/(m^2 \cdot h)$。对 $2\mu m$ 的粉尘，除尘效率可达 99% 以上。由于填料球的自清洗作用，湍球塔的压力损失较低，一般为 $750~1250Pa$。

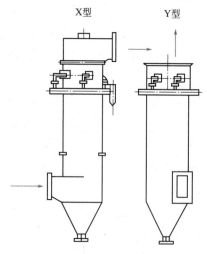

图 4-4　CLS 型立式旋风水膜除尘器的结构

2. 水膜除尘器

水膜除尘器采用喷雾或其他方式，使除尘装置的壁上形成一薄层水膜，以捕集粉尘。常用的水膜除尘器有以下几种形式。

（1）CLS 型立式旋风水膜除尘器。CLS 型立式旋风水膜除尘器是国内常用的一种立式旋风水膜除尘器。这种除尘器的优点在于构造简单而除尘效率较高（一般大于 90%），金属耗量少；缺点是高度较高，布置较困难。CLS 型立式旋风水膜除尘器的结构如图 4-4 所示，由含尘气体入口、喷水管、净化气体出口、沉渣水排出口和筒体等部分组成。

CLS 型立式水膜除尘器的工作原理：该除尘器的喷嘴设在筒体上部，由切向将水雾喷向器壁，在筒体内表面始终保持一层连续不断的水膜。含尘气体从筒体下部切向进入除尘器并以旋转气流上升，气流中的粉尘粒子被离心力甩向器壁，并为下降流动的水膜捕获。粉尘粒子随洗涤水从除尘器底部沉渣水排出口排出，净化后的气体由筒体从上部排出。

CLS 型立式水膜除尘器定型设备共有七种规格，按出风口形式可分为 X 型和 Y 型，X 型通常用于通风机前，Y 型常用于通风机后；按气体进出口方向（即从顶部看气体在设备内的旋转方向），可分为 N 型（逆时针）和 S 型（顺时针）。

这种除尘器的入口最大允许浓度为 $2g/m^3$，处理大于此浓度的含尘气体时，应在其前设一级除尘器，以降低进气含尘浓度。除尘器含尘气体入口速度一般控制在 15～22m/s，如果速度过大，不仅压力损失激增，而且还可能破坏水膜层，出现严重带水现象。其主要性能参数见表 4-5。

表 4-5 CLS 型立式水膜除尘器主要性能参数

项目型号	进口气速 /(m/s)	处理气量 /(m³/h)	用水量 /(L/s)	喷嘴数	压力损失/Pa	
					X 型	Y 型
D315	18	1600	0.14	3	55	50
	21	1900			76	68
D442	18	3200	0.20	4	550	500
	21	3700			760	680
D570	18	4500	0.24	5	550	500
	21	5250			760	680
D634	18	5800	0.27	5	550	500
	21	6800			760	680
D730	18	7500	0.30	6	550	500
	21	8750			760	680
D793	18	9000	0.33	6	550	500
	21	10400			760	680
D888	18	11300	0.36	6	550	500
	21	13200			760	680

（2）麻石立式旋风水膜除尘器。某些工业含尘气体中不仅含有粉尘粒子，而且还含有有毒、有害气体。如锅炉燃烧含硫煤时，燃烧烟气中不仅含有粉尘粒子，还含有 SO_2、SO_3、H_2S、NO_x 等有毒有害气体。在湿式除尘时，这些有害气体极易与设备金属材料发生不同程度的化学反应，造成化学腐蚀。为防止这种化学腐蚀，往往在钢制湿式除尘器内涂装衬里，给设备的制造、施工、安装造成很大麻烦。麻石水膜除尘器从根本上解决了除尘防腐问题。

麻石立式旋风水膜除尘器的构造见图 4-5，由圆筒、溢水槽、水越入区和水封锁气器等组成。

含尘气体从圆筒下部沿切线方向以很高的速度进入筒体，并沿筒壁呈螺旋式上升，含尘气体中的尘粒在离心力的作用下被甩到筒壁，经自上而下在筒内壁产生的水膜湿润捕获后随水膜下流，经锥形灰斗、水封池排入灰沟。净化后的气体经风机排入大气。

麻石立式旋风水膜除尘器入口气体速度一般

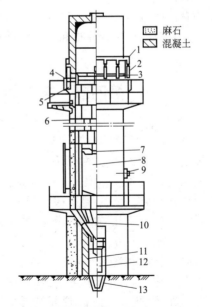

图 4-5 麻石立式旋风水膜除尘器的构造
1—环形集水管；2—扩散管；3—挡水檐；
4—水越入区；5—溢水槽；6—筒体内壁；
7—烟道进口；8—挡水槽；9—通灰孔；
10—锥形灰斗；11—水封池；
12—插板门；13—灰沟

采用 18m/s 左右，直径大于 2m 的除尘器可采用 22m/s，除尘器筒体内气流上升速度取 4.6~5m/s 为宜。处理 $1m^3$ 含尘气体的耗水量为 0.15~0.20kg。阻力一般为 588~1180Pa。这种除尘器对锅炉排尘的除尘效率一般为 85%~90%。

立式旋风水膜除尘器是一种运行简单、维护管理方便的除尘器，一般用耐磨、耐腐蚀麻石砌筑，也可以用砖、混凝土、钢板等其他材料制造。其缺点是耗水量比较大，废水须经处理才能排放。

自激式除尘器

袋式除尘器原理

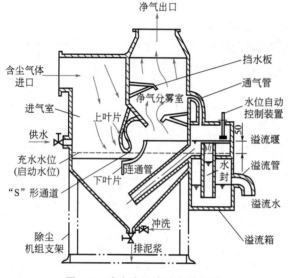

图 4-6　冲击水浴式除尘器构造

3. 冲击水浴式除尘器

冲击水浴式除尘器是一种高效率湿式除尘设备，没有喷嘴，也没有很窄的缝隙，因此不容易发生堵塞，是一种比较常用的湿式除尘设备（图 4-6）。

三、湿式除尘器的运维

湿式除尘器运行中易于出现堵塞、腐蚀和磨损等问题，因此对湿式除尘器更要精心维护。其维护和检修的项目如下。

（1）对设备内的淤积物和黏附物进行清除。

（2）检查文丘里管、冲击式除尘器的喉部以及洗涤器内部的磨损、腐蚀情况，对磨损和腐蚀严重的部位进行修补，如维修有困难应及时更换设备。

（3）对喷嘴进行检查和清洗，磨损严重的喷嘴应进行更换。

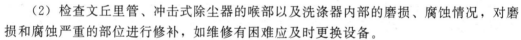

第四节　袋式除尘器的选择、运行与维护

袋式除尘器是将棉、毛、合成纤维或人造纤维等织物作为滤料编织成滤袋，对含尘气体进行过滤的除尘装置。袋式除尘器是过滤式除尘器的一种，常用在旋风分离器后作为末级除尘设备。图 4-7 为袋式除尘器除尘原理示意图。

袋式除尘器结构简单，操作方便，工作效率高，性能稳定可靠，便于回收干料，可以捕集不同性质的粉尘，因而获得越来越广泛的应用；同时，在结构形式、滤料、清灰方式和运行方式等方面也在不断地发展。

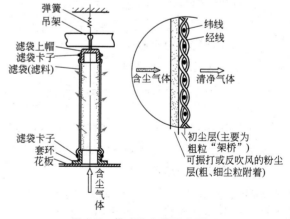

图 4-7　袋式除尘器除尘原理

一、袋式除尘器的优缺点

1. 优点

（1）袋式除尘器对净化微米或亚微米数量级粉尘粒子的除尘效率较高，一般可达99％，甚至可达 99.99％以上，压力损失为 1.0～1.5kPa。

（2）袋式除尘器可以捕集多种干性粉尘，特别是对于高比电阻粉尘，采用袋式除尘器净化要比用电除尘器净化的效率高很多。

（3）含尘气体浓度在相当大的范围内变化对袋式除尘器的除尘效率和阻力影响不大。

（4）袋式除尘器的处理烟气量可从每小时几立方米到几百万立方米，可设计制造出适应不同气量的含尘气体要求的型号。

（5）袋式除尘器也可做成小型的，安装在散尘设备上或散尘设备附近，也可安装在车上做成移动式袋式过滤器，这种小巧、灵活的袋式除尘器特别适用于分散尘源的除尘。

（6）袋式除尘器运行稳定可靠，没有污泥处理和腐蚀等问题，操作和维护简单。

2. 缺点

（1）袋式除尘器的应用主要受滤料的耐温和耐腐蚀等性能所影响。目前，通常应用的滤料可耐 250℃左右，如采用特别滤料处理高温含尘烟气，将会增大投资费用。

（2）不适于净化含黏结和吸湿性强的粉尘的气体，入口浓度不宜大于 $15g/m^3$。用布袋式除尘器净化烟尘时的温度不能低于露点温度，否则将会产生结露，堵塞布袋滤料的孔隙。

（3）据概略的统计，用袋式除尘器净化大于 $17000m^3/h$ 的含尘烟气量时，所需的投资费用要比电除尘器高；而用其净化小于 $17000m^3/h$ 的含尘烟气量时，投资费用比电除尘器低。

（4）占地面积大。

二、袋式除尘器的结构与除尘机理

简单的袋式除尘器如图 4-8 所示，主要由滤袋、箱体、灰斗与清灰机构、排灰机构等几个主要部分组成。工作时含尘气流从下部进入圆筒形滤袋，在通过滤料的孔隙时粉尘被捕集于滤料上，透过滤料的清洁气体由排出口排出。沉积在滤料上的粉尘，可以在机械振动的作用下从滤料表面脱落，落入灰斗中。内滤式滤袋的过滤过程见图 4-9。

三、袋式除尘器的类型和命名

袋式除尘器的结构类型多种多样，分类方法也很多。按滤袋形状，可分为圆筒形和扁形；按进气方式，可分为上进气与下进气；按过滤方式，可分为内滤式与外滤式；按清灰方式，可分为机械振打类动、反吹风类、分室反吹类、喷嘴反吹类等。

袋式除尘器种类很多，《袋式除尘器技术要求》（GB/T 6719—2009）规定了袋式除尘器的分类方式，命名原则和命名格式。

1. 分类方式

（1）机械振打类 利用机械装置（电动、电磁或气动装置）使振动而清灰的袋式除

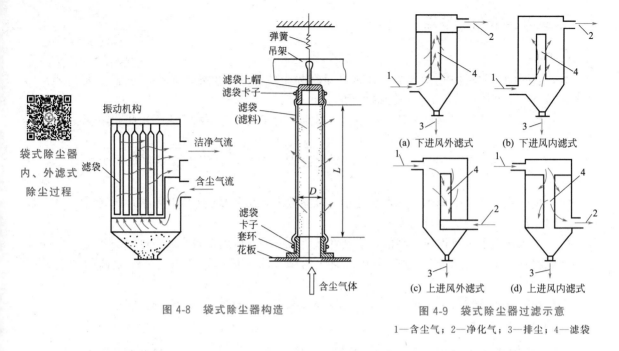

图 4-8 袋式除尘器构造

图 4-9 袋式除尘器过滤示意

1—含尘气；2—净化气；3—排尘；4—滤袋

尘器，有适合间歇工作的停风振打和适合连续工作的非停风振打两种构造型式。

① 停风振打袋式除尘器 指使用各种振动频率在非连续过滤状态下进行振打清灰。

② 非停风振打袋式除尘器 是指使用各种振动频率在连续过滤状态下进行振打清灰。

（2）反吹风类 利用阀门切换气流，在反吹气流作用下使滤袋缩瘪与鼓胀发生抖动来实现清灰的袋式除尘器。根据清灰过程的不同，可分为三状态"过滤""反吹""沉降"与二状态"过滤""反吹"两种工作状态。

① 分室反吹类 采取分室结构，利用阀门逐室切换气流，将大气或除尘系统后洁净循环烟气等反向气流引入不同袋室进行清灰。

a. 大气反吹风袋式除尘器 是指除尘器处于负压（或正压）状态下运行，将室外空气引入袋室进行清灰。

b. 正压循环烟气反吹风袋式除尘器 是指除器处于正压状态下运行将系统中净化后的烟气引入袋室进行清灰。

c. 负压循环烟气反吹风袋式除尘器 是指除尘器处于负压状态下运行，将系统中净化后的烟气引入袋室进行清灰。

② 喷嘴反吹类 以高压风机或压气机提供反吹气流，通过移动的喷嘴进行反吹，使滤袋变形抖动并穿透滤料而清灰的袋式除尘器。

a. 机械回转反吹风式除尘器 是指喷嘴为条口形或圆形，经回转运动，依次与各个滤袋净气出口相对，进行反吹清灰。

b. 气环反吹袋式除尘器 是指喷嘴为环缝形，套在滤袋外面，经上下移动进行反吹清灰。

c. 往复反吹袋式除尘器 是指喷嘴为条口形，经往复运动，依次与各个净气出口相对，进行反吹清灰。

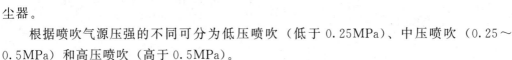

d. 回转脉动反吹袋式除尘器　是指反吹气流呈脉动状供给的回转反吹袋式除尘器。

e. 往复脉动反吹袋式除尘器　是指反吹气流呈脉动状供给的往复反吹袋式除尘器。

（3）脉冲喷吹类　以压缩气体为清灰动力，利用脉冲喷吹机构在瞬间放出压缩空气，高速射入滤袋，使滤袋急剧鼓胀，依靠冲击振动和反向气流而清灰的袋式除尘器。

根据喷吹气源压强的不同可分为低压喷吹（低于 0.25MPa）、中压喷吹（0.25～0.5MPa）和高压喷吹（高于 0.5MPa）。

① 离线脉冲袋式除尘器　是指滤袋清灰时切断过滤气流，过滤与清灰不同时进行的袋式除尘器。采用低压喷吹、中压喷吹或高压喷吹的离线脉冲袋式除尘器分别称为低压喷吹离线脉冲袋式除尘器、中压喷吹离线脉冲袋式除尘器或高压喷吹离线脉冲袋式除尘器。

② 在线脉冲袋式除尘器　是指滤袋灰时，不切断过滤气流，过滤与请灰同时进行的袋式除尘器。采用低压喷吹、中压喷吹或高压喷吹的在线脉冲袋式除尘器分别称为低压喷吹在线脉冲袋式除尘器、中压喷吹在线脉冲袋式除尘器或高压喷吹在线脉冲袋式除尘器。

③ 气箱式脉冲袋式除尘器　是指除尘器为分室结构，清灰时把喷吹气流喷入一个室的净气箱，按程序逐室停风、喷吹清灰的袋式除尘器。

④ 行喷式脉冲袋式除尘器　是指以压缩空气用固定式管对逐袋进行清灰的袋式除尘器。

⑤ 回转式脉冲袋式除尘器　是指以同心圆方式布置滤袋束，每束或几束滤袋布置 1 根喷吹管，每个脉冲阀承担 1 根喷吹管或几根喷吹管，对滤袋进行喷吹的袋式除尘器。

（4）复合式清灰类　采用两种以上清灰方式联合清灰的袋式除尘器。

① 机械振打与反吹风复合式袋式除尘器　是指同时使用机械振打和反吹风两种方式使滤料振动以致滤料上的粉尘层松脱下落的袋式除尘器。

② 声波清灰与反吹风复合式袋式除尘器　是指同时使用声波动能和反吹风两种方式使料振动，以致滤料上的粉尘层松脱下落的袋式除尘器。

2. 袋式除尘器的命名

（1）命名原则　袋式除尘器的命名按分类与最有代表性的结构特征相结合来命名。将风机和袋式除尘器组成一个整机的形式称为袋式除尘机组，其命名原则不变。

（2）命名格式　将命名格式分为机械振打类、反吹风类、脉冲喷吹类、复合式清灰类共四类，表 4-6 列出了四类袋式除尘器的命名示例。

表 4-6　袋式除尘器的命名示例一览表

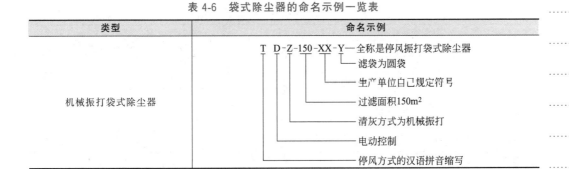

类型	命名示例
机械振打袋式除尘器	T D-Z-150-XX-Y—全称是停风振打袋式除尘器 滤袋为圆袋 生产单位自己规定符号 过滤面积150m² 清灰方式为机械振打 电动控制 停风方式的汉语拼音缩写

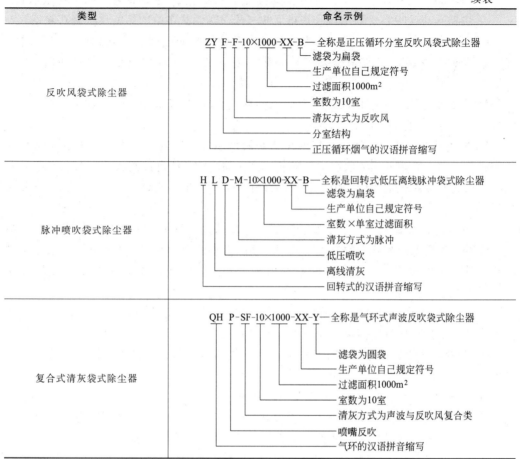

类型	命名示例
反吹风袋式除尘器	ZY F-F-10×1000-XX-B — 全称是正压循环分室反吹风袋式除尘器 └ 滤袋为扁袋 └ 生产单位自己规定符号 └ 过滤面积1000m² └ 室数为10室 └ 清灰方式为反吹风 └ 分室结构 └ 正压循环烟气的汉语拼音缩写
脉冲喷吹袋式除尘器	H L D-M-10×1000-XX-B — 全称是回转式低压离线脉冲袋式除尘器 └ 滤袋为扁袋 └ 生产单位自己规定符号 └ 室数×单室过滤面积 └ 清灰方式为脉冲 └ 低压喷吹 └ 离线清灰 └ 回转式的汉语拼音缩写
复合式清灰袋式除尘器	QH P-SF-10×1000-XX-Y — 全称是气环式声波反吹袋式除尘器 └ 滤袋为圆袋 └ 生产单位自己规定符号 └ 过滤面积1000m² └ 室数为10室 └ 清灰方式为声波与反吹风复合类 └ 喷嘴反吹 └ 气环的汉语拼音缩写

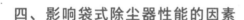

四、影响袋式除尘器性能的因素

影响袋式除尘器性能的主要因素有过滤风速、过滤面积、压力损失、滤料的性质、清灰方式等。

1. 过滤风速

袋式除尘器的过滤风速是指气体通过滤布时的平均速度。在工程上是指单位时间内通过单位面积滤布的含尘气体的流量。它代表了袋式除尘器处理气体的能力，是一个重要的技术经济指标。表4-7列出了不同滤料使用的过滤风速。

表 4-7 不同滤料使用的过滤风速

粉尘	过滤速度/[m³/(m²·min)]			粉尘	过滤速度/[m³/(m²·min)]		
	抖动型	脉喷型	逆气流缩袋型		抖动型	脉喷型	逆气流缩袋型
铝	45~55	146~183	—	石灰	45~55	183~220	29~39
石棉	55~65	183~220	—	石灰石	49~60	146~183	—
铁矾土	45~60	146~183	—	云母	49~60	165~201	33~39
炭黑	27~37	90~110	20~27	颜料	46~56	128~146	37~40
煤	45~55	146~183	—	纸	64~73	183~220	—
可可粉	51~60	220~270	—	塑料	45~56	128~165	—
黏土	45~60	165~183	27~37	石粉	55~64	165~183	—

粉尘	过滤速度/[m³/(m²·min)]			粉尘	过滤速度/[m³/(m²·min)]		
	抖动型	脉喷型	逆气流缩袋型		抖动型	脉喷型	逆气流缩袋型
水泥	37～56	146～183	22～27	石英	51～59	165～183	—
化妆粉	27～37	183～220	—	砂	45～56	183～220	—
釉料	45～55	165～183	27～37	木锯末	64～73	220～274	—
粮谷	65～91	256～274	—	硅	42～51	128～165	22～27
化肥	55～64	146～165	33～37	皂粉	37～46	92～110	22～27
面粉	55～64	220～274	—	片岩	64～73	220～256	—
石粉	37～46	92～110	27～37	香料	49～60	183～220	—
石膏	37～46	183～220	33～37	淀粉	55～64	146～165	—
铁砂	55～64	201～220	—	糖	37～46	183～146	—
硫化铁	37～45	110～146	27～37	滑石	45～55	183～220	—
氧化铝	37～45	110～146	27～33	烟草	64～73	238～274	—
皮革	64～73	220～274	—	氧化锌	37～46	92～110	27～32
长石	40～51	156～183					

2. 过滤面积

安装在连续工作除尘系统中的袋式除尘器，由于清灰部分过滤面积处于停止工作状态，有的还有反吹风量进入，必须增大工作状态过滤面积的过滤风速，使除尘器的阻力增加。因此，在计算除尘器过滤面积时，应当考虑过滤面积的储备量，滤袋参数见表4-8。

表 4-8　袋式除尘器参数

过滤风速/(m/min)	<0.5	0.5～1.5	>1.5
滤袋长径比 L/D	≤30	≤25	≤20

3. 压力损失

袋式除尘器的压力损失是重要的技术经济指标之一。它不仅决定除尘器的能量消耗，同时也决定装置的除尘效率和清灰的时间间隔。袋式除尘器的阻力与它的结构形式、滤料特性、粉尘性质和浓度、气体的温度和黏度等因素有关。

4. 滤料

滤料是袋式除尘器的主要部件，其费用一般占设备费用的10%～15%。滤料的性能直接影响着除尘器的效率、阻力等。选用滤料时必须考虑含尘气体和粉尘的特性，如气体的组成、温度、湿度，粉尘的大小、含水率、黏结性等。一般要求滤料应具有耐磨、耐腐、阻力低、成本低及使用寿命长等优点。滤料的特性除了与纤维本身的性质有关之外，还与滤料的表面结构有关系。如表面光滑的滤料，容尘量小，清灰容易，但除尘效率低，适用于含尘浓度低、黏性大的粉尘，采用的过滤风速也不能太高；厚滤料和表面起绒的滤料，容尘量大，粉尘深入滤料内部，能保证高效率，可以采用较高的过滤风速，但过滤阻力较大，应注意及时清灰。

滤料的种类有很多。按滤料材质分，有天然纤维、无机纤维和合成纤维等；按滤料结构分，有素布、绒布和毡三大类，其中素布又分为平纹、缎纹和斜纹三种。平纹净化效率高，但透气性差，阻力高，难清灰；缎纹透气性好，易于清灰，但净化效率低；斜纹耐磨性好，净化效率和清灰效果都较好，是常采用的滤布织纹。绒布的透气性和净化效率都比素布好，但清灰较难。袋式除尘器常用滤料的性能见表4-9。

表 4-9　袋式除尘器常用滤料性能

品名	化学类别	密度/(g/cm³)	直径/μm	拉伸强度/(g/mm²)	伸长率/%	耐酸、碱性能		抗虫及细菌性能	耐温性能/℃		吸水率/%
						酸	碱		经常	最高	
棉	天然纤维	1.47~1.6	10~20	35~76.6	1~10	差	良	未经处理时差	75~85	95	89
麻	天然纤维	—	16~50	35	—			未经处理时差	80		—
蚕丝	天然纤维	—	18	44	—	—	—	未经处理时差	80~90	100	—
羊毛	天然纤维	1.32	5~15	14.1~25	25~35	弱酸、低温时良	差	未经处理时差	80~90	100	10~15
玻璃	矿物纤维（有机硅处理）	2.45	5~8	100~300	3~4	良	良	不受侵蚀	260	350	0
维纶	聚乙烯醇类	1.39~1.44	—		12~25	良	良	优	40~50	65	0
尼龙	聚胺	1.13~1.15	—	53.1~84	25~45	冷:良热:差	良	优	75~85	95	4~4.5
耐热尼龙（诺梅克斯）	芳香族聚酰胺	1.4	—	—	—	良	良	优	200	260	5
腈纶	(纯)聚丙烯腈	1.14	—	30~65	15~30	良	弱质;可	优	125~135	150	2
	聚丙烯腈与聚胺混合聚合物	1.17	—		18~22	良	弱质;可	优	110~130	140	1
涤纶	聚酯	1.38	—		40~55	良	良	优	140~160	170	0.4
泰氟纶	聚四氯乙烯	2.3		33	10~25	优	优	不受侵蚀	200~250	—	0
杜耐尔	—	—	—	—		优	优	优	80	115	—

　　由于袋式除尘器的应用范围很广，而且环境保护要求日趋严格，所以科研工作者和生产厂家都在致力于开发效率更高、性能更好、寿命更长和价格更低的新型滤料，在高温滤料、防静电滤料、耐强酸强碱和不怕酸性碱性气体的特种滤料、防水滤料的研究方面已取得重大进展。

五、袋式除尘器的选择与运维

1. 袋式除尘器的选择

　　袋式除尘器的型号很多，选择时根据过滤风量考虑过滤风速、过滤面积、滤袋袋数、压力损失、过滤材料、滤袋的排列、清灰方式及控制仪等。袋式除尘器的选择步骤如下。

　　（1）过滤风速的选择。过滤风速是指单位时间内单位面积滤布上通过的气体量。过滤风速是除尘器选型的关键因素，不同应用场合选用不同的值。主要考虑因素是含尘气流的浓度、气体温度、粉尘特性、含水量、所选用的滤料等。过滤风速选用范围：涤纶滤料一般为 0.6~1.0m/min，玻璃纤维滤料一般为 0.4~0.5m/min。

　　（2）过滤面积的计算。根据气体处理量的大小，选择适当的过滤风速，计算过滤面积。若面积太大，则设备投资大；若面积过小，则过滤阻力大，操作费用高，滤布使用寿命短。

除尘器的过滤面积按下式计算。

$$A = \frac{Q}{60u_{\mathrm{f}}} \tag{4-2}$$

式中　A——除尘器的过滤面积，m^2；

　　　Q——除尘器的处理气体量，m^3/h；

　　　u_{f}——除尘器的过滤风速，m/min。

确定过滤面积后，可以按照粉尘的性质、气量大小等参数，直接选用合适的除尘器类型。若自行设计，可以进行下面的步骤。

（3）滤袋袋数（n）的确定。

$$n = \frac{A}{\pi DL} \tag{4-3}$$

式中　A——除尘器的过滤面积，m^2；

　　　D——单个滤袋的直径，m；

　　　L——单个滤袋的长度，m。

滤袋的直径由滤布的规格确定，一般为 $100\sim300mm$，滤袋的长度一般取 $3\sim5m$，有时高达 $10\sim12m$。滤袋的排列有三角形排列和正方形排列。

（4）压力损失的选择。压力损失的大小受多种因素的影响，因此确定了压力损失也就确定了操作的主要参数，如清灰方式等。采用一级除尘时，一般压力损失为 $980\sim1470Pa$；采用二级除尘时，一般压力损失为 $490\sim784Pa$。

（5）过滤材料的选择。在选择过滤材料时，要根据气体的温度、湿度，粉尘的粒度、化学组成、酸碱性、吸湿性、荷电性、爆炸性、腐蚀性等物理、化学性质，选择适当的滤布。

一般在含水量较小、无酸性时根据含尘气体温度来选用。当温度低于 $130℃$ 时，常用 $500\sim550g/m^2$ 涤纶针刺毡。当温度低于 $250℃$ 时，宜选用芳纶诺梅克斯针刺毡，有时采用 $800g/m^2$ 玻璃纤维针刺毡和 $800g/m^2$ 纬二重玻璃纤维织物，或氟美（FMS）高温滤料（含氟气体不能用玻璃纤维材质）。

当水分含量较大、粉尘浓度又较大时，宜选用防水、防油滤料（或称抗结露滤料）或覆膜滤料（基布应是经过防水处理的针刺毡）。

当含尘气体含酸性、碱性物质且气体温度低于 $190℃$ 时，常选用莱通（ryton，聚苯亚胺）针刺毡。若气体温度低于 $240℃$、耐酸碱性要求不太高时，可选用聚酰亚胺针刺毡。

当含尘气体为易燃易爆气体时，选用防静电涤纶针刺毡；当含尘气体既有一定的水分又为易燃易爆气体时，选用防水、防油、防静电（三防）涤纶针刺毡。

（6）清灰方式的选择。袋式除尘器各种清灰方式、滤袋的形状及滤料的选择见表4-10。

表 4-10　袋式除尘器清灰方式、滤袋的形状及滤料的选择

清灰方式	过滤风速/(m/min)	阻力/Pa	滤袋形状	滤布结构优选
机械振动	0.50～2.0	800～1000	内滤圆袋	筒形缎纹或斜纹织物
逆气流反吹风	1.0～2.0	800～1200	内滤圆袋	①低伸型筒形缎纹或斜纹织物；②加强基布的薄型针刺毡
			外滤异形袋	①普通薄型针刺毡；②阔幅筒形缎纹织物

续表

清灰方式	过滤风速/(m/min)	阻力/Pa	滤袋形状	滤布结构优选
反吹风、振动			内滤圆袋	①高强型筒形缎纹或斜纹织物； ②加强基布的薄型针刺毡
喷嘴反吹风			外滤扁袋	①中等厚度针刺毡； ②筒形缎纹织物
			内滤圆袋	厚实型针刺毡、压缩毡、ES229
脉冲喷吹	2.0～4.0	800～1500	外滤圆袋	①针刺毡或压缩毡； ②纬二重或双层织物 ES729

袋式除尘器是目前运用最广泛的除尘装置，几乎可以运用到任何工业部门和场合，具体针对不同的粉尘选用的滤料和清灰方式参见表 4-11。

表 4-11 袋式除尘器的使用情况

粉尘种类	纤维种类	清灰方式	过滤风速/(m/min)
飞灰(煤)	玻璃、聚四氟乙烯	逆气流、脉冲喷吹、机械振动	0.58～1.80
飞灰(油)	玻璃	逆气流	1.98～2.35
飞灰(焚烧)	玻璃	逆气流	0.76
水泥	玻璃、丙烯酯	逆气流、机械振动	0.46～0.64
铜	玻璃、丙烯酯	机械振动	0.18～0.82
电炉	玻璃、丙烯酯	逆气流、机械振动	0.46～1.22
硫酸钙	聚酯	逆气流、机械振动	2.28
炭黑	玻璃、丙烯酯、聚四氟乙烯	逆气流、机械振动	0.34～0.49
白云石	聚酯	逆气流	1.00
石膏	棉、丙烯酯	机械振动	0.76
气化铁		脉冲喷吹	0.64
石灰窑	玻璃	逆气流	0.70
氧化铅	聚酯	逆气流、机械振动	0.30
烧结尘	玻璃	逆气流	0.70

2. 袋式除尘器的运行与维护

目前袋式除尘技术发展很快，清灰方式和滤料的改进使袋式除尘器的应用范围更加广泛。袋式除尘器除了处理一般含尘气体外，也能处理高温、高湿、黏结、磨琢及超细烟尘，有的还作为生产过程中物料回收的设备。其维护重点是检查和修理漏气的部位，在使用时应注意如下几点。

（1）运行之前要检查滤袋是否全部完好，修补滤袋上聚硅氧烷、石墨、聚四氟乙烯等耐磨和耐高温涂料损坏的部分，以保证固定、拉紧方法正确，粉尘的输送、回收及综合系统完好。

（2）对已破损和黏附物无法打落下来的滤袋要及时更换。滤袋如果发生变形要及时进行修理和调整。

（3）清洗压缩空气的喷嘴和脉冲喷吹部分，并更换失灵的配管和阀门。检查清灰机构可动部分的磨损，对磨损严重的部分进行更换。

（4）在袋式除尘器运行过程中，应确保滤袋不损坏、滤袋和清灰系统正常运行。还应注意被净化气体湿度和温度的变化。同时，还必须避免滤袋织物过热，否则会造成织物丧失过滤性和织物损坏。

（5）根据要处理气体及粉尘的物理、化学性质，选择恰当的滤料，严格控制使用温度。当烟气含尘浓度超过 $5g/m^3$ 时，应进行预除尘。

第五节　电除尘器的选择与运维

电除尘器是含尘气体在通过高压电场进行电离的过程中，使尘粒荷电，并在电场力的作用下使尘粒沉积在集尘极上，将尘粒从含尘气体中分离出来的一种除尘设备。电除尘过程与其他除尘过程有根本区别：分离力（主要是静电力）直接作用在粒子上，而不是作用在整个气流上，因此具有分离粒子耗能少、气流阻力小的特点。由于作用在粒子上的静电力相对较大，所以能有效地捕集亚微米级的粒子。

电除尘器对 $1\sim2\mu m$ 粉尘的净化效率可高达 99% 以上，每小时可处理气体上百立方米，阻力仅为 $200\sim300Pa$，正常操作温度可高达 $400℃$，但一次投资费用大，占地面积大，对粉尘有一定的选择性，且结构复杂，安装、维护管理要求严格。

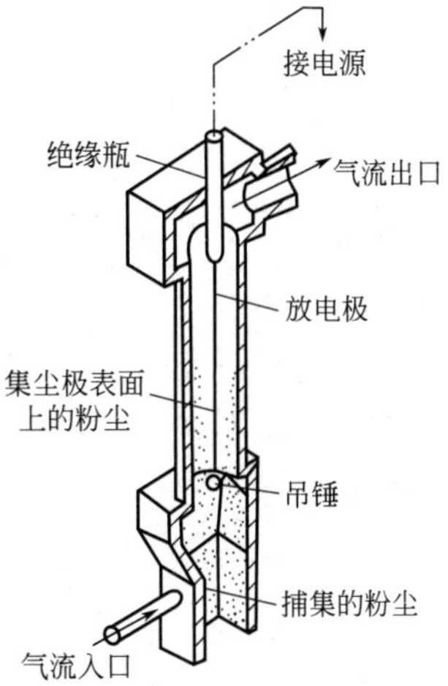

图 4-10　管式电除尘器

电除尘器的主要优点是：压力损失小，一般为 $200\sim500Pa$；处理烟气量大，一般为 $105\sim106m^3/h$；能耗低，为 $0.2\sim0.4W/m^3$；对细粉尘有很高的捕集效率，可高于 99%；可在高温或强腐蚀性气体下操作。

一、电除尘器的类型

电除尘器的种类繁多，按照不同的标准有不同的分类方法。

1. 按集尘极的结构类型分类

（1）管式电除尘器。集尘极为圆管、蜂窝管、多段喇叭管、扁管等。由于含尘气体从管的下方进入管内，往上运动，故仅适用于立式电除尘器管式电除尘器如图 4-10 所示。

（2）板式电除尘器。集尘极由平板组成，制作、安装比较容易。但电场强度变化不够均匀。

2. 按气体流向分类

（1）立式电除尘器。气体在电除尘器内从下往上垂直流动。适宜在粉尘性质便于被捕集的情况下使用。

（2）卧式电除尘器。气体在电除尘器内沿水平方向流动，可按生产需要适当增加或减少电场的数目。设备高度较低，安装、维护方便。适于负压操作，对风机的寿命、劳动条件均有利。但占地面积较大，基建投资较高。

3. 按清灰方式分类

（1）干式电除尘器。除下来的粉尘呈干燥状态，常用于收集经济价值较高的粉尘。

（2）湿式电除尘器。除下来的粉尘为泥浆状，除尘效率很高，适用于气体净化或收集无经济价值的粉尘。另外，由于水对被处理气体的冷却作用，故气量减少。若气体中有一氧化碳等易爆气体，用湿式电除尘器可减少爆炸危险。

（3）电除雾器。气体中的酸雾、焦油液滴等以液体状被除去，采用定期供水或蒸汽方式清洗集尘极和电晕极，操作温度在 50℃ 以下，电极必须采取防腐措施。

4. 按电极在电除尘器内的配置位置分类

（1）单区式。含尘气体尘粒的荷电和积尘是在同一个区域中进行，电晕极系统和集尘极系统都装在这个区域内。

（2）双区式。含尘气体尘粒的荷电和积尘是在结构不同的两个区域中进行：在前一个区域内装电晕极系统以产生离子，而在后一个区域中装集尘极系统以捕集粉尘。该装置供电电压较低，结构简单。

电除尘器
除尘过程

板式电除
尘器

电晕电极
的形状

集尘极板
的形状

二、电除尘器的工作原理

高压静电除尘主要由气体电离、尘粒荷电、尘粒沉积与振打清灰等几个过程组成。

1. 气体电离

在电晕极上施加高压直流电，产生电晕放电，使气体电离，产生大量正离子和负离子。

2. 尘粒荷电

若电晕极附近带负电，则正离子被吸引而失去电荷，自由电子和负离子受电场力的作用便向集尘极移动，与含尘气流中的尘粒碰撞而结合在一起，使尘粒荷电。

3. 尘粒沉积

荷电尘粒到达集尘极后失去电荷，成为中性后沉积在集尘极表面。

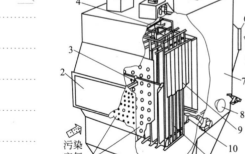

图 4-11　电除尘器结构

1—入口；2—气流分布板；3—气流分布板的清灰装置；4—电晕极的清灰装置；5—绝缘子室；6—出口；7—除尘器外壳；8—观察孔；9—集尘极；10—集尘极的清灰装置；11—电晕极；12—集灰斗

4. 振打清灰

当集尘极表面的尘粒达到一定厚度时，影响中和，需借助于振打装置使电极抖动，将尘粒振掉，自动落入灰斗。

三、电除尘器的结构

电除尘器由除尘器本体、供电装置和附属设备三部分组成。

1. 本体结构

电除尘器的本体主要由电晕极、集尘极、气流分布板、振打清灰装置和集灰斗等几个主要部件组成，如图 4-11 所示。

电晕电极是电除尘器的放电极亦即阴极。电除尘器的集尘电极也可称为除尘电极、阳极等。电除尘器内气流分布对除尘效率具有较大影响。电除尘器的集尘电极与电晕电极保持洁净，才能保证高效除尘，因此必须经常将电极上的积灰清除干净。

目前电除尘器的清灰方法有湿式和干式两种。湿式清灰的主要优点是二次扬尘小，没有比电阻问题，水滴凝聚有利于小尘粒的捕集，空间电荷增强，不会产生电晕等。此外，湿式除尘器还可净化有害气体，如 SO_3、HF 等。其主要问题是设备腐蚀、结垢严重，以及污泥需要处理等。干式清灰分为极板清灰和电晕极清灰。

2. 供电系统

电除尘器的供电系统选择适当与否，直接影响到电除尘器的性能，因此必须保证供电系统的合理、可靠。主要考虑到以下几点：直流电源，电压波形要有明显的峰值和最低值，电除尘器的均压与过载，电除尘器的集尘电极等要接地，除尘效率与供电质量的关系。

电除尘器的供电设备主要有升压变压器、整流器、控制箱等几个组成部分。

为了保证电除尘器正常运行和操作人员的安全，除尘器的壳体一定要接地，接地电阻一定要小于 4Ω。

3. 附属设备

除了本体和供电装置以外，除尘器常配置一些附属设备，如湿式除尘器需配置溢流装置，或加喷雾加湿装置。为了防止绝缘子受到粉尘的污染而漏电，通常还需要对绝缘子加设保护装置。另外，有的电除尘器还具有向烟气内兑入 SO_3 或 NH_3 等气体，用以调节烟气成分、提高除尘性能的一些装置和其他附属设备。

四、影响电除尘器性能的因素

影响电除尘器性能的因素很多，除供电装置和电极性能的影响外，还受许多因素的影响，如电晕极间距、集尘极间距、气体组成、温度和压力、粒径、气流速度、尘粒比电阻。另外，粉尘的浓度、分散度、黏附性等，均对电除尘器的性能有一定的影响，要按照经验数据进行确定。

1. 粉尘特性

粉尘特性主要包括粉尘的粒径分布、真密度、堆积密度、黏附性和比电阻等，其中最主要的是比电阻。

2. 烟气特性

烟气特性主要包括烟气温度、压力、成分、含尘浓度、断面气流速度和分布等。

3. 结构因素

主要包括电晕线的几何形状、直径、数量和线间距，收尘极的形式、极板断面形状、极间距、极板面积、电场数、电场强度，供电方式，振打方式（方向、强度、周期），气流分布装置，外壳严密程度，灰斗形式和出灰口锁风装置等。

4. 操作因素

主要包括伏安特性、漏风率、二次飞扬和电晕线肥大等。

5. 清灰

电除尘器在工作过程中，随着集尘极和电晕极上堆积粉尘厚度的不断增加，运行电压会逐渐下降，使除尘效率降低。因此，必须通过清灰装置使粉尘剥落下来，以保持高的除尘效率。

6. 火花放电频率

为了获得最高的除尘效率，通常运用控制电晕极和集尘极之间火花频率的方法，做到既维持较高的运行电压，又避免火花放电转变为弧光放电。

五、电除尘器选择的基本原则

选择电除尘器，主要考虑粉尘的粒径、比电阻、气体的成分、温度、含尘浓度，这些因素是选择电除尘器的基本依据。

如果粉尘的比电阻适中（$10^5 \sim 10^{10} \, \Omega/cm$），则采用普通干式电除尘器。比电阻偏高的粉尘，适合采用特殊型电除尘器，如宽极距型、脉冲预荷电型、三电极型、高温电除尘器等。设计清灰装置时，其振打加速度应大于普通电除尘器。若仍然采用普通干式电除尘器，则应在含尘气体中兑入适量的调理剂，如 NH_3、SO_3 或水分等，来降低粉尘的比电阻。低比电阻的粉尘由于在电场中产生跳跃，一般的干式电除尘器难以捕集，然而由于电场的凝集作用，粉尘通过电除尘器后凝集为大的颗粒团，所以如果在电除尘器后面再串接一个低阻力的旋风除尘器或袋式除尘器，便可获得很好的除尘效果。

立式电除尘器具有占地面积小的特点，因此适用于烟气量不大的小型工业窑炉、民用锅炉等，或者用于捕集液滴、酸雾等，一般工业上用的大型电除尘器多采用卧式。

湿式电除尘器既能捕集高比电阻的粉尘，也能捕集低比电阻的粉尘，并且具有很高的除尘效率。但是此类设备最大的缺点是，会带来污水处理及通风管道和除尘器本体的腐蚀，所以建议尽量不采用湿式电除尘器。

湿式静电
除尘过程

六、运行与维护

1. 电除尘器运行操作步骤

（1）启动电除尘器前的准备工作

① 高压控制柜上的"输出电流选择键"应全部复位。

② 合上高压控制柜上的空气开关，电源指示灯亮。

③ 按下高压控制柜上的"自检"按钮，并保持二次电流表、二次电压表和一次电压表均有读数（二次电流表读数一般很小），表明回路正常。

（2）电除尘器启动

① 电除尘器投入使用前 4h，启动保温箱内的电加热器，对绝缘套管进行加热。

② 启动水封拉链运输机，使其连续运行。

③ 启动旋风除尘器的星形卸灰阀，使其连续运行。

④ 启动电除尘器各振打装置。

⑤ 启动工艺系统排风机，使烟气通过电除尘器。

⑥ 启动高压供电装置，向电场送电。具体操作是先按下高压控制柜上的"高压"按钮，"高压"指示灯亮，再扳动"输出电流选择键"，逐步增加输出电流值，直到电场主体上的电压出现饱和或电场即将产生闪络为止。

（3）除尘器正常运行过程中的操作

① 在电除尘器运行过程中，至少每 4h 检查一次各振打装置和排灰传动机构的运行情况。

② 岗位工人每隔 1h 记录每个电场高压供电装置低压端的电流、电压值，高压端的电流、电压值，振打程序的选择，各振打机构、排灰机构及输灰机构的运行情况，故障及处理情况。

③ 每隔 2h 进行一次排灰，多台螺旋运输机依次运行，每台螺旋运输机上的星形卸灰阀依次运行。开机顺序为先启动螺旋运输机，再依次启动星形卸灰阀；关机顺序为先停星形卸灰阀，待螺旋运输机内的灰输送完后再停螺旋运输机。

【注意】 在高压运行时，操作人员不得打开电除尘器人孔口。为了防止高压供电装置操作过电压，不能在高压运行时拉闸。

（4）电除尘器的关机

① 将高压控制柜上的"输出电流选择键"逐一复位后。

② 按下"关机"按钮，关闭空气开关。

③ 停止工艺排风机。

④ 继续开动各振打机构和排灰输灰装置 30min，使机内积灰及时排出，调节控制箱输出电流、电压指示为零，再关上电源开关。

2. 电除尘器主体的维护

（1）每周对保温箱进行一次清扫，在清扫过程中需同时检查电晕极支撑绝缘子及石英套管是否有破损、漏电等现象，如有破损，应及时更换。

（2）每周检查一次各振打转动装置及卸灰输灰转动装置的减速机油位，并适当补充润滑油。

（3）各减速机第一次加油运转一周后更换新油，并将内部油污冲净，以后每 6 个月更换一次润滑油，润滑油可采用 40 号机械油，推荐采用 90 号工业齿轮油。

（4）每周清扫一次电晕极振打转动瓷联轴，在清扫过程中需同时检查是否有破坏、漏电等现象，如有破坏，则应及时更换。

（5）每年检查一次电除尘器壳体、检查门等处与地线的连接情况，必须保证其电阻值小于 4Ω。

（6）根据极板的积灰情况，选择适宜的振打程序或另编程序。

（7）每 6 个月检查一次电除尘器保温层，如发现破损，应及时修理。

（8）每年测定一次电除尘器进出口处烟气量、含尘浓度和压力降，从而分析电除尘器性能的变化。

（9）电除尘器工作 3 个月以上，应利用工艺生产停车机会对电除尘器内部构件进行检查、维护，维护内容如下。

① 检查各层气体分布板孔是否被粉尘堵塞。若部分孔被粉尘堵塞，则应仔细检查振打装置的工作状况，并进行适当处理。

② 检查两极间距，仔细检查每个电场每个通道的偏差是否在 10mm 以内，每根电晕线与阳极距离的偏差是否在 5mm 以内，达不到要求应进行处理。

③ 检查两极板面的积灰情况，如发现个别极板积灰过厚，则应分析该极板的振打情况，并进行适当处理。

④ 检查各检查门、顶盖、法兰等连接处是否严密，如有漏风，要进行处理。

⑤ 检查各振打装置是否松动、磨损等。

⑥ 检查机内的积灰情况。

锁气室-双翻板式

锁气室-回转式

（10）操作人员进入电场之前须做如下工作。

① 确认电场已断电。

② 在高压控制柜上挂"正在检修设备，禁止合闸"的警告。

③ 用放电线给电场放电。

3. 电气部分的维护

（1）高压控制柜和高压发生器均不允许开路运行。

（2）及时清扫所有绝缘件上的积灰和控制柜内部积灰，检查接触器开关、继电器线圈、触头的动作是否可靠，保持设备的清洁干燥。

（3）每年测量一次高压发生器和控制柜的接地电阻。

（4）每年更换一次高压发生器的干燥剂。

（5）每年一次进行变压器油耐压试验，其击穿电压不低于交流有效值 40kV/2.5mA。

 习题

1. 除尘器按除尘机理和结构可分为哪几类？

2. 机械式除尘器有什么特点？包含哪些除尘器？简述其适用范围。

3. 简述旋风除尘器的结构与原理。

4. 旋风除尘器运行与维护过程中有哪些注意事项？

5. 什么是湿式除尘器？有哪些特点？有哪些常见类型？

6. 简述袋式除尘器的优缺点。

7. 影响袋式除尘器性能的因素有哪些？

8. 简述袋式除尘器的结构与除尘机理。

9. 袋式除尘器的运行与维护过程中有哪些注意事项？

10. 简述电除尘工作原理。

11. 影响电除尘器性能的因素有哪些？

12. 选择除尘器时应考虑的主要因素有哪些？

第五章

废气处理中气态污染物气液吸收及气固吸附设备

学习指南

本章主要介绍吸收、吸附设备的基本知识及典型脱硫、脱硝及有机废气处理设备。通过对本章内容的学习，了解吸收和吸附的概念、分类，设备的主要类型、结构、工作原理；了解我国脱硫、脱硝及有机废气处理行业的发展现状，了解常见脱硫、脱硝及有机废气处理技术的工艺流程及原理；熟悉各类设备的优缺点及适用场合，掌握设备选择原则、运行与维护的基本方法。

素质目标

增强对废气处理中气态污染物气液吸收与气固吸附设备的规范操作和管理意识；选择设备要分析其技术指标和经济指标，具有节约意识；在使用和维护设备时要具有安全意识；培养生态环境意识。

第一节　吸收设备概述

气体吸收是净化气态污染物、控制大气污染的有效措施之一。气体吸收是利用液体处理气体中的污染物，使其中的一种或多种有害成分以扩散方式通过气、液两相的界面而溶于液体或者与液体组分发生选择性化学反应，从而将污染物从气流中分离出来的操作过程。吸收的逆过程称为解吸。气体吸收的必要条件是废气中的污染物在吸收液中有一定的溶解度。吸收过程所用的液体称为吸收剂或溶剂。被吸收的气体中可溶解的组分称为吸收质或溶质，不被溶解的组分称为惰性气体。

吸收设备发挥作用的关键在于建立最大的并能迅速更新的相接触界面。为了强化吸收效率，降低设备的投资和操作费用，吸收设备应满足以下基本要求：①气、液之间有较大的接触面积和一定的接触时间；②气、液之间扰动强烈，吸收阻力小，吸收效率高；③操作稳定，并有一定的操作弹性；④气流通过时压降小；⑤吸收系统结构简单，制作维修方便，造价低廉；⑥吸收系统具有优良的抗腐和防腐性能。

一、吸收过程

以煤气脱苯为例，说明吸收操作的流程（图 5-1）。在炼焦及城市煤气制取的生产

筛板吸收塔

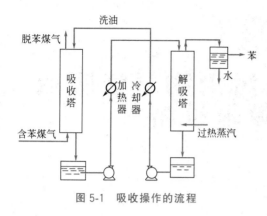

图 5-1　吸收操作的流程

过程中，焦炉煤气内含有少量的苯、甲苯类低碳氢化合物的蒸气（约 $35g/m^3$），这些物质应予以分离和回收。所用的吸收剂为该工艺生产过程的副产物，即煤焦油的精制品，称为洗油。

回收苯系物质的流程包括吸收和解吸两大部分。含苯煤气在常温下由底部进入吸收塔，洗油从塔顶淋入，塔内装有木栅等填充物。在煤气与洗油的接触过程中，煤气中的苯蒸气溶解于洗油中，使塔顶离去的煤气苯含量降至某允许值（$\leqslant 2g/m^3$），而溶有较多苯系溶质的洗油（称富油）由吸收塔底排出。为取出富油中的苯并使洗油能够再次使用（称溶剂的再生），在解吸塔中进行与吸收相反的操作——解吸。先将富油预热至 170℃左右由解吸塔顶淋下，塔底通入过热水蒸气。洗油中的苯在高温下逸出而被水蒸气带走，经冷凝分层将水除去，最终可得苯类液体（粗苯），而脱除溶质的洗油（称贫油）循环使用。该解吸过程也称汽提操作。

由此可见，采用吸收操作实现气体混合物的分离必须解决下列问题：

① 选择合适的溶剂，使之能选择性地溶解某个（或某些）被分离组分；

② 提供适当的传质设备以实现气、液两相的接触，使被分离组分得以自气相转移至液相（即吸收过程），并易从液相再转移至气相（即解吸过程）；

③ 吸收溶剂易再生，即脱除溶解于其中的被分离组分以便循环使用。

总之，一个完整的吸收分离过程，一般包括吸收和解吸两个组成部分。

二、吸收的分类

1. 物理吸收和化学吸收

吸收按是否发生化学反应，可分为物理吸收与化学吸收。物理吸收可看成气体单纯地溶解于液相的过程，如用洗油回收焦炉煤气中所含少量苯、甲苯等。化学吸收是在吸收过程中吸收质与吸收剂之间发生化学反应，如用硫酸溶液吸收氨气。物理吸收操作的极限取决于当时条件下吸收质在吸收剂中的溶解度，吸收速率则取决于气、液两相中吸收质的浓度差以及吸收质从气相传递到液相的扩散速率。加压和降温可以增大吸收质的溶解度，有利于物理吸收。物理吸收是可逆的，热效应小。化学吸收操作的极限主要取决于当时条件下的反应平衡常数，吸收速率则取决于吸收质的扩散速率或化学反应速率。化学吸收也是可逆的，但伴有较高热效应，需及时移走反应热。

2. 单组分吸收和多组分吸收

吸收过程按被吸收组分数目的不同，可分为单组分吸收和多组分吸收。若混合气体中只有一个组分进入液相，其余组分可认为不溶于吸收剂，这种吸收过程称为单组分吸收。如用水吸收氯化氢气制取盐酸，用碳酸丙烯酯吸收合成气（含有 N_2、H_2、CO、CO_2 等）中的 CO_2 等。若在吸收过程中，混合气中进入液相的气体溶质不止一个，这样的吸收称为多组分吸收。如用洗油处理焦炉气时，气体中的苯、甲苯、二甲苯等几种组分在洗油中都有显著的溶解，属于多组分吸收的情况。

3. 等温吸收与非等温吸收

气体溶质溶解于液体时，常常伴随有热效应，当发生化学反应时还会有反应热，其结果是使液相的温度逐渐升高，这样的吸收称为非等温吸收。若吸收过程的热效应很小；或被吸收的组分在气相中的组成很低而吸收剂用量又相对较大；或虽然热效应较大，但吸收设备的散热效果好，能及时移出吸收过程所产生的热量，此时液相的温度变化并不显著，这种吸收称为等温吸收。

4. 低组成吸收与高组成吸收

当混合气中溶质组分 A 的摩尔分数高于 0.1，且被吸收的数量又较多时，习惯上称为高组成吸收；反之，溶质在气、液两相中的摩尔分数均不超过 0.1 的吸收，则称为低组成吸收。0.1 这个数字是根据生产经验人为规定的，并非一个严格的界限。对于低组成吸收过程，由于气相中溶质组成较低，传递到液相中的溶质量相对于气、液相流率也较小，因此流经吸收塔的气、液相流率均可视为常数，并且由溶解热而产生的热效应也不会引起液相温度的显著变化，可视为等温吸收过程。

三、吸收设备的主要类型

气体吸收设备的种类很多，但主要为板式塔与填料塔两大类。板式塔内各层塔板之间有溢流管，吸收液从上层向下层流动，板上设有若干通气孔，气体由此自下层向上层流动，在塔板内分散成小气泡，两相接触面积增大，湍流程度增强。气、液两相逐级接触，两相组成沿塔高呈阶梯式变化，因此这类设备统称为逐级接触（级式接触）设备，如图 5-2（a）所示。

填料塔则充填了许多薄壁环形填料，从塔顶淋下的溶剂在下流的过程中沿填料的各处表面均匀分布，并与自下而上的气流很好接触，此种设备由于气、液两相不是逐次而是连续接触，因此两相浓度沿填料层连续变化，这类设

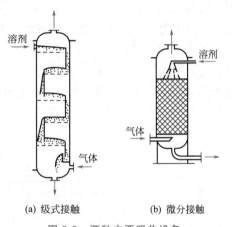

空心喷洒吸收器

(a) 级式接触　　(b) 微分接触

图 5-2　两种主要吸收设备

备称为连续（微分接触）式设备，如图 5-2（b）所示。由于填料塔具有结构简单、阻力小、加工容易、可用耐腐蚀材料制作、吸收效果好、装置灵活等优点，故在气态污染物的吸收操作中应用普遍。

● 第二节　常用吸收设备 ●

常用吸收设备包括表面式吸收器、填料式吸收塔、板式鼓泡式吸收器、喷液式吸收塔等。

一、表面式吸收器

表面式吸收器也称液膜吸收器。在液膜吸收器中，气、液两相在流动的液膜表面上

接触。根据液膜的载体及液膜流向的不同，液膜吸收器可分为以下三种类型。

1. 列管式液膜吸收器

图 5-3（a）为列管式液膜吸收器的简单结构示意图，液膜沿垂直圆管的内壁流动。这种吸收器与垂直喷淋的列管式换热器形状相同，由管板和固定在管板上的垂直管束组成，并设有专门装置将喷淋液体引向管壁。冷却剂（通常是水）在吸收器管间流动以除去吸收时放出的热量。

2. 板状填料吸收器

图 5-3（b）为板状填料吸收器的简单结构示意，填料是一些平行的薄板，液膜沿垂直薄板的两侧流动。这种吸收器是装有垂直薄板状填料（平行薄板填料）的塔，填料可用各种硬质材料（金属、木材或塑料），也可用拉紧的织物副片制成。设备的上部有液体分布器，能够将液体均匀地喷淋在每片薄板的两面。该设备也可采用由平行薄板组装成的薄料束，将其沿塔高一层层叠放起来。薄板填料吸收器正常操作应满足精确地垂直安装薄板，使喷淋液体分布均匀的条件。

3. 升膜式吸收器

升膜式吸收器的操作原理是：自下而上的气体达到足够高的流速（大于 10m/s）时，气体能带动液膜一起向上移动，从而实现两相并流运动。这类设备一般都在很高的气速下（可达 40m/s）操作，因此能达到很高的传质系数。

升膜式吸收器的结构如图 5-4 所示，由管板和固定在管板上的管束等部件组成。气体由室进入与管束同心安装的导管，在导管上缘与管束下缘之间留有缝隙，液体则经此缝隙进入管束，被气流带动起来并以液膜的形式沿管内壁上升。液体自管束流出后汇合在顶部的管板上，然后再流出设备。当需要除去吸收放出的热量时，可在管间通冷却液体。

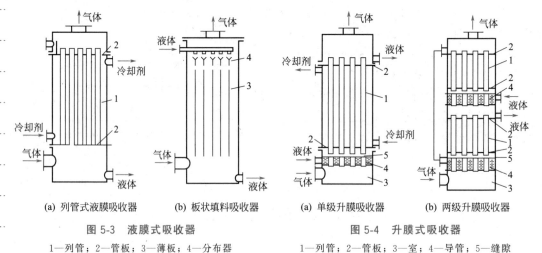

(a) 列管式液膜吸收器　　(b) 板状填料吸收器　　　(a) 单级升膜吸收器　　(b) 两级升膜吸收器

图 5-3　液膜式吸收器　　　　　　　　图 5-4　升膜式吸收器

1—列管；2—管板；3—薄板；4—分布器　　　　1—列管；2—管板；3—室；4—导管；5—缝隙

在升膜式吸收器内不能实现逆流过程，但如果将若干个并流操作的吸收器串联组合成一个多级吸收器，就能实现逆流操作。图 5-4（b）就是一个两级逆流操作的升膜式吸收器。

列管式液膜吸收器和板状填料吸收器是在气、液逆流的条件下操作（气体迎着液膜自下而上地运动），但它们也可以在两相并流下降的条件下操作（气体和液体均自上而下运动）。升膜式吸收器则是只在两相并流上升的条件下操作（气体和液体均自下而上运动）。

二、填料式吸收塔

1. 填料塔

填料塔是工业上使用最早、最普遍的吸收塔，具有结构简单、压力降小、易于用耐腐蚀非金属材料制造等优点，适用于吸收气体、真空蒸馏以及处理腐蚀性流体的操作。但是，当塔径增大时，能引起气液分布不均、接触不良，造成效率下降，这种现象称为放大效应。同时，填料塔还有重量大、造价高、清理检修麻烦、填料损耗大等缺点。因此，填料塔在很长时期以来不及板式塔使用广泛。填料塔的结构如图5-5所示，其外形是一个圆筒形塔体，中间填充着一定高度的填料，塔底有支撑栅板，用以支撑填料。塔上方有喷淋装置，以保证液体能均匀地喷淋到整个塔截面上。

填料塔操作时，要保证任一横截面上气液的均匀分布。对于任一装填完毕的填料塔，气速的分布是否均匀，主要取决于液体分布的均匀程度。因此，要达到预期分离效果，必须保证液体在塔顶的初始均匀喷淋。

操作时气体由塔底引入，自下而上地在填料间隙中通过，再从塔顶引出；液体吸收剂经喷洒装置自上而下沿填料表面流动，由塔底引出。气、液两相互成逆流在填料表面进行接触，从而完成传质吸收过程。为防止气流速度较大时把吸收液带走和减少雾沫夹带，在填料塔顶部往往装有挡雾层（用铁丝或塑料丝网等组成）。

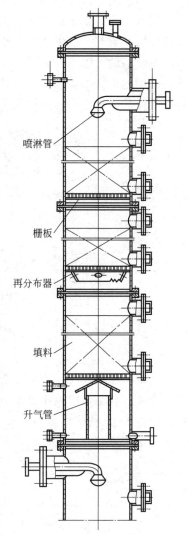

图 5-5　填料塔

（右侧标注，从上到下）喷淋管、栅板、再分布器、填料、升气管

图 5-6　填料塔塔体外观

（1）塔体　填料塔的塔体一般由钢制的圆筒体组成，见图5-6。填料塔塔体高度一般是直径的8～10倍，甚至更大；上、下封头一般采用椭圆封头，底部用裙式支座。由于塔体太长，为了设备制造与安装的方便，塔体一般分为几节，中间用设备法兰连接。塔体的材质应根据介质的腐蚀性及设计压力而定，塔筒体的厚度应根据设计压力、设备承重、风载、地震载荷等因素决定。

（2）填料　填料是填料塔中的传质元件，有各种不同的分类。如按性能分为通用填料和高效填料，按形状分为颗粒型填料和规整填料，按填料的结构分为实体填料与网体填料。实体填料包括环形填料（如拉西环、鲍尔环和阶梯环）和鞍形填料（如弧鞍、矩鞍）以及栅板填料、波纹填料等，见图5-7。网体填料主要是由金属丝网制成的各种填料（如鞍形网、波纹网等）。为使填料塔发挥良好的效能，对填料有以下几项要求：①传质效率高，要求填料能提供大的气、液接触面，即要有较大的比表面积、良好的润湿性能以及有利于液体均匀分布的形状；②生产能力大，气体的压力降小，因此要求填料层有较高的孔隙率；③不易引起偏流和沟流；④要求单位体积填料的重量轻，造价低，坚牢耐用，不易堵塞，有足够的机械强度，对于气、液两相介质都有良好的化学稳定性等；⑤取材容易，价格便宜。

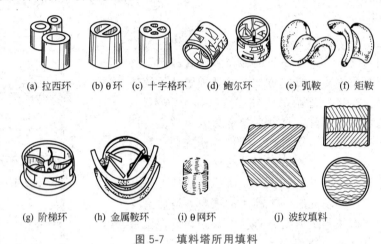

(a) 拉西环   (b) θ环   (c) 十字格环   (d) 鲍尔环   (e) 弧鞍   (f) 矩鞍

(g) 阶梯环   (h) 金属鞍环   (i) θ网环   (j) 波纹填料

图 5-7   填料塔所用填料

确定填料尺寸时，要求所选填料的直径要与塔径符合一定比例。若填料直径与塔径之比过大，容易造成液体分布不良，故塔径与填料直径之比（D/d）有下限没有上限。计算所得 D/d 的值不能小于表 5-1 中列出的最小值，否则应改选更小的填料进行调整。对于一定的塔径，满足径比下限的填料可能有几种尺寸，应按经济因素进行选择。

表 5-1   塔径与填料直径之比的最小值

填料种类	拉西环	金属鲍尔环	矩鞍
$(D/d)_{min}$	20~25	8	8~10

填料的通过能力是指单位时间、单位截面上流经的气量。填料的极限通过能力就是液泛的空塔气速。几种常用填料在相同压力降时，通过能力为：拉西环＜矩鞍＜鲍尔环＜阶梯环＜鞍环。

（3）液体分布器   如果塔壁的形状与填料形状存在差异，会导致壁流现象的发生，即液体在塔壁面处的流动阻力小于中心处，因此液体向壁面集中。出现壁流时会降低吸收效率，因此在填料塔中每隔一定高度的填料层上应设置一分布器，将沿塔壁流下的液体导向填料层内以改善液体的壁流现象。

分布器的间距一般取 $L \leqslant 6DN$，对于较大直径的塔（如大于 $DN800mm$ 时），可取 $L \leqslant (2 \sim 3)DN$，而最小间距 L 不低于 $(1.5 \sim 2)DN$，否则将严重影响气体沿塔截面的均匀分布。填料段的高度与填料种类有关，对于大直径的塔，每个填料段的高度不应超过 6m。

常用的液体分布器结构如图 5-8、图 5-9 和图 5-10 所示。图 5-8（a）截锥式分布器的截锥内没有支撑板，能全部堆放填料，不占空间，可使不分段的整个填料层内喷淋液分布均匀；图 5-8（b）为截锥式（齿形）分布器，截锥下隔一段距离再堆填料，优点是可以分段更换填料，但占用空间大，增加塔的高度。图 5-9 为槽形分布器，是截锥式的一种改进型,分配器上的通孔可增加气体通过的截面,使气体通过时的速度变化不大。图 5-10 为改进型分配锥,这种结构具有流通量大、不影响填料塔操作和填料填装的优点。齿形截面结构可重新实现对壁流液体的收集和均匀再分配,它可以安装在填料层内或法兰之间。

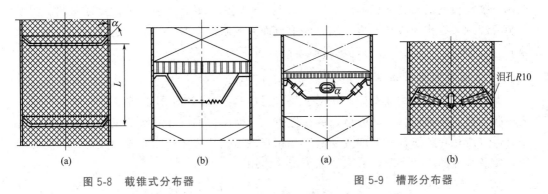

图 5-8 截锥式分布器　　　　　　　图 5-9 槽形分布器

　　(4) 填料的支撑装置　填料支撑结构应满足以下几个条件:①使气液能顺利通过,对于普通的填料塔,支撑件上流体通过的自由截面应为塔截面的 50% 以上,且应小于填料的自由界面或填料的自由空间率;②有足够的强度承受填料重量,还须考虑填料孔隙中的拦液重量,以及可能产生的系统压力波动、机械振动、温度变化等;③要有一定的耐腐蚀性能。

　　常用的支撑装置有栅板和气体喷射式支撑板两种。栅板是填料塔中最常用的支撑装置,结构如图 5-11 所示,一般由扁钢焊接而成。栅板可制成整块的或分块的,塔径小于或等于 $DN500\text{mm}$ 者采用整块式栅板;塔径在 $DN600\sim800\text{mm}$ 之间采用对开式栅板;为了便于安装,塔径在 $DN900\sim1200\text{mm}$ 之间,采用三块栅板;塔径大于 $DN1400\text{mm}$ 时,可采用四块或更多块栅板,其结构见图 5-11 (d)。

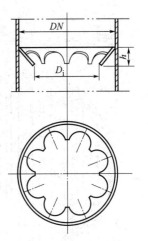

图 5-10 改进型分配锥

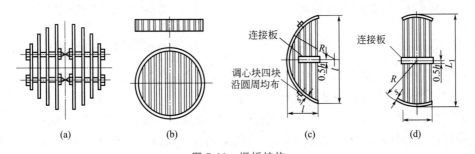

图 5-11 栅板结构
(a) (b) 为整块式,(c) (d) 分别为对开式与多块式

　　气体喷射式支撑板形状见图 5-12。与栅板式和平面多孔式填料支撑相比,气体喷射式支撑板具有以下优点:①自由截面大,一般在 90% 以上,有些超过 100%,流体阻力小;②气体通过波纹板的顶部及其两侧面密布的孔喷射进入填料层,液体通过板底部的孔流入下层,气、液流动线路分开,因此压力降与液体负荷有关,从而有最大的生产

能力和最小的压力降，避免了液体的再循环或夹带，确保了填料的传质效率；③结构强度好，由于薄板冲压成拱形梁，所以断面系数大，材料耗用较少，可支撑较重的填料层。

填料塔结构简单，制造方便，适于处理黏性、易起泡、热敏性的物料及传质速率由气相（膜）控制的物料，但体积大，重量大，吸收效率低，不适于处理污浊介质。为了避免液泛现象（指吸收液不再沿填料向下流而开始随同上升的气流一起被带出塔外的现象），气流速度不宜太大。有时填料成本高，投资大。

2. 活动填料吸收器（湍球塔）

湍球塔

湍球吸收塔的结构如图 5-13 所示，它是将一定数量的球形填料（塑料球、中空合成树脂、多孔球或轻金属薄壳球）放在栅板上，需净化的气体从底部进入，使小球浮起呈悬浮（流化）状态，并形成湍动旋转和相互碰撞。任意方向的三相湍流运动和搅拌作用，使液膜表面不断更新，从而加强了传质作用。

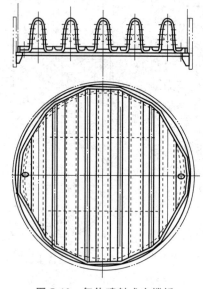

图 5-12　气体喷射式支撑板

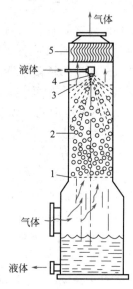

图 5-13　湍球吸收塔结构

1—支撑筛板；2—球形填料；3—上位限筛板；
4—润湿器；5—聚沫器

湍球塔填料一般采用空心或实心的小球，有时填料还做成其他形状，如环状。试验表明，环形填料的效率优于球形填料，但阻力较大。

湍球吸收塔的优点是结构简单，气液分布比较均匀，操作弹性和处理能力比较大，不易被固体或黏性物料堵塞，强化传质，塔体较低。缺点是小球无规则的湍动会造成上、下一定程度的返混。所以，湍球塔只适合易于吸收的过程，且操作温度受限制（一般操作温度应限制在 80℃ 以下）。

3. 板式鼓泡式吸收器

板式鼓泡式吸收器外形与填料塔一样，只是塔内部沿塔高装有某种结构的塔板，是一种分级接触型气液传质设备。气体从塔底进入，从上方排出，液体则由上而下地进出，使各级逆流联结。板式塔根据塔盘结构不同可分为泡罩塔、筛板塔、浮阀塔和舌形塔。板式塔的基本结构（以泡罩塔为例）如图 5-14 所示。

塔板上有若干自下而上通气用的短管，用圆形的罩盖上，罩的下沿开了一个小孔或齿缝。操作时，液体进入塔顶的第一层板，沿板面从一侧流到另一侧，越过出口堰的上沿，落到降液管而达到第二层板，如此逐板下流。溢流堰使层板上的液体维持一定的高度，足以将泡罩下沿的小孔淹没。气体从塔底通到最低一层板下方，经板上的升气管逐板上升。由于板上液层的存在，气体通过每一层分散成很多气泡使液层成为泡沫层，从液面升起时又带出一些液沫。气泡和液沫的生成为两相的接触提供了较大的界面面积，并造成一定的湍动，有利于传质速率的提高。

（1）泡罩塔　泡罩塔是历史悠久的板式塔，在蒸馏、吸收等单元操作所使用的塔设备中曾占有主要地位。近 30 年来由于塔设备有很大的进展，出现了许多性能良好的新塔型，才使泡罩塔的应用范围和在塔设备中所占的比重有所减少。但泡罩塔并没有因此失去其应用价值，因为它具有如下优点：①操作弹性大，在负荷变动范围较大时仍能保持较高的效率；②无泄漏；③液气比的范围大；④不易堵塞，能适应多种介质。

泡罩塔塔板上的主要结构包括泡罩、升气管、溢流管和降液管。泡罩的直径通常为 80～150mm（随塔径的增大而增大），在板上按正三角形排列，中心距为罩直径的 1.25～1.5 倍。泡罩塔板上的升气管出口伸到板面以上，故上升气流即使暂时中断，板上液体也不会流尽，气体流量减少，对其操作的影响也小。泡罩塔可以在气、液负荷变化较大的范围内正常操作，并保持一定的板效率。

泡罩的结构形式有圆形和槽形两类，圆泡罩又包括标准圆泡罩、薄型圆泡罩、扁泡罩、伞形泡罩、具有导流叶片的泡罩和旋转泡罩等。我国标准圆泡罩的结构参数如下：

① 泡罩直径。应用较小直径的泡罩，能充分利用鼓泡区的面积，塔板效率较高，但造价较大。根据标准 NB/T 10557—2021，泡罩公称直径有 $DN80mm$、$DN100mm$ 和 $DN150mm$ 三种规格，通常根据塔径大小选择。当塔径小于 1.2m 时，多选用 $DN80mm$ 的泡罩；当塔径为 1.2～3.0m 时，可选用 $DN100mm$ 的泡罩；当塔径超过 3.0m 时，可选用 $DN150mm$ 的泡罩。

② 齿缝。齿缝有矩形、梯形和三角形三种，常用的为矩形齿缝，三角形齿缝较少采用。梯形齿缝的操作弹性比矩形齿缝的大。齿缝宽度为 3～15mm，常用的为 4～

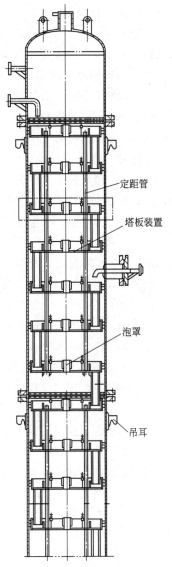

定距管

塔板装置

泡罩

吊耳

(a) 泡罩塔结构

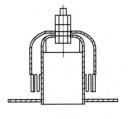

(b) 圆形泡罩

图 5-14　泡罩塔

6mm，较窄的齿缝对传质效率有利，但加工费用比较高。齿缝高度为 20～40mm。齿缝高度较小时，处理能力比较小；齿缝高度较大时，压降较大。前者泡罩的强度较好，齿缝不易变形；后者超负荷能力较大。

③ 泡罩底隙。泡罩底隙系指泡罩底部与塔板的间隙。泡罩底隙较大时，液面梯度较小；底隙较小时，液体流动阻力较大，且易积聚沉淀物。泡罩底隙一般在 5～40mm 范围内，对于清洁物料可取较小值，对于存在沉淀物的物系宜取较大值。我国泡罩标准中，选取泡罩底隙为 10mm。

④ 升气管。为使气体流经泡罩的阻力较小，通常使泡罩内的环形面积略大于升气管的面积，升气管上部的回转面积略大于环形面积。以此根据泡罩直径决定升气管的直径，并确定升气管顶至泡罩内顶的垂直距离。此外，还应考虑使升气管顶高出齿缝顶 10～12mm，以免液体进入升气管。

⑤ 泡罩排列。泡罩在塔板上通常按正三角形排列，以充分利用塔板上的有效面积，并使气、液接触良好。泡罩的中心距 t 为泡罩直径 D 的 1.25～1.5 倍，并使泡罩之间的间隙为 25～75mm，以保持良好的气、液接触状态。在开孔区内，每个泡罩所占的开孔区面积 $A=0.866t^2$；若塔板上的泡罩数为 n，则塔板上的开孔区面积 $A_n=0.866nt^2$。

此外，泡罩塔如果塔盘设计欠妥或操作不当，会出现以下不正常现象，从而使塔板效率下降，甚至破坏操作。

① 锥流。当液体流量很小或液封高度不够时，从齿缝出来的气体，能推开液体，掠过液面直接上升，以致气、液接触不良。

② 脉动。当气体流量很小、不能以连续鼓泡的形式通过液层时，必然会逐渐积蓄气体，使塔盘下方的气压逐渐升高，当增加到足够的数值后，才能通过齿缝鼓泡逸出。而当流过若干气泡后，气压下降，就停止鼓泡。再等到上升至一定压力后，才能重新鼓泡。即气体的流动过程表现为气体脉动鼓泡。

③ 偏流和倾流。当液体流量过大和气体流量过小时，塔盘上液面落差大，使气流分布不均，称为偏流；情况严重时，液体从升气管溢流而下，称为倾流。这种现象多出现在大塔中。

④ 过量的雾沫夹带。气体速度过高时，被夹带到上一塔盘的液量超过了允许值，称为过量的雾沫夹带。

⑤ 液泛。部分液体未能通过降液管流下，被拦截在塔板上，泡沫层高度充满板间距，以致无法操作，称为液泛（或淹塔）。造成液泛的原因有：板间距太小；降液管面积太小；气、液流量太大，超过了设计限度。

泡罩塔的结构比较复杂，造价高，安装维修麻烦，阻力大，且气、液通过量和板效率比其他类型的塔低。

（2）浮阀塔　20 世纪 50 年代起，浮阀塔已大量用于工业生产，以完成加压、常压、减压下的精馏、吸收、脱吸等传质过程。大型浮阀塔的塔径可达 10m，塔高达 83m，塔板数有数百块之多。

浮阀塔板上开有正三角形排列的阀孔。阀片为圆形（直径 48mm），下有三条带脚钩的垂直腿，插入阀孔（直径 39mm）中，见图 5-15。气速达到一定值

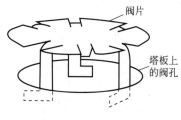

图 5-15　F-1 型浮阀

时，阀片被推起，但受脚钩的限制，最高也不能脱离阀孔；气速减小则阀片落到板上，靠阀片底部三处突起物支撑住，仍与板间保持约 1.5mm 的距离。塔板上开孔的数量依气体流量的大小而有所改变。

浮阀塔具有以下优点：①处理能力大。浮阀的直径比泡罩小，在塔板上可排列得更紧凑，因此其生产能力可提高 20%～40%。②操作弹性大。浮阀可在一定范围内自由升降以适应气量的变化，而气缝速度几乎不变，因此能在较宽的流量范围内保持高效率。浮阀塔的操作弹性为 3～5 倍，比筛板和舌形塔板大得多。③塔板效率高。由于气、液接触状态良好，且气体以水平方向吹入液层，故雾沫夹带较少，因此塔板效率较高，一般情况下比泡罩塔高约 15%。④压力降小。气流通过浮阀时，只有一次收缩、扩大和转弯，因此干板压力降比泡罩塔低。但此塔的缺点是因阀片活动，在使用过程中有可能松脱或被卡住，造成该阀孔处气、液通过状况异常。

（3）筛板塔　筛板塔也是很早出现的一种板式塔。筛板塔结构如图 5-16。筛板塔盘上分为筛孔区、无孔区、溢流堰及降液管等几部分。筛孔孔径为 3～8mm，按正三角形排列，孔间距与孔径之比为 2.5～5。液体从上一层塔盘的降液管流下，横向流过塔盘，经溢流管流入下一层塔盘，依靠溢流堰保持塔盘上的液层高度。气体自下而上穿过筛孔时，分散成气泡，在穿过板上液层时，进行气、液间的传热和传质。

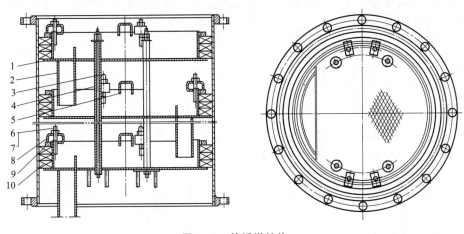

图 5-16　筛板塔结构

1—塔盘板；2—降液管；3—拉杆；4—定距管；5—吊耳；6—螺柱；7—螺母；8—压板；9—压圈；10—填料

筛板塔塔盘分为溢流式和穿流式两类。溢流式塔盘有降液管，塔盘上的液层高度可通过改变溢流堰高度调节，故操作弹性较大，且能保证一定的效率。近年来，发展出了大孔筛板（孔径达 20～25mm）、导向筛板等多种筛板塔。

筛板塔盘的特点：①结构简单，制造维修方便；②生产能力较大；③塔板压力降较低；④塔板效率较高，但比浮阀塔盘稍低；⑤设计合理的筛板塔可具有适当的操作弹性；⑥小孔径筛板易堵塞，故不宜处理脏的、黏性大的和带有固体粒子的料液。

三、喷液式吸收塔

1. 喷淋塔

喷淋塔是构造最简单的一种洗涤器，一般不用作单独除尘。当气体需要除尘、降温或在除尘的同时要求去除其他有害气体时，可以用这种除尘设备。

根据喷淋塔内气体与液体的流动方向，可分为顺流、逆流和错流三种类型。最常用的是逆流喷淋塔，见图 5-17。其工作原理是：含尘气体从塔的下部进入，通过气流分布格栅，使气流能均匀进入塔体，液滴通过喷嘴从上向下喷淋。喷嘴可以设在一个截面上，也可以分几层设在几个截面上。通过液滴与含尘气流的碰撞、接触，液滴就捕获了尘粒。净化后的气体通过挡水板以去除带出的液滴。

喷淋塔的特点：①结构简单、造价低廉；②气压降小；③喷嘴易堵塞，不适于用污浊液体作吸收剂。

2. 文丘里洗涤器

文丘里洗涤器是湿式洗涤器中效率最高的一种除尘器，但动力消耗比较大，阻力一般为 1470～4900Pa。

文丘里洗涤器是由文丘里管（文氏管）和脱水装置两部分所组成，见图 5-18，文氏管包括渐缩管、喉管和渐扩管三部分。含尘气体从渐缩管进入，液体（一般为水）可从渐缩管进入也可从喉管进入。液气比一般为 $0.7L/m^3$ 左右，气体通过喉部时，其流速一般在 50m/s 以上，这就使喉部的液体成为细小的液滴，并使尘粒与液滴发生有效的碰撞，增大了尘粒的有效尺寸。夹带尘粒的液滴通过旋转气流调节器进入离心分离器，在离心分离器中带尘液滴被截留，并经排液口排出。净化后的气体通过消旋器后排入大气。液体进入文氏管的主要方式见图 5-19。

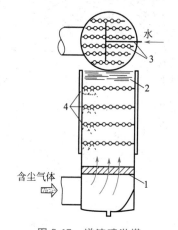

图 5-17　逆流喷淋塔
1—气流分布格栅；2—挡水板；3—水管；4—喷嘴

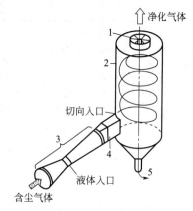

图 5-18　文丘里洗涤器
1—消旋器；2—离心分离器；3—文氏管；
4—旋转气流调节器；5—排液口

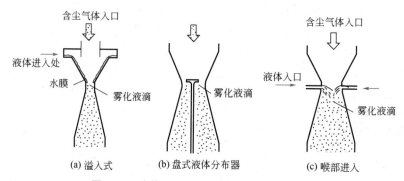

(a) 溢入式　　　(b) 盘式液体分布器　　　(c) 喉部进入

图 5-19　液体进入文氏管的方式及雾化情况

文丘里洗涤器的特点：①体积小，处理能力大；②气液接触效果面积大；③噪声大（喉管部流速 40～80m/s）；④消耗能量较多（压降大）。

四、板式塔和填料塔的比较

板式塔和填料塔的比较是个复杂的问题，对几种板式塔和填料塔的操作性能和经济费用进行比较，见表 5-2。

表 5-2　板式塔和填料塔的对比

项目	塔型	
	板式塔	填料塔
压力降	压力降一般比填料塔大	压力降小，较适于要求压力降小的场合
空塔气速（生产能力）	空塔气速大	空塔气速较大
塔效率	效率较稳定，大塔效率比小塔有所提高	分离效率较高，塔径 1.5m 以下效率高，塔径增大，效率常会下降
液气比	适应范围较大	对液体喷淋量有一定要求
持液量	较大	较小
材质要求	一般用金属材料制作	可用非金属耐蚀材料
安装维修	较容易	较困难
造价	直径大时一般比填料塔造价低	塔径 800mm 以下时，一般比板式塔便宜，直径增大，造价显著增加
重量	较轻	较重

石灰石膏法吸收二氧化硫工艺流程

● 第三节　吸收设备的选择与运维 ●

一、吸收设备的选择

吸收设备的主要功能是建立尽可能大的，并能迅速更新的气、液相接触界面。选择吸收设备不仅要考虑其自身的性能，而且要根据被处理气体所含污染物的性质、浓度以及气体的含尘量等因素综合考虑决定。吸收塔除需满足特定工艺要求外，尚需考虑如下要求：生产能力要大，吸收效率要高，压降或能耗要少，操作弹性要大，耐腐蚀性要好，设备结构力求简单，造价要低，检修要方便等。

气态污染物吸收净化过程一般处理气体量大，且污染物浓度低，故多选用气相为连续相、湍流程度较高、相界面大的吸收设备。最常用的是填料塔，其次是板式塔，此外还有喷洒塔和文丘里吸收器。常用的吸收设备类型及吸收效率见表 5-3。

要选择合适的塔型必须通过调查研究，充分了解生产任务的要求，选择有较好特性的合理塔型。一般说来，同时满足生产任务要求的塔型有多种，但应从经济性、生产经验和具体条件等方面综合考虑。选型时应遵循的原则有：物料系统易起泡沫，宜用填料塔；有悬浮固体和残渣的物料，或易结垢的物料，宜用板式塔中大孔径筛板塔、十字架型浮阀和泡罩塔等；高黏性物料宜用填料塔；具有腐蚀性的介质宜选用填料塔；对于处理过程中有热量放出或需要加入热量的系统，宜采用板式塔；传质速率由气相控制宜用填料塔；传质速率由液相控制宜用板式塔；当处理系统的液气比小时，宜用板式塔；操作弹性要求较大时，宜采用浮阀塔、泡罩塔等；对伴有化学反应（特别是当此反应不太迅速时）的吸收过程，采用板式塔较有利；气相处理量大的系统宜采用板式塔，处理量小则填料塔适宜。

表5-3　常用吸收设备的比较

设备名称	吸收效率	主要吸收气体
填料塔	中等	SO_2、H_2S、HCl、NO_2
喷射塔	小	HF、SiF_4、HCl
旋风洗涤器	小~中	含粉尘多的气体
文丘里洗涤器	中~大	HF、H_2SO_4、烟尘
类板塔(多孔塔、浮阀塔、泡罩塔、栅板塔等)	小~中	Cl_2、HF
湍流吸收塔	中	HF、NH_3、H_2S
气泡塔	中	Cl_2、NO_2
旋流板塔	中	SO_2

塔型的合理选择是做好塔设备设计的首要环节。选择时应考虑的因素有：物料性质，操作条件，塔设备的性能，以及塔设备的制造、安装、运转和维修等。

1. 与物性有关的因素

① 易起泡的物系，如处理量不大时，适宜选用填料塔。因为填料能使泡沫破裂，在板式塔中则容易引起液泛。

② 具有腐蚀性的介质，可选用填料塔。如必须用板式塔，宜选用结构简单、造价便宜的筛板塔盘、穿流式塔盘或舌形塔盘，以便及时更换。

③ 具有热敏性的物料必须减压操作，以防过热引起分解或聚合，所以应选用压力降较小的塔型。如可采用装填规整填料的散堆填料等。当要求真空度较低时，也可用筛板塔和浮阀塔。

④ 黏性较大的物系，可以选用大尺寸填料。这种情形下板式塔的传质效率较差。

⑤ 含有悬浮物的物料，应选择液流通道较大的塔型，以板式塔为宜，也可选用泡罩塔、浮阀塔、栅板塔、舌形塔和孔径较大的筛板塔等，不宜使用填料塔。

⑥ 操作过程中有热效应的系统，用板式塔为宜。因塔盘上积有液层，可在其中安放换热管，进行有效的加热或冷却。

2. 与操作条件有关的因素

① 若气相传质阻力大（即气相控制系统，如低黏度液体的蒸馏、空气增湿等），宜采用填料塔，因填料层中气相呈湍流，液相为膜状流；反之，受液相控制的系统（如水洗 CO_2），宜采用板式塔，因为板式塔液相呈湍流，用气体在液层中鼓泡。

② 液体负荷大的，可选用填料塔，若用板式塔，宜选用气、液并流的塔型（如喷射形塔盘）或选用板上液流阻力较小的塔型（如筛板和浮阀）。此外，导向筛板塔盘和多降液管筛板塔盘都能承受较大的液体负荷。

③ 液体负荷低的一般不宜采用填料塔，因为填料塔要求一定量的喷淋密度，但网体填料能用于低液体负荷的场合。

④ 液气比波动的适应性，板式塔优于填料塔，故当液气比波动较大时宜用板式塔。

3. 其他因素

① 对于多数情况，塔径小于 800mm 时，不宜采用板式塔，宜用填料塔。对于大塔径，加压或常压操作过程应优先选用板式塔，减压操作过程宜采用新型填料。

② 一般填料塔比板式塔重。

③ 大塔以板式塔造价低廉。因填料塔填料的价格约与塔体的容积成正比；而板式塔按单位面积计算的价格，随塔径增大而减小。

二、吸收设备的运行与维护

1. 基本操作

（1）装填料　吸收塔经检查吹扫后，即可向塔内装入用清水洗净的填料。对拉西环、鲍尔环等填料，均可采用不规则和规则排列法装填。若采用不规则排列法，则先在塔内注满水，然后从塔的人孔部位或塔顶将填料轻轻地倒入，待填料装至规定高度后，把漂浮在水面上的杂物捞出，并放净塔内的水，将填料表面耙平，最后封闭人孔或顶盖。在填装填料时，要注意轻拿轻倒，以免碰碎而影响塔的操作。矩鞍形、弧鞍形以及阶梯环填料均可采用不规则法装填。若采用规则法排列，则操作人员从人孔处进入塔内，按排列规则将填料排至规定高度。塔内填料装完后，即可进行系统的气密性试验。

（2）设备的清洗及填料的处理

① 设备清洗。在运转设备进行联动试车的同时，还要用清水清洗设备，以除去固体杂质。清洗中不断排放污水，并不断向溶液槽内补加新水，直至循环水中固体杂质含量小于 0.005％为止。在生产中，有些设备经清水清洗后即可满足生产要求，有些设备则要求清洗后，还要用稀碱溶液洗去其中的油污和铁锈。方法是向溶液槽内加入 5％的碳酸钠溶液，启动溶液泵，使碱溶液在系统内连续循环 18～24h，然后放掉碱液，再用软水清洗，直至水中含碱量小于 0.01％为止。

② 填料的处理。瓷质填料一般与设备一同清洗后即可使用。塑料填料在使用前必须碱洗，其操作为：用温度为 90～100℃、浓度为 5％的碳酸钾溶液清洗 48h，随后放掉碱液；用软水清洗 8h；按设备清洗过程清洗 2～3 次。塑料填料的碱洗一般在塔外进行，洗净后再装入塔内。有时也可装入塔内进行碱洗。

2. 运行中检查

为了保证塔安全稳定运行，必须做好日常检测或检查，并认真记录检查的结果，以作为定期停车检修的历史资料。日常检测或检查的项目如下：

① 原料、成品、回流液等的流量、温度、纯度及公用工程流体（如水蒸气、冷却水、压缩空气等）的流量、温度和压力等。

② 塔顶、塔底等处压力及塔的压力降。

③ 塔底温度。如果塔底温度低，应及时排水，并彻底排净。

④ 连接部件是否因振动而松动。

⑤ 紧固件有无泄漏，必要时重新紧固。

⑥ 仪表是否正常，动作是否灵敏可靠。

⑦ 保温、保冷材料是否完整，并根据实际情况进行修复。

⑧ 塔的机座和管线在开工初期受热膨胀后，不得出现移位。

⑨ 在寒冷地区运行的塔器，其管线最低点排冷凝液的结构不得造成积液和冻结破坏。

3. 停车检查

通常每年要定期停车检修 1～2 次，将塔设备打开，检修其内部部件。注意在拆卸塔板时，每层塔板要作出标记，以便重新装配时不出现差错。此外，在停车检查前，预先准备好备品备件，如密封件、连接件等，以便更换或补充。停车检查的项目如下：

① 取出塔板或填料，检查、清洗污垢或杂质。

② 检测塔壁厚度，作出减薄预测曲线，评价腐蚀情况，判断塔设备使用寿命。

③ 检查塔板或填料的磨损破坏情况。

④ 检查液面计、压力表、安全阀是否发生堵塞和在规定压力下动作，必要时重新调整和校正。

⑤ 如果在运行中发现有异常振动，停车检查时要查明其原因。塔的常见故障及排除方法见表 5-4。

表 5-4　塔的常见故障及排除方法

序号	故障	故障原因	消除措施
1	污染	(1)灰尘、锈、污垢(氧化皮、高沸点烃类)沉积，引起塔内堵塞； (2)反应生成物、腐蚀生成物(污垢)积存于塔内	(1)进料塔板堰和溢流管之间要留有一定的间隙，以防积垢； (2)停工时彻底清理塔板，若锈蚀严重时，可改用高级材质取代原有材质
2	腐蚀	(1)高温腐蚀； (2)磨损严重； (3)高温、腐蚀性介质引起设备焊缝处产生裂纹和腐蚀	(1)严格控制操作温度； (2)定期进行腐蚀检查和测定壁厚； (3)流体内加入防腐剂，器壁包括衬里涂防腐层
3	泄漏	(1)人孔和管口等连接处焊缝裂纹、腐蚀、松动，引起泄漏； (2)气体密封圈不牢固或腐蚀	(1)保证焊缝质量，采取防腐措施，重新拧紧固定； (2)拧紧、修复或更换
4	压力降	(1)液相或气相负荷增大； (2)设备缺陷	(1)减少回流比，加大塔顶或塔底的抽出量，降低进料量或进料温度； (2)查明设备缺陷处，采取相应措施

活性炭吸附过程

● 第四节　吸附设备 ●

一、概述

吸附是利用某些多孔性固体具有能够从流体混合物中选择性地在其表面上聚集一定组分的能力，使混合物中各组分得以分离。用来实现吸附分离操作的设备称为吸附设备。吸附设备是分离和纯化气体与气体、气体与液体、液体与液体混合物的重要操作单元之一。

由于吸附净化作用可以进行得相当完全，因此能有效地清除用一般手段难以处理的气体或液体中的低浓度污染物。在环境工程中，吸附净化常用于废气、废水的净化处理，如回收废气中的有机污染物、治理烟道气中的硫氧化物和一氧化碳，以及废水的脱色、脱臭等。

根据吸附剂表面与吸附质之间作用力的不同，吸附可分为物理吸附与化学吸附。物理吸附是指由于吸附剂与吸附质之间的分子间力作用所产生的吸附，也称范德华吸附。化学吸附的实质是一种发生在固体颗粒表面的化学反应。

二、吸附设备的类型与结构特点

按照吸附剂在吸附器中的工作状态，把吸附设备分为固定床吸附器、移动床吸附器、流化床吸附器、旋转床吸附器等类型。

1. 固定床吸附器

固定床吸附器是最古老的一种吸附装置，但目前仍然应用最广。在固定床吸附器内，吸附剂固定在承载板上。根据吸附剂床层的布置形式，固定床吸附器可分为立式、卧式、方形、圆环形和圆锥形等，如图 5-20 所示。

固定床吸附器的优点在于结构简单、制作容易、价格低廉，适用于小型、分散、间歇性污染源的治理，也普遍应用于连续性的治理中。固定床吸附器的缺点是间歇操作，所以在设计流程时应根据其特点，设计多台吸附器相互切换，以保证操作的正常运行。

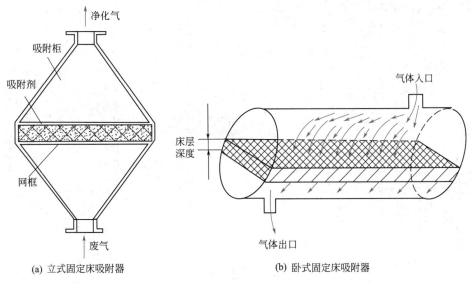

（a）立式固定床吸附器　　　　　　　（b）卧式固定床吸附器

图 5-20　固定床吸附器

管式固定
床反应器

2. 移动床吸附器

移动床吸附器中固体吸附剂在吸附床中不断移动，一般固体吸附剂是由上向下移动，而气体或液体则由下向上流动，形成逆流操作。如果被净化气体或液体是连续而稳定的，固体和流体都以恒定的速度流过吸附器，其任一断面的组成都不随时间而变化，即操作达到了连续与稳定的状态。移动床吸附器的结构如图 5-21 所示。

图 5-22 为移动床吸附器的吸附剂控制系统示意。移动床吸附器的工作原理为：经脱附后的吸附剂从设备顶部进入冷却器，温度降低后，经分配板进入吸附段，借重力作用不断下降，通过整个吸附器。需净化的流体，从上面第二段分配板下面引入，自下而上通过吸附床，与吸附剂逆流式接触，易吸附的组分全被吸附。净化后的流体从顶部排出。吸附剂下降到汽提段时，由底部上来的脱附气（即易吸附组分）与其接触，进一步吸附，并将难吸附气体置换出来，使吸附剂上的组分更纯，最后进

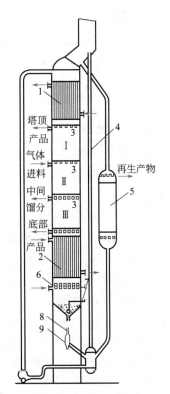

图 5-21　移动床吸附器
1—冷却器；2—脱附塔；3—分配板；
4—提升管；5—再生器；6—吸附剂控制机构；
7—固粒料面控制器；8—封闭装置；9—出料阀门

移动床吸
附器

入脱附器，在这里用加热法使被吸附组分脱附出来，吸附剂得到再生。脱附后的吸附剂用气力输送到塔顶，进入下一个循环操作。

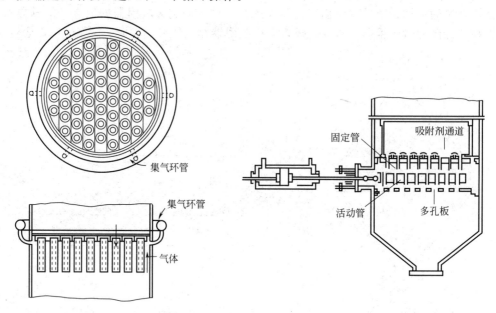

(a) 移动床吸附器分配板的结构   (b) 移动床吸附器的吸附剂控制机构

图 5-22   移动床吸附器的吸附剂控制系统

**流化床吸
附器**

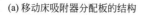

由上可以看出，吸附和脱附过程是连续完成的。由于净化气体中可能含有难脱附的物质，它们在脱附器中不能释出，影响吸附能力，为此必须将部分吸附剂导入高温再生器中进行再生。

一般情形下，对于稳定、连续、量大的气体净化，用移动床比固定床要好。

3. 流化床吸附器

流化床吸附器如图 5-23 所示，由吸附塔、旋风分离器、吸附剂提升管、通风机、冷凝冷却器、吸附剂贮槽等部分组成。吸附塔按各段所起作用的不同分为吸收段、预热段和再生段。

流化床吸附器的工作原理是：需净化的气体从进口管以一定速度进入筒体吸附段，气体通过筛板向上流动，将吸附剂吹起，使吸附剂与气流均匀混合、相互接触以吸附气流中的吸附质，在吸附段完成吸附过程。由于磨损的原因，流化床吸附器的排出气常带有吸附剂粉末，所以其后面加除尘设备，可选用旋风分离器（有时也将除尘器直接装在流化床的扩大段内）。净化后的气体进入旋风分离器，这样收集的吸附剂可以回到床层继续参加吸附过程；而净化后的气体，从出口管排出。吸附剂下降到预热段进行预热，最后进入再生段，由底部上来的脱附气（即易吸附组分）与其接触，并用加热法使被吸附组分脱附出来，吸附剂得到再生。脱附后的吸附剂用气力输送到塔顶，进入下一个循环操作。

这种吸附器的优点是：气固逆流操作，处理气量大，吸附剂可循环使用；缺点是：动力和热量消耗较大，吸附剂强度要求高。流化床吸附器的特点是气体与固体接触相当充分，气流速度比固定床的气速大三四倍以上，所以该工艺强化了生产能力，对于连续性、大气量的污染源治理非常适合。在实际工程中，为了保证吸附剂与处理的气体或液体充分接触，可使吸附剂呈沸腾状态，图5-24为连续操作的沸腾床吸附器。

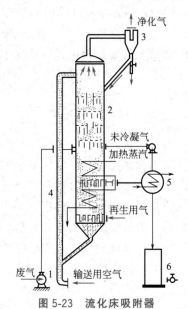

图 5-23　流化床吸附器

1—通风机；2—吸附塔；3—旋风分离器；
4—吸附剂提升管；5—冷凝冷却器；6—吸附质贮槽

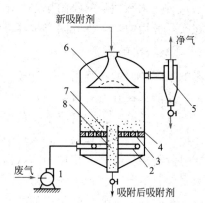

图 5-24　连续操作的沸腾床吸附器

1—通风机；2—气流分布器；3—筛板；
4—沸腾床吸附剂层；5—旋风分离器；
6—吸附剂均布器；7—溢流堰；8—溢流管

吸附剂不
再生的固
定床

　　此外，由于流化床操作过程中，气体与吸附剂混合非常均匀，床层中没有浓度梯度，因此当一个床层的吸附不能达到净化要求时，就要用多层床来实现。在多层床中，层与层之间形成浓度梯度，以达到进一步净化的目的。

三、吸附设备的选择

1. 布置吸附流程和选择吸附器的注意事项

　　(1) 当气体污染物连续排出时，应采用连续式或半连续式的吸附流程；间断排出时采用间歇式吸附流程。

　　(2) 排气连续且气量大时，可采用流化床或沸腾床吸附器；排气连续但气量较小时，则可考虑使用旋转床吸附器。固定床吸附器可用于各种场合。

　　(3) 根据流动阻力、吸附剂利用率酌情选用不同类型的吸附器。

　　(4) 处理的废气流中含有粉尘时，应先用除尘器除去粉尘。

　　(5) 处理的废气流中含有水滴或水雾时，应先用除雾器除去水滴或水雾。对气体中水蒸气含量的要求随吸附系统的不同而不同。当用活性炭吸附有机物分子时，气体中相对湿度应小于 90%；当用分子筛吸附 NO_2 时，气体中水蒸气愈少愈好。

　　(6) 处理废气中污染物浓度过高时，可先用其他方法脱除一部分。

　　(7) 吸附流程需与脱附方法和脱附流程同时考虑。

2. 常用脱附方法及其选择

　　吸附剂的脱附方法主要有升温脱附、降压脱附、吹扫脱附和取代脱附等。

（1）吸附剂吸附量随温度增加而增大时，可采用升温脱附；相反，则采用低温脱附。

径向固定床
反应器

（2）当吸附系统的变压操作范围处于吸附等温线的陡直部分时，采用降压脱附较合适。

（3）当吸附质没有回收价值时，可将脱附的吸附质通入燃烧炉烧掉，该情况下可采用吹扫脱附。

（4）对热敏感性强的吸附质，可采用取代脱附法。

在实际应用中，几种脱附方法经常结合使用。

3. 影响吸附的因素

吸附剂加
料装置

影响吸附的因素有吸附剂的性质、吸附质的性质及操作条件等。只有了解影响吸附的因素，才能选择合适的吸附剂及适宜的操作条件，从而更好地完成吸附分离的任务。

（1）操作条件　通常情况下，低温操作有利于物理吸附，适当升高温度有利于化学吸附。但采取升温还是降温，必须以吸附过程中吸附焓变为依据。若焓变为正值，则温度升高对吸附操作有利；相反则降低温度对吸附过程有利。温度对气相吸附的影响比对液相吸附的影响大。对于气体吸附，压力增加有利于吸附，压力降低有利于解吸。

（2）吸附剂的性质　吸附剂的性质如孔隙率、孔径、粒度等，影响比表面积，从而影响吸附效果。一般说来，吸附剂粒径越小或微孔越发达，其比表面积越大，吸附容量也越大。但在液相吸附过程中，对分子量大的吸附质，微孔提供的表面积起不到很大作用。

（3）吸附质的性质与浓度　对于气相吸附，吸附质的当量直径、分子量、沸点、饱和性等影响吸附量。若用同种活性炭作吸附剂，对于结构相似的有机物，分子量和不饱和性越大，沸点越高，越易被吸附。对于液相吸附，吸附质的分子极性、分子量、在溶剂中的溶解度等影响吸附量。分子量越大，分子极性越强，溶解度越小，越易被吸附。吸附质浓度越高，吸附量越少。

（4）吸附剂的活性　吸附剂的活性是吸附剂吸附能力的标志，常以吸附剂上所吸附的吸附质量与所有吸附剂量之比的百分数来表示。其物理意义是单位吸附剂所能吸附的吸附质量。

（5）接触时间　吸附操作时，应保证吸附质与吸附剂有一定的接触时间，使吸附接近平衡，充分利用吸附剂的吸附能力。吸附平衡所需的时间取决于吸附速率，一般要通过经济权衡，确定最佳接触时间。

（6）吸附器的性能　吸附器的性能对吸附效果有较显著的影响，应合理设计吸附器的结构、吸附层的铺设等，以保证吸附器发挥优良的吸附性能。

四、吸附设备应用时的注意事项

废气中的粉尘、油烟、雾滴、焦油状物质等会使吸附剂劣化。废气温度太高或湿度太大会导致吸附量减少甚至不吸附。因此，可根据具体情况选择必要的预处理方法。

吸附法净化气态污染物一般由吸附及再生两部分组成。合理的再生过程对吸附法的经济性有重要作用。解吸和再生用的水蒸气量和动力消耗，因回收物质和设备的不同而不同。一般回收 1kg 溶剂需水蒸气 3～5kg，动力消耗 0.08～0.18kW/h，回收率可达 95% 以上。

固定床吸附设备采用间歇操作，包括吸附、解吸、干燥和冷却，一般是两台或两台以上吸附器轮流进行吸附和解吸、再生。在操作过程中要注意防止吸附层升温过高；当采用高压风机时，应注意减振和消除噪声；用水蒸气或洗涤液再生时，应避免废水污染。

● 第五节　几种典型的脱硫、脱硝及有机废气处理工艺 ●

一、典型脱硫工艺技术简介

目前世界各地有很多用于烟气脱硫的方法，如石灰/石灰石洗涤法、双碱法、韦尔曼-洛德法、氧化法及氨法等。这些方法概括起来可分为两大类：一类为干法，即采用粉状或粒状吸收剂、吸附剂或催化剂来脱除烟气中的 SO_2；另一类为湿法，即采用液体吸收剂洗涤烟气来吸收烟气中的 SO_2。

干法脱硫的优点在于流程短，无污水、污酸排出，且净化后烟气温度降低很少，利于烟囱排气扩散；但干法脱硫又有效率低、设备庞大、操作技术要求高、发展较慢的缺点。湿法脱硫具有设备小、操作较容易、脱硫效率较高的优点，缺点是：脱硫后烟气温度降低，不利于烟囱排气的扩散。随着科技的进步可通过烟气再加热的办法来解决这一问题，目前国内外对湿法脱硫工艺研究较多，使用也很广泛。

1. 湿式石灰/石灰石-石膏法工艺

石灰/石灰石-石膏法是采用石灰石、石灰或白云石等作为脱硫剂，脱除废气中 SO_2 的方法。石灰石以其来源广泛、原料易得、价格低廉得到广泛应用。到目前为止，在各种脱硫方法中，仍以石灰/石灰石法运行费用最低。该方法脱硫的基本原理是用石灰或石灰石浆液吸收烟气中的 SO_2，先生成亚硫酸钙，然后将亚硫酸钙氧化为硫酸钙，副产品石膏可以回收利用，无吸收洗涤废水外排。

（1）工艺原理　用石灰石或石灰浆液吸收烟气中的二氧化硫分为吸收和氧化两个工序，先吸收生成亚硫酸钙，然后再氧化为硫酸钙，因而分为吸收和氧化两个过程。

① 吸收过程在吸收塔内进行，主要反应如下：

石灰浆液作吸收剂：$Ca(OH)_2 + SO_2 \Longrightarrow CaSO_3 + H_2O$

石灰石浆液作吸收剂：$CaCO_3 + SO_2 \Longrightarrow CaSO_3 + CO_2$

由于烟道气中含有氧，还会发生如下副反应：

$$2CaSO_3 + O_2 \Longrightarrow 2CaSO_4$$

② 氧化过程在氧化塔内进行，主要反应如下：

$$2CaSO_3 \cdot (1/2)H_2O + O_2 + 3H_2O \Longrightarrow 2CaSO_4 \cdot 2H_2O$$

（2）工艺流程　传统的石灰/石灰石-石膏法的工艺流程如图 5-25 所示。将配好的石灰浆液用泵送入吸收塔顶部，经过冷却塔冷却除去 90% 以上烟尘的含 SO_2 烟气从塔底进入吸收塔，在吸收塔内部烟气与来自循环槽的浆液逆向流动，经洗涤净化后的烟气经过再加热装置通过烟囱排空。石灰浆液在吸收 SO_2 后，成为含有硫酸钙和亚硫酸氢钙的混合液，将此混合液在母液槽中用硫酸调整 pH 值至 4 左右，送入氧化塔，并向塔内送入 490kPa 的压缩空气进行氧化，生成的石膏经稠厚器使其沉积，上层清液返回循环槽，石膏浆经离心机分离得成品石膏。

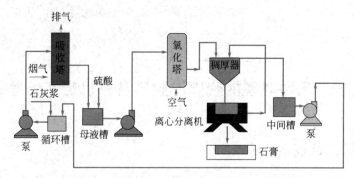

图 5-25　传统石灰/石灰石-石膏法的工艺流程

（3）主要设备

① 洗涤吸收器　该法中洗涤器的流动构型和物料平衡影响气体-液体-固体流的关系，洗涤器应具有气液相间的相对速度高、持液量大、气液接触面大、压力降小等特点，以提高吸收效率，减少结垢和堵塞。除填料塔外，还有道尔型洗涤器、盘式洗涤器和流动床洗涤器等。

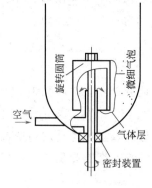

图 5-26　氧化塔

② 氧化塔　为加快氧化速度，必须以微细的气泡方法吹入，本法在氧化塔中采用回转圆筒式雾化器，回转筒的转速为 500～1000r/min，空气被导入圆筒内侧形成薄膜，并与液体摩擦被撕裂成微细气泡，其氧化效率约为 40%，较多孔板式高出 2 倍以上，而且没有被浆料堵塞的缺点。氧化塔结构如图 5-26 所示。

2. 钠碱双碱法工艺

湿式石灰/石灰石-石膏法最主要的缺点是容易结垢，造成吸收系统的堵塞，为克服这一缺点，人们尝试用易溶的吸收剂代替石灰石或石灰，由此发展了双碱法脱硫技术。双减法是先用碱式清液做吸收剂，然后将吸收 SO_2 后的吸收液用石灰石或石灰进行再生，再生后的吸收液可循环使用，副产品石膏可回收利用，由于在吸收和吸收液的再生处理中使用了不同的碱，故称为双碱法，也称间接石灰石/石灰-石膏法。其优点是解决了直接湿式石灰/石灰石-石膏法结垢的问题；副产品石膏的纯度较高，应用更广泛。典型的方法有钠碱双碱法、碱性硫酸铝-石膏法等。

钠碱双碱法是以 Na_2CO_3 或 NaOH 溶液为第一碱吸收烟气中的 SO_2，然后再用石灰石或石膏法作为第二碱处理吸收液，将吸收 SO_2 后的溶液再生，再生后的吸收液循环使用，而 SO_2 则以石膏的形式析出，获得副产品亚硫酸钙和石膏。由于采用了溶解度较高的钠碱吸收液，从而避免了吸收过程的结垢和堵塞，可回收纯度较高的副产品石膏。

（1）化学原理和工艺流程

① 吸收反应：

$$2NaOH + SO_2 \Longrightarrow Na_2SO_3 + H_2O$$

$$Na_2SO_3 + SO_2 + H_2O \Longrightarrow 2NaHSO_3$$
$$Na_2CO_3 + SO_2 \Longrightarrow Na_2SO_3 + CO_2 \uparrow$$

② 用石灰再生 $NaHSO_3$ 和 Na_2SO_3 的反应为：

$$2NaHSO_3 + Ca(OH)_2 \Longrightarrow CaSO_3 + Na_2SO_3 + 2H_2O$$
$$Na_2SO_3 + Ca(OH)_2 \Longrightarrow 2NaOH + CaSO_3 \downarrow$$
$$Ca(OH)_2 + NaHSO_3 \Longrightarrow Na_2SO_3 + CaSO_3 \cdot 1/2H_2O + 1/2H_2O$$
$$2NaHSO_3 + CaCO_3 \Longrightarrow Na_2SO_3 + CaSO_3 \cdot 1/2H_2O + 1/2H_2O + CO_2 \uparrow$$

再生中由于有氧气存在，Na_2SO_3 可能部分被氧化成 Na_2SO_4。

双碱法工艺流程分吸收、再生两个主要工序，工艺流程见图 5-27。

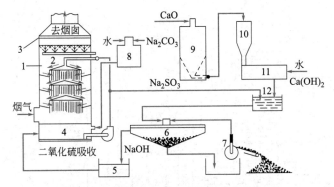

图 5-27　双碱法烟气脱硫工艺流程图

1—吸收塔；2—喷淋装置；3—除雾装置；4—吸收液槽；5—缓冲器；6—浓缩池；7—过滤机；
8—Na_2CO_3 吸收液槽；9—石灰仓；10—中间仓；11—熟化器；12—石灰反应器

　　烟气在洗涤塔内经循环吸收液洗涤后排空。吸收剂中的 Na_2SO_3 吸收 SO_2 后转化为 $NaHSO_3$，部分吸收液用泵送至混合槽，用 $Ca(OH)_2$ 或 $CaCO_3$ 进行处理，生成的半水亚硫酸钙在增稠器中沉积，含有亚硫酸钠的上清液返回吸收系统，沉积的 $CaSO_3 \cdot 1/2H_2O$ 送真空过滤分离出滤饼，重新成为含 10% 固体的料浆，加入硫酸降低 pH 后，在氧化器内用空气氧化获得石膏。

　　（2）操作要点

　　① 吸收液浓度：如果采用较高的碱液浓度，可以减小设备，减少吸收液用量，所需设备投资与操作费少。一般控制浓度范围在 $0.15 \sim 0.4 mol/L$ 范围内。

　　② 结垢问题：在双碱法系统中引起结垢的原因，一是硫酸根离子与溶解的钙离子产生石膏的结垢，二是吸收了烟气中的 CO_2 所形成的碳酸盐的结垢。前一种结垢只要保持石膏浓度在其临界饱和度值 1.3 倍以下，即可避免；而后一种结垢只要控制洗涤液 pH 值在 9 以下，即不会发生。

　　③ 硫酸盐的去除：硫酸盐在系统中的积聚会影响洗涤效率，可以采用硫酸盐苛化的方法予以去除；也可以采用硫酸化使其变换为石膏而除去。

　　钠碱双碱法工艺吸收效率高，脱硫率在 90% 以上，不易出现结垢和堵塞，缺点是由于亚硫酸钠的氧化形成硫酸钠，降低了产品质量。

　　3. 湿式氨法脱硫工艺

　　氨法烟气脱硫工艺，顾名思义是利用氨做吸收剂除去烟气中 SO_2 的工艺。湿式氨法脱硫工艺是采用一定浓度的氨水作吸收剂,在一结构紧凑的吸收塔内洗涤烟气中的 SO_2,达到烟气净化的目的。形成的脱硫副产物亚硫酸铵进一步加工可制成用作农用肥的硫酸铵,不产生废水和其他废物,脱硫率在 $90\%\sim99\%$,能严格地保证出口 SO_2 浓度保持在 $200mg/m^3$ 以下。氨法脱硫工艺主要由吸收和中和结晶两部分组成,其工艺流程见图 5-28。

（1）吸收过程　烟气经过吸收塔,其中的 SO_2 被吸收液吸收,并生成亚硫酸铵与硫酸氢铵。

氨-碱溶液
吸收流程

（2）中和结晶　由吸收产生的高浓度亚硫酸铵与硫酸氢铵吸收液,先经灰渣过滤器滤去烟尘,再在结晶反应器中与氨发生中和反应,同时用水间接搅拌冷却,使亚硫酸铵结晶析出。

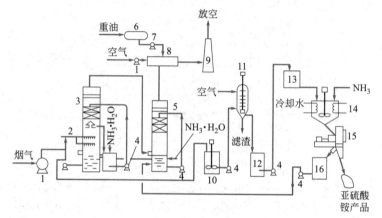

图 5-28　湿式氨法洗涤脱硫工艺流程

1—风机;2—预热段;3—1号洗涤塔;4—泵;5—2号洗涤塔;6—重油罐;
7—油泵;8—加热炉;9—烟囱;10—饱和液槽;11—灰渣过滤器;12—母液槽;
13—母液高位槽;14—中和结晶器;15—离心机;16—离心母液槽

二、典型脱硝工艺技术简介

1. 选择性催化还原法（SCR）

催化还原法是在催化剂作用下,利用还原剂将氮氧化物还原为氮气。选择性催化还原法（selective catalytic reduction,SCR）是指在铂或非重金属催化剂的作用下,在较低温度条件下,用 NH_3 作为还原剂"有选择地"将废气中的 NO_x,还原为无毒无污染的 N_2 和 H_2O,而基本上不与氧发生反应（故称为"选择性"）,从而避免了非选择性催化还原法的一些技术问题。该方法不仅使用的催化剂易得,选择余地大,而且还原剂的起燃温度低,床温低,从而有利于延长催化剂寿命和降低反应器对材料的要求。选择性催化还原法主要用于硝酸生产、硝化过程、火电厂烟气脱硝、金属表面的硝酸处理、催化剂制造等产生的 NO_x 废气。SCR 脱硝技术已在发达国家得到较多应用,据有关文献记载及工程实例监测数据,SCR 一般的 NO_x 脱除效率可维持在 $70\%\sim90\%$,一般的 NO_x 出口浓度可降低至 $100mg/m^3$ 左右,是一种高效的烟气脱硝技术。如德国,火力发电厂的烟气脱硝装置中 SCR 大约占 95%。在我国已建成或拟建的烟气脱硝工程中采用的也多是 SCR。以我国第一家采用 SCR 脱硝系统的火电厂福建漳州后石电厂为例,该电厂 600MW 机组采用日立公司的 SCR 烟气脱硝技术，总投资约为 1.5 亿元人民币。四川化工厂、北京东风化工厂、兰州化肥厂和大庆化肥厂也采用选择性催化还原法净化工艺尾气中的 NO_x。

（1）化学原理　该法可用 NH_3、H_2S、CO 等为还原剂，通常以 NH_3 为还原剂。其反应如下。

主反应 a　　$4NH_3 + 6NO \longrightarrow 5N_2 + 6H_2O$

主反应 b　　$8NH_3 + 6NO_2 \longrightarrow 7N_2 + 12H_2O$

副反应 a　　$4NH_3 + 3O_2 \longrightarrow 2N_2 + 6H_2O$

副反应 b　　$2NH_3 \longrightarrow N_2 + 3H_2$

副反应 c　　$4NH_3 + 5O_2 \longrightarrow 4NO + 6H_2O$

副反应 b、c 需在 350℃ 以上才能进行，450℃ 以上才变得激烈，在一般生产温度下，可以忽略不计，在 350℃ 以下只有副反应 a 得以进行。实际生产中，一般控制反应温度在 300℃ 以下，选择合适的催化剂可使两个主反应的速率远远大于副反应 a 的速率，使 NO_x 还原占绝对优势，从而达到选择性还原的目的。

以 NH_3 为还原剂还原 NO_x 的过程较易进行，所用催化剂可以是 Pt、Pd 等贵金属，亦可以是 Cu、Cr、Fe、V、Mn 等非贵金属的氧化物或盐类。常用 NO_x 催化剂性能见表 5-5。

表 5-5　几种常用的 NO_x 催化剂及性能

催化剂型号	75014	8209	81084	8013
催化剂成分	$25\%Cu_2Cr_2O_5$	$10\%Cu_2Cr_2O_5$	钒锰催化剂	铜盐催化剂
反应温度/℃	250～350	230～330	190～250	190～230
进气温度/℃	220～240	210～220	160～190	160～180
空速/h^{-1}	5000	10000～14000	5000	10000
转化率/%	≥90	≈95	≥95	≥95

选择性催化还原法净化氮氧化物工艺流程

（2）工艺流程　选择性催化还原法在硝酸废气治理中得到了较多的应用。硝酸的生产工艺不同，其净化工艺也不完全相同。综合法硝酸废气的净化系统一般设在引风机后，工艺流程如图 5-29 所示。

硝酸废气首先进入热交换器与反应后的热净化气进行热交换，升温后再与燃烧炉产生的高温烟气混合升温到反应温度，进入反应器（如图 5-30 所示）。在反应器中，当含有 NO_x 的废气通过催化剂层时，与喷入的 NH_3 发生反应，反应后的热净化气预热废气后经过水封排空。

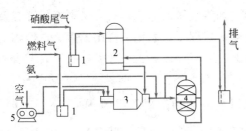

图 5-29　综合法硝酸废气治理工艺流程

1—水封；2—热交换器；3—燃烧炉；

4—反应器；5—罗茨鼓风机

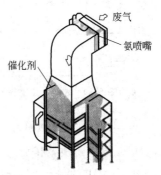

图 5-30　SCR 反应器示意图

（3）影响因素

① 催化剂　不同的催化剂由于活性不同，反应温度及净化效率也不同。

② 反应温度　采用铜-铬催化剂在350℃以下时，随着反应温度的升高，氮氧化物的转化增大，超过350℃后温度再升高时，副反应会增加，这时一部分氨转变成一氧化氮。用铂作催化剂时，温度控制在225～255℃之间。温度过高，会发生NO的副反应；而温度低于220℃后，尾气中将出现较多的氨，说明还原反应进行得不完全，在此情况下可能生成大量的硝酸铵和有爆炸危险的亚硝酸铵，严重时会使管道堵塞。

③ 空速　只有适宜的空间速度才能既经济又可获得较高的净化效率。空速过大时，反应不充分；空速过小时，设备不能充分利用。

④ 还原剂用量　还原剂用量的大小一般用NH_3与NO_x物质的量的比值来衡量。该值小于1时，反应不完全；该值大于1.4时，对转化率无明显影响，此时由于不参加反应的氨量增加，同样会造成大气污染，同时增加了氨耗；在生产上一般控制在1.4～1.5。

2. 选择性非催化还原法（SNCR）

选择性非催化还原法净化氮氧化物工艺流程

选择性非催化还原法（SNCR）是一种经济实用的NO_x脱除技术，其原理是含有NH_x基的还原剂（如氨气、氨水或者尿素等）喷入炉膛温度为850～1100℃的区域，将烟气中的NO_x还原成N_2。主要的化学反应为：

$$4NH_3 + 6NO \longrightarrow 5N_2 + 6H_2O$$

$$CO(NH_2)_2 + 2NO + \frac{1}{2}O_2 \longrightarrow 2N_2 + CO_2 + 2H_2O$$

SNCR工艺中NH_3还原NO的反应对于温度条件非常敏感，炉膛上喷入点的选择，也就是温度窗口的选择，是SNCR还原NO效率高低的关键。一般认为理想的温度范围为850～1100℃，当反应温度低于温度窗口时，由于停留时间的限制，往往使化学反应进行得不够彻底，从而造成NO的还原率较低，同时未参与反应的NH_3残余量增加。而当反应温度高于温度窗口时，NH_3的氧化反应开始起主导作用：

$$4NH_3 + 5O_2 \longrightarrow 4NO + 6H_2O$$

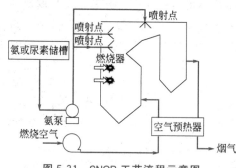

图5-31　SNCR工艺流程示意图

如图5-31所示，典型的SNCR系统由还原剂储槽、多层还原剂喷入装置以及相应的控制系统组成，其初始投资相对于SCR工艺来说要低得多，因为SNCR系统不需要催化剂床层，只需在现有燃煤锅炉的基础上增加氨或尿素储槽、氨或尿素喷射装置及其喷射口即可，系统结构比较简单。但相比SCR，SNCR的NO还原率较低，数据表明通常在30%～60%之间。

3. 工程应用实例简介：氨选择性催化还原法净化硝酸尾气中的NO_x

（1）废气组成及排放量　废气排放量为$3.8 \times 10^4 m^3/h$（标准状态），NO_2的浓度为1800～2500mg/m^3，主要污染物是NO和NO_2。

（2）净化原理及工艺流程　氨选择性催化还原法处理硝酸废气，是在铜-铬催化剂的作用下，使 NH_3 与尾气中 NO_x 进行选择性还原反应，将 NO_x 还原为 N_2。

从吸收塔中出来的废气，经过两个预热器加热至 249℃，进入废气与氨气混合器，再进入反应器进行反应，处理后的废气经交换器回收能量后，由 80m 高的烟囱排入大气。

（3）主要工艺控制条件

处理能力：40000m³/h（标准状态）；

NO_x 的进口浓度：1800mg/m³（标准状态）；

NO_x 的出口浓度：200mg/m³（标准状态）；

气体进口温度：249℃；

气体出口温度：273℃；

上段催化剂装填量：4m³；

下段催化剂装填量：4m³；

空塔速率：5000h⁻¹；

转化率：90%。

（4）主要技术经济指标

设备及催化剂费用：28.9 万元；

运行费用：8.97 万元/年；

热回收价值：13.8 万元/年；

处理成本 0.333 元/100m³。

三、典型有机废气的处理工艺

采用燃烧法（又称热氧化技术），对于处理有毒、有害、无须回收的挥发性有机物（VOCs）是一种比较彻底的处理方法，燃烧法虽不能回收有用的物质，但可以回收热量。燃烧法可分为传统燃烧技术和蓄热燃烧技术，传统燃烧技术包括直接燃烧、热力燃烧和催化燃烧。蓄热燃烧是在热氧化装置中加入蓄热体，预热 VOCs 废气，再进行氧化反应。热氧化温度一般在 700～900℃，蓄热式热交换器占用空间小，热回收率可达95%以上，辅助燃料消耗少（甚至不用辅助燃料），但蓄热燃烧不能处理含有颗粒或黏性物质的 VOCs 废气。

1. **蓄热式热力燃烧技术工艺**（RTO 有机废气处理工艺）

蓄热式热力燃烧（regenerative thermal oxidizer，RTO）技术与传统热氧化技术的不同之处，是使用新型陶瓷蓄热材料床从排出燃烧的气体中吸收并且存储热量，再将热量释放给冷的进口气体，而不是采用管壳式进行两种流体间的换热。RTO 工艺简单、占地面积小、运行费用低，其独特的先进转阀式换热系统保证了燃烧热量的高效回收和连续进出气，从而有效保证净化效果和降低运行成本。

RTO 装置可分为阀门切换式和旋转式。阀门切换式 RTO 有两个或多个陶瓷填充床，通过阀门切换改变气流的方向，从而达到预热 VOCs 废气的目的。图 5-32 是典型的两床式 RTO 示意图，其

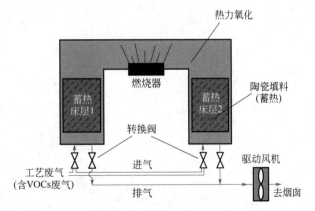

图 5-32 两床式 RTO

主体结构由燃烧室、两个陶瓷蓄热床和两个切换阀组成。当 VOCs 废气由引风机送入蓄热床层 1，被该床层加热后，在燃烧室氧化燃烧，燃烧后的高温烟气通过蓄热床层 2，降温后的烟气通过切换阀排放；当蓄热床层 2 温度升高后，VOCs 废气经切换阀从蓄热

床层 2 进入，被该床层加热后，在燃烧室氧化燃烧，燃烧后的高温烟气通过蓄热床层 1，降温后的烟气通过切换阀排放。如此周期性切换，实现 VOCs 废气连续处理。

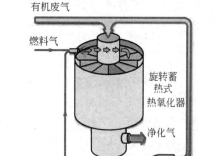

有机废气

燃料气

旋转蓄热式热氧化器

净化气

空气

密封气

图 5-33　旋转式 RTO

单段绝热反应器

多段式绝热反应器

旋转式 RTO 如图 5-33 所示，该装置由一个燃烧室、一个分成几瓣独立区域的圆柱形陶瓷蓄热床和一个旋转式转向器组成。通过旋转式转向器的旋转，就可改变陶瓷蓄热床不同区域的气流方向，从而连续地预热、氧化燃烧 VOCs 废气。相对于阀门切换式 RTO，旋转式 RTO 只有旋转式转向器一个活动部件，运行更可靠，维护费用更低，缺点是旋转式转向器不易密封，泄漏量较大，影响 VOCs 的净化效率。

2. 蓄热式催化燃烧技术工艺

蓄热式催化燃烧（regenerative catalytic oxidizer，RCO）技术是在 RTO 的基础上加入催化剂，在 $250 \sim 400℃$ 的温度下，将废气中的有机污染物氧化成无害的 CO_2 和 H_2O，逐渐发展成为现代先进的有机废气处理技术，在化工、漆包线、涂料生产等行业应用较广。

图 5-34 是 RCO 典型工艺流程图，有机废气经鼓风机进入氧化炉，由燃料氧化加热，升温至 $250 \sim 400℃$ 左右。在此温度下，废气里的有机成分在催化剂的作用下被氧化分解为二氧化碳和水，同时，反应后的高温烟气进入特殊结构的陶瓷蓄热体，绝大部分的热量被蓄热体吸收（95% 以上），降温后的烟气经烟筒排放，达到净化废气的目的，而被蓄热体吸收的热量则用于预热后续废气，达到降低反应温度和能耗的目的。蓄热体要求热膨胀系数低、表面积大、热稳定性好、耐腐蚀，一般使用蜂窝陶瓷材料。与蓄热式热力燃烧技术相比，RCO 所需的辅助燃料少，能量消耗低，设备设施的体积小，无火焰燃烧更加安全，不产生氮氧化物等二次污染物。

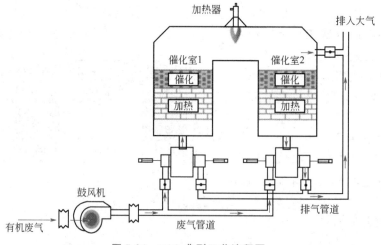

加热器

排入大气

催化室1

催化室2

催化

催化

加热

加热

鼓风机

有机废气

废气管道

排气管道

图 5-34　RCO 典型工艺流程图

3. 等离子体技术工艺和设备

等离子体是物质除了固态、液态和气态以外的第四态，其本质是在外力的作用下，激发产生的自由基、离子、电子和中性粒子的集合。等离子体分为高温等离子体和低温等离子体。相比而言，低温等离子体能耗低，对污染物的激发具有选择性，是 VOCs 治理的合适选择，因此被广泛应用和研究。低温等离子体技术处理 VOCs 技术是利用低温等离子体中带有较高能量的电子、离子、自由基等活性物质与 VOCs 分子产生非弹性碰撞，再通过一系列的物理化学、氧化还原、激发电离等作用，使有毒有害的 VOCs 转变为无毒无害的物质，将大分子物质降解为小分子物质，从而达到处理 VOCs 的效果。

低温等离子体技术用于污染控制，具有广泛适应性、工艺简单、占用空间小、动力消耗低等特点。该技术对于臭味的净化具有良好的效果，在橡胶废气、食品加工废气等的除臭中以及低浓度喷涂废气净化中都得到了一定的应用。目前低温等离子体技术处理挥发性有机废气实验研究的多，实际应用的少，亟待解决的问题是选择更高去除效率及更高能量效率的催化剂、加强对作用机理及其反应动力学方面的研究以及寻找开发更优配置等离子体反应器，进一步完善等离子体降解 VOCs 的机理，为商业化发展提供保障。等离子体协同催化剂降解处理 VOCs 是该技术未来发展的一个重要方向。

 习题

1. 什么是吸收设备？
2. 吸收操作通常有几种分类方法？
3. 常用的吸收设备有哪几种？
4. 吸收设备的选择应考虑哪些方面？
5. 填料塔的主要组成部分有哪些？
6. 什么是吸收设备？
7. 吸附设备选择的要点有哪些？
8. 简述石灰/石灰石-石膏法脱硫工作原理并画出工艺路线图。
9. 为什么要推广湿法脱硫技术？
10. 简述有机废气污染治理中 RTO 和 RCO 工艺的区别。

第六章

环保设施系统中的水泵、风机、管道及阀门

学习指南

　　本章主要介绍水泵、风机、管道及阀门备的工作原理、结构、分类以及选型、安装、运行与维护管理的基本知识。通过学习，要求在进一步了解环保主体设备性能和特点的基础上，基本掌握配套动力设备安装、调试、运维管理的基本方法，培养实际动手能力，结合实训提高职业操作技能，能利用所学知识进行环保设施全过程控制，保证环保设施正常运行，并能够进行简单的水泵、风机、管道及阀门维修。

素质目标

　　增强对环保设施系统中的水泵、风机、管道及阀门等设备的规范操作和管理意识；选择设备要分析其技术指标和经济指标，具有节约意识；在使用和维护设备时要具有安全意识；培养生态环境意识。

● 第一节　环保设施运行系统简介 ●

　　为保证环保设备的正常运行，必须有一套辅助装置配合。如泵与风机输送工作流体，输送带运输固体物料。在各种环保设施系统中，泵与风机是最常用、最主要的设备。

　　泵是将原动机的机械能转变成液体的动能和压能的机械，是输送液体的机械。泵能将液体从低位置压送到高位置，将压力低的容器中的液体，压送到压力高的容器中去。泵的种类很多，有往复式的活塞泵、齿轮泵、喷射泵、轴流泵、离心泵。工程上应用最多的还是离心泵。

　　风机是输送气体的流体机械。随着我国环保产业的不断发展，对风机的要求越来越高。目前国内的通风机，基本上都有系列产品供使用部门选用。从能量转换的观点来看，风机是把原动机的机械能变成气体的动能和压力能的一种机械。风机的分类方法也多种多样，如按作用原理一般可分为离心式、轴流式、往复式、回转式等。目前我国用得最多的离心通风机具有效率高、流量大、输出流量均匀、结构简单、操作方便、噪声小等优点。另外，风机还可以为生物处理设备或构筑物提供微生物氧化分解所必需的氧

气。风机广泛应用于国民经济的各个领域，属于通用机械范畴。

固体废物在被破碎、分选或后期的焚烧、热解、堆肥处理前都需要运用输送设备将大块物料运送至设备中，输送设备是固体废物处理处置必不可少的机械动力设备。掌握环保机械辅助设备的种类，相关原理，选用、运行和维护知识对确保污染治理工程项目的连续运行实施十分必要。

第二节　水泵的选择与运维

泵是一种流体机械，是将原动机的机械能转变为输送流体，给予流体能量的机械。泵是国民经济各部门必不可少的机械设备。如冶金工业的钢铁厂用泵输送冷却水；矿山的坑道用泵排除矿内的积水；水力采煤、采矿及水力输送需要泵提供压力水；城市下水道的排水、输送污水等亦离不开泵。泵在污染治理工程中广泛应用于提升污水、污泥到需要的高程，以确保后续处理可以靠重力流动。在特殊处理构筑物或设备前也需要泵加压。图 6-1 为某污水处理厂处理流程，污水首先经过泵站的提升达到一定高度，然后靠重力流流至沉淀消化池初沉后，送入曝气池生物处理，最后流入二次沉淀池进行泥水分离，流入计量槽，记下处理污水量后排放。二次沉淀池沉淀下的一部分污泥需要经过泥浆泵提升循环至曝气池，以保持曝气池内的污泥浓度和接种污泥；另一部分剩余污泥提升至污泥池处理。

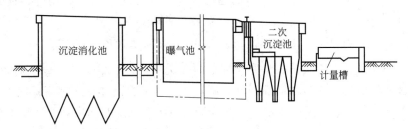

图 6-1　某污水处理厂处理流程

在对压力有特殊要求的构筑物或设备前也要设泵。如当污水中微小悬浮物或油品不能用沉淀法短时间去除时，可利用气浮法借助高度分散的微小气泡作为载体去黏附废水中的悬浮物，使其随气泡浮升到水面而加以分离去除。图 6-2 是加压溶气气浮流程。进

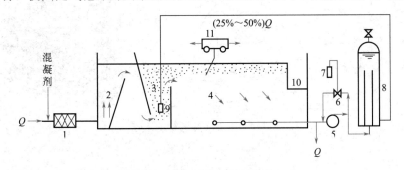

图 6-2　加压溶气气浮流程

1—混合器；2—反应室；3—入流室；4—分离室；5—泵；6—射流器；
7—气体流量计；8—溶气罐；9—释放器；10—浮渣槽；11—刮渣机

水与混凝剂经混合器混合均匀后进入反应室中，反应后进入气浮池（浮选池）入流室的循环水（由气浮池出水中分出，其量约为进水量的 25%～50%）经过泵加压到（3～4）×10^5Pa，由水泵出水管引出一支管，进入射流器，将空气由流量计吸入回到泵入口处，并被加压送往溶气罐，使空气充分溶于水中。然后经过释放器，进入气浮池入流室。由于突然减到常压，这时溶解于水中的过饱和空气便形成许多微细的气泡逸出，在气浮池内可以看到许多小气泡上升。分离室内形成的浮渣用刮渣机刮到浮渣槽内排出池外。

一、泵的分类及各类泵的工作原理

1. 泵的分类

泵按工作时产生的压力，可分为：①低压泵，压力在 2MPa 以下；②中压泵，压力为 2～6MPa；③高压泵，压力在 6MPa 以上。按工作原理，可分为叶片式泵、容积式泵和其他类型泵。叶片式泵由叶轮高速旋转完成压送液体的过程。按水在泵内的运动轨迹，可分为离心泵、轴流泵与混流泵。离心泵的工作范围较宽，轴流泵的特点是低扬程、大流量，混流式泵则介于二者之间。容积式水泵可分为往复式和回转式两种。往复式泵主要有活塞式、柱塞式等类型，主要是通过活塞的移动，使泵缸容积缩小或增大，压力升高或降低，吸水阀打开或关闭，实现水的运输。除了叶片式及容积式泵外，还有喷射泵及真空泵等。具体类型见图 6-3。

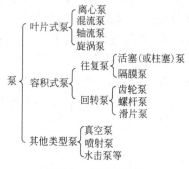

图 6-3　水泵的类型

离心泵工作原理

2. 各类水泵的工作原理

（1）离心式泵　离心式泵的工作原理是利用旋转时产生的离心力使流体获得能量，使流体通过叶轮后的压能和动能都得到升高，从而能够将流体输送到高处或远处。离心泵的结构如图 6-4 所示。叶轮装在一个螺旋形的压水室（外壳）内，当叶轮旋转时，流体通过吸入室轴向流入，然后转 90°进入叶轮流道并径向流出，至压水室经扩散管排出。由于叶轮连续旋转，在叶轮入口处不断形成真空，从而流体连续不断地由叶轮吸入和排出。

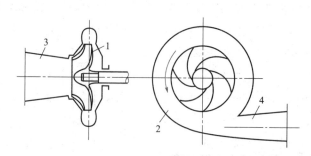

图 6-4　离心式泵示意及外形

1—叶轮；2—压水室；3—吸入室；4—扩散管

（2）轴流式泵　轴流式泵的工作原理是利用旋转叶片的挤压推进力使流体获得能量，升高其压能和功能。其结构如图 6-5 所示。叶轮安装在圆筒形泵壳内，当叶轮旋转时，流体轴向流入，在叶片叶道内获得能量后，再经导流器轴向流出。轴流式泵适用于大流量、低压力，在城市排水管网中的大型泵站和城市污水处理厂有采用。

（3）往复式泵　如图 6-6 所示，往复式泵主要由活塞在泵缸内作往复运动来吸入和排出液体。当活塞开始自极左端位置向右移动时，工作室的容积逐渐扩大，室内压力降低，流体顶开吸水阀，进入活塞所让出的空间，直至活塞移动到极右端为止。此过程为泵的吸液过程。当活塞从右端开始向左移动时，充满泵的流体受挤压，将吸水阀关闭，并打开压水阀而排出。此过程称为泵的压水过程。活塞不断往复运动，泵的吸水与压水过程就连续不断地交替进行。往复式泵适用于小流量、高压力，常用作加药泵。

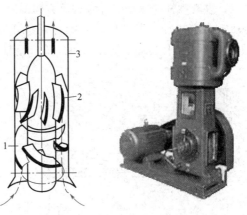

图 6-5　轴流式泵示意及外形
1—叶轮；2—导流器；3—泵壳

单级往复泵工作原理

多级往复泵

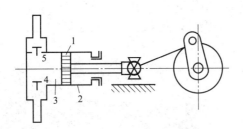

图 6-6　往复式泵示意及外形
1—活塞；2—泵缸；3—工作室；4—吸水阀；5—压水阀

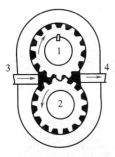

图 6-7　齿轮式泵示意及外形
1—主动轮；2—从动轮；3—吸油管；4—压油管

（4）齿轮式泵　齿轮式泵具有一对互相啮合的齿轮，如图 6-7 所示。图中主动轮固定在主动轴上，轴的一端伸出壳外由原动机驱动；从动轮装在另一个轴上。齿轮旋转时，液体沿吸油管进入到吸入空间，沿上、下壳壁被两个齿轮分别挤压到排出空间汇合（齿与齿啮合前），然后进入压油管排出。齿轮泵适用于输送不含固体颗粒和纤维、无腐蚀性、温度不高于 80℃、黏度为 $5\sim1500\mathrm{cSt}$（$1\mathrm{cSt}=10^{-6}\mathrm{m}^2/\mathrm{s}$）的润滑油或性质类似润滑油的其他液体，并适用于液压传动系统。在输油系统中可用作传输、增压泵。在燃油系统中可用作传输、增压、喷射的燃油泵。在液压传动系统中可用作提供液压动力的液压泵。在一切工业领域中，均可作润滑油泵用。

（5）螺杆泵　如图 6-8 所示，螺杆泵乃是一种利用螺杆互相啮合来吸入和排出液体的回转式泵。螺杆泵的转子由主动螺杆（可以是一根，也可有两根或三根）和从动螺杆组成，主动螺杆与从动螺杆作相反方向的转动，螺纹互相啮合，流体从吸入口进入，被螺旋轴向前推进增压至排出口。螺杆泵适用于高压头、小流量，适用于输送温度不高于150℃、不含固体颗粒、无腐蚀性、有润滑性的液体，常用作输送润滑油和调节油的油泵。

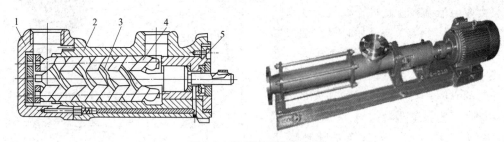

图 6-8 螺杆泵示意及外形

1—后盖；2—泵体；3—主动螺杆；4—从动螺杆；5—前盖

（6）喷射泵　如图 6-9 所示，将高压的工作流体，由压力管送入工作喷嘴，经喷嘴后压能变成高速动能，将喷嘴外围的液体（或气体）带走。此时因喷嘴出口形成高速使后部吸入室真空，从而不断抽吸流体与工作流体混合，然后通过扩散室将压力稍升高输送出去。由于工作流体连续喷射，吸入室继续保持真空，于是得以不断地抽吸和排出流体。喷射泵的工作流体可以是高压蒸汽，也可以是高压水，特点是压力高、扬程高。

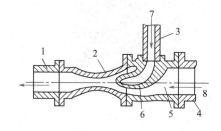

图 6-9 喷射泵示意及外形

1—排出管；2—扩散管；3—管子；4—吸入管；5—吸入室；6—喷嘴；7—工作流体；8—被抽吸流体

（7）水环式真空泵　如图 6-10 所示，圆柱形泵缸内注入一定量的水，星形叶轮装

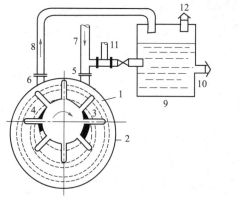

图 6-10 水环式真空泵示意及外形

1—叶轮；2—泵缸；3—吸气孔；4—排气孔；5—接水头；6—接头；7—吸气管；
8—排气管；9—水箱；10—溢流管接头；11—管；12—放气管

在泵缸内（装成偏心的）。当叶轮旋转时，水受离心力作用被甩到四周而形成一个相对于叶轮为偏心的封闭水环。被抽吸的气体沿吸气管及接水头由吸气孔进入水环与叶轮之间的空间。右边月牙形部分，由于叶轮的旋转这个空间容积由小逐渐增大，因而产生真空。随着叶轮的旋转，气体进入左边月牙形部分，此空间逐渐缩小，气体逐渐受到压缩，然后由排气孔经接头沿排气管进入水箱，再由放气管放出。废弃的水和空气一起被排到水箱里。当真空泵工作时，泵中必须有水不断流过，以带走热量（真空泵的发热不应超过 50℃）并使水保持一定体积，故用管由水箱把水送入吸气管。水环式真空泵的优点是构造简单，没有阀及其他配气机构，不怕堵塞，转速较高，可以直接由电动机带动。总效率为 20％～40％，高者可达 50％。排气量为 $0.25～465\mathrm{m}^3/\mathrm{min}$。这种真空泵被广泛用作叶片泵、往复泵的抽气引水设备，而且能吸排气体和液体的混合介质。

二、离心泵的性能参数

离心泵的基本性能通常用流量、扬程、功率、效率、转速、允许吸上真空高度和汽蚀余量等参数来表示。

1. 流量

离心泵的流量是指单位时间内由泵所输送的流体体积，即指的是体积流量，以符号 Q 表示，单位为 m^3/s 或 m^3/h。

2. 扬程

离心泵的扬程即压头，指的是单位质量的流体通过泵之后所获得的有效能量，也就是泵所输送的单位质量流体从泵进口到出口的能量增值。泵的扬程用符号 H 表示，单位为 $\mathrm{mH_2O}$ 柱（$1\mathrm{mH_2O}$ 柱＝9806.65Pa）。

根据能量守恒定律，水泵的扬程等于流出水泵时所具有的比能（单位质量的水所具有的能量）减去水流进水泵时所具有的比能。做近似忽略后，一般水泵运行时，只要把正在运行中的水泵装置的真空表和压力表读数（按 $\mathrm{mH_2O}$ 柱计）相加，就可得出该水泵的工作扬程。另外，水泵总扬程也可以用管道中水头损失及扬升液体高度来计算。忽略速度头项和位置头项后，总扬程等于水泵静扬程与管路中总水头损失之和，见式（6-1）。

$$H = H_{\mathrm{st}} + \sum h \tag{6-1}$$

式中　H_{st}——水泵的静扬程，即水泵吸水池的设计水面与水塔（或密闭水箱）最高水位之间的测管高差，m；

　　　$\sum h$——水泵装置管路中水头损失之总和，$\mathrm{mH_2O}$。

3. 功率

功率有输入功率与输出功率之分。泵的功率通常指的是输入功率。所谓输入功率即由原动机（如电动机等）传到泵轴上的功率，也称为轴功率，用符号 P 表示，单位为 W 或 kW。泵的输出功率又称为有效功率，表示单位时间内流体从泵中所得到的实际能量。有效功率用 P_{e} 表示。

$$P_{\mathrm{e}} = \gamma QH = QP \tag{6-2}$$

式中　γ——被输送流体的容重，$\gamma = \rho g$，$\mathrm{N/m}^3$；

　　　P_{e}——有效功率，kW。

4. 效率

离心泵的效率用来表示输入的轴功率 P 被流体利用的程度。用有效功率 P_e 与轴功率 P 之比来表示效率，效率用符号 η 表示。η 是评价泵的性能好坏的一项重要指标。η 越大，说明泵的能量利用率越高，效率越高。η 值通常由实验确定，计算公式如下。

$$\eta = \frac{P_e}{P} \tag{6-3}$$

5. 转速

转速是指泵的叶轮每分钟的转数，用符号 n 表示，常用的单位是 r/min。

6. 允许吸上真空高度 H_s 及汽蚀余量 H_{sv}

允许吸上真空高度 H_s 是指水泵在标准状况下（水温为 20℃，表面压力为 1.01325×10^5 Pa）运转时，水泵所允许的最大吸上真空高度（即水泵吸入口的最大真空度），单位为 mH_2O 柱。一般常用 H_s 来反映离心泵的吸水性能。汽蚀余量 H_{sv} 是指水泵进口处，单位重量液体所具有的超过饱和蒸汽压力的富余能量。一般常用 H_{sv} 来反映泵的吸水性能，单位为 mH_2O 柱。汽蚀余量在水泵样本中也有用 Δh 或 NPSH 来表示的。

离心泵构造

三、离心泵的基本结构

离心泵主要包括泵体（泵壳、叶轮等）、吸水管路、压水管路及其附件等。使用时，泵的吸水口与吸水管相连接，出水口与压水管相连接，共同组成吸水-增压-排水通道。下面以常用的单级单吸卧式离心泵（图 6-11）为例来讨论其各组成部件的作用。

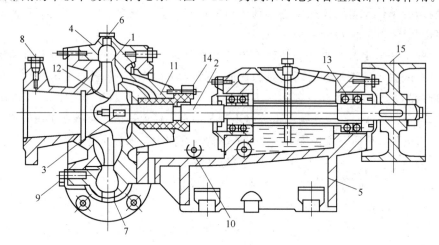

图 6-11　单级单吸卧式离心泵结构

1—真空表接孔；2—减漏环；3—泵壳；4—灌水孔；5—叶轮；6—填料盒；
7—填料压盖调节螺栓；8—泵轴；9—轴承座；10—传动轮；11—泵座；
12—泄水孔；13—放水孔；14—压力表接孔；15—键

1. 叶轮

叶轮是离心泵的主要零部件，是对液体做功的主要元件。叶轮的形状和尺寸是通过水力计算来确定的。它一般由两个圆形盖板以及盖板之间若干片弯曲的叶片和轮毂所组成。叶片固定在轮毂上，轮毂中间有穿轴孔与泵轴相连接。叶轮按吸入口数量可分为单吸式与双吸式两种。单吸式叶轮如图 6-12，只能单边吸水，叶轮的前、后盖板呈不对称状；双吸式叶轮如图 6-13 所示，有两个吸水口（从两边吸水），前、后盖板呈对称状。一般大流量离心泵多采用双吸式叶轮。叶轮按其盖板情况又可分为开式、半开式和闭式叶轮三种形式。开式叶轮没有前、后盖板；半开式叶轮只有后盖板而没有前盖板；闭式叶轮既有前盖板，又有后盖板。一般闭式叶轮多用于离心式清水泵中，而用于抽升含有悬浮物污水的泵则采用开式或半开式叶轮，以免污物堵塞流道。

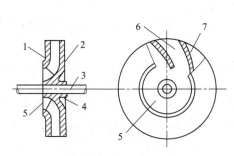

图 6-12　单吸式叶轮

1—前盖板；2—后盖板；3—泵轴；4—轮毂；
5—吸水口；6—叶槽；7—叶片

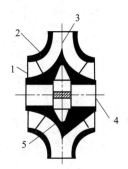

图 6-13　双吸式叶轮

1—吸入口；2—轮盖；3—叶片；
4—轴孔；5—轮毂

2. 泵轴

泵轴的作用是用来传递扭矩，使叶轮旋转。泵轴的常用材料是碳素钢和不锈钢。泵轴应有足够的抗扭强度和足够的刚度。叶轮和轴靠键相连接。由于这种连接方式只能传递扭矩而不能固定叶轮的轴向位置，故在水泵中还要用轴套和锁紧螺母来固定叶轮的轴向位置。叶轮采用锁紧螺母与轴套轴向定位后，为防止锁紧螺母退扣而产生松动，使水泵反转，尤其是对于初装水泵或解体检修后的水泵，要按规定进行转向检查，确保与规定转向一致。

3. 泵壳

泵壳通常铸成蜗壳形，是主要固定部件，收集来自叶轮的液体，并使液体的部分动能转化为压力能，最后将液体均匀地导向排出口。泵壳顶上设有充水和放气的螺孔，以便在水泵启动前用来充水及排走泵壳内的空气。在泵壳的底部设有放水螺孔，以便在水泵停车检修时放空积水。

4. 泵座

泵座的作用是固定水泵。泵座上有与底板或基础固定用的螺栓孔。在泵座的横向槽底开有泄水螺孔，以随时排走由填料盒内流出的渗漏水。泵壳和泵座上的这些螺孔，如果在水泵运行中暂时无用，可以用带螺纹的丝堵（又叫闷头）堵住。

四、离心泵汽蚀与汽蚀余量

泵在运转时，从水池里吸水，水沿着吸水管进入吸入室，然后流入叶轮。在流动过程中，由于速度的增加、势能的提高及克服流动阻力，水流的压力越来越低。当水流流到某一位置时，水流的压力下降至水的饱和压力，则水流汽化。同时，原来溶解于水中的气体逸出，形成蒸汽、气体泡。这些充满着蒸汽和气体的空泡很快胀大，并随着水流向前运动。水流到达压力较高的地方时，充满着蒸汽和气体的空泡迅速凝缩、溃灭。空泡溃灭时，水以高速填补空泡的位置，水流彼此发生撞击，形成局部水击，压力可达数千万帕。空泡胀得越大，凝缩、破灭时引起的局部水击压力越高。空泡从生长至完全破灭，整个过程历时约 0.003～0.005s，所以局部水击压力升高的作用频率亦是很高的，每秒为 600～1000 次，甚至可高达 25000 次。这种现象如发生在过流部件的固体壁上，过流部件会受到腐蚀、损坏，这就是汽蚀。

汽蚀现象

1. 汽蚀的结果

（1）材料破坏　汽蚀发生时，由于机械剥蚀与化学腐蚀的共同作用，使材料受到破坏。

（2）性能下降　发生汽蚀的同时，泵内液体连续性遭到破坏，从而使泵的特性下降。

（3）噪声和振动　汽蚀是一种反复冲击、凝结的过程，同时产生激烈的振动和噪声。当某一个振动频率与机组自然频率相一致时，机组就会产生强烈的振动，直接影响泵的正常运转。

2. 汽蚀余量

有关汽蚀余量的计算，分为有效和必需汽蚀余量，具体计算公式可参考有关书籍。有效汽蚀余量由泵吸入侧管路系统决定，与泵本身无关；必需汽蚀余量由泵入口各因素决定。欲使泵不产生气泡，就要使有效汽蚀余量大于必需汽蚀余量。

五、离心泵的选择

1. 选型条件

离心泵的选型主要根据介质的物理化学性能、工艺参数和现场条件等来进行。

（1）输送介质的物理化学性能　输送介质的物理化学性能直接影响泵的性能、材料和结构等，选型时要重点加以考虑。介质的物理化学性能主要包括介质的特性（如腐蚀性、磨蚀性和毒性等）、固体颗粒含量和颗粒大小、密度、黏度、汽化压力等，必要时还应列出介质中气体的含量，说明介质是否易结晶等。应用于制冷空调系统中的离心泵主要是用来输送水介质的，一般情况下，可将制冷空调系统中的水视为清水介质，供选泵时参考。而一些特殊的情形则应加以注意。如溴化锂吸收制冷中的溶液输送等，应选用防腐蚀的特殊泵，而不能用普通清水泵来代替。

（2）工艺参数　工艺参数是水泵选型的最重要的依据，应根据工艺流程和操作范围慎重确定。工艺参数包括以下内容。

① 流量 Q。流量是指工艺装置生产中，要求泵所输送的介质量。工艺人员一般应给出正常、最小和最大流量。

泵的数据表上往往只给出正常和额定流量 Q_0，选泵时，要求额定流量不小于计算所得的装置最大流量 $Q_{max,e}$，或取该最大流量的 1.1～1.15 倍，即取 $Q_0 = (1.1～1.15)Q_{max,e}$。

② 扬程 H。指工艺装置所需的扬程值，也称计算扬程，一般要求泵的额定扬程 H_0 为计算所得的装置最大扬程 $H_{max,c}$ 的 1.1～1.15 倍，即 $H_0 = (1.1～1.15)H_{max,c}$。

③ 进口压力 p_s 和出口压力 p_d。进、出口压力指泵进、出管接法兰处的压力，进、出口压力的大小会影响到壳体的耐压和轴封的要求。选泵时要考虑到其承压能力。

④ 温度 T。指泵进口介质的温度，一般应给出工艺过程中进口介质的正常、最低和最高温度。如果工作时介质的温度不符合泵性能数据表中的温度条件，则不能直接用性能表来选泵，而应先进行修正，之后方能按表中参数进行选泵工作。

⑤ 装置的有效汽蚀余量。

⑥ 操作状态。分连续操作和间歇操作两种。

（3）现场条件　现场条件包括泵的安装位置（室内或室外），环境温度、湿度，大气压力，大气腐蚀状况及危险区域的划分等级等条件。

对于舒适性空调系统而言，冷源所采用的载冷剂一般为水，因此选择制冷空调用离心泵时主要根据流量、扬程两个参数和现场使用条件来进行。

2. 型号确定

选泵的步骤如下。

（1）确定离心泵的类型　确定离心泵的型号，首要的是确定离心泵的类型、所需的流量和扬程，有了流量和扬程这两个参数后，再按所选离心泵类型的性能表或特性曲线图来选择泵的具体型号和所需台数。

（2）确定额定流量和扬程　要注意对黏度大于 $20 \times 10^6 \, \mathrm{m}^2/\mathrm{s}$，或含固体颗粒的介质，需换算成输送清水时的额定流量和扬程，再进行以下工作。

（3）查系列型谱图或性能表　按额定流量和扬程查出初步选择的泵型号。对于单台泵不能满足要求的场合，可以选用数台离心泵进行串联或并联工作。这时，符合要求的泵型号可能为一种，也可能为两种以上，到底选用哪种还要经校核步骤确认。

（4）校核　按性能曲线校核泵的额定工作点是否落在泵的高效工作区内。如果是联合运行的，则既要求联合运行工作点落在高效区，又要求单泵的工作点最好也落在高效区内。校核泵的装置汽蚀余量（有效汽蚀余量）与必需汽蚀余量是否符合要求，当不能满足要求时，应采取有效措施加以实现。

3. 选用中应注意的事项

选用离心泵的过程中，应注意下列事项。

（1）在满足最大工况要求的条件下，应尽量减少能量的浪费。

（2）应合理利用水泵的高效率段。在选用设备时，应使其工作点处于其 Q-H 曲线的高效区域，以保证工作点的稳定和高效运行。

（3）考虑必要的备用机组。

（4）需要多台设备并联运行时，应尽可能选用同型号、同性能的设备，互为备用。

（5）尽量选用大泵，一般大泵效率高。当系统损失变化较大时，要考虑大小兼顾，以便灵活调配。

（6）泵样本上所提供的参数，是在某特定标准状态下实测而得到的。当实际条件与标准状态不符时，应根据有关公式进行换算，将使用工况状态下的流量、扬程换算为标准状态下的流量、扬程，再根据换算后的参数进行设备选用工作。

（7）选择水泵时，应查明设备的允许吸上真空高度或允许汽蚀余量，以确定水泵的安装高度。在选用允许吸上真空高度时，应考虑使用介质温度及当地大气压强值进行修正。

（8）当涉及水泵的变频调速时，应先根据最大需水量、最大水压来选泵，然后根据实际情况确定所选水泵的配备与运行方案（如定速泵与变频调速泵的台数匹配、运行匹配等）。

六、离心泵的运行与维护

1. 离心泵的运行特性

（1）开泵特性　除自吸式离心泵外，其他类型的离心泵不能自吸，开泵前必须先灌泵。在制冷空调工程中，给水离心泵均设置成自灌式，这样就可避免灌泵操作，也有利于整个制冷系统运行的自动化。此外，离心泵开泵前必须关闭排出阀。

（2）运转特性　可短时间关闭排出阀运转；管路堵塞时泵不会损坏。

（3）流量调节特性　可调节排出阀，调节水泵转速，个别情况下也可采用旁路调节。

（4）工作压力调节特性

① 工作压力随流量而变化。流量增大，工作压力降低。

② 调节泵的转速，工作压力也随之变化。

（5）介质黏度对泵工作黏度的影响

① 适合输送低黏度介质；

② 输送黏性介质时，效率迅速降低，甚至不能工作。

（6）吸入系统漏气对泵工作的影响　少量漏气即能使离心泵工作中断。

（7）停泵　离心泵停泵前必须先关闭排出阀。

2. 离心泵的运行管理

（1）离心泵启动前的准备工作　离心泵启动前应注意做好全面检查工作：轴承中润滑油是否足够，润滑油规格是否符合设备技术文件的规定；出水闸阀及压力表阀、真空表阀等是否处于关闭状态；装置各处连接螺栓有无松动现象；配电设备是否完好、正常，各指示仪表、安全保护装置及电控装置均应灵敏、准确、可靠。然后进行盘车、灌泵工作。

盘车，就是用手转动联轴器，目的是检查泵及电动机内有无异常声音，如零件松脱、杂物堵塞、泵内冻结、轴承缺油、主轴变形等。

灌泵就是启动前向泵及吸水管中充水，以便启动后在泵的入口处造成抽吸液体必要的真空值。对于制冷空调工程用泵，由于均设置为自灌式，可不用灌泵。

对于首次启动的水泵，还应进行转向检查，检查其转向是否与泵厂规定的转向一致。

准备工作就绪之后，即可启动水泵。离心泵启动时应符合下列要求。

① 启动时应打开吸入管路阀门，关闭排出管路阀门。

② 吸入管路应充满输送液体并排尽空气，不得在无液体的情况下启动。

③ 泵启动后应快速通过湍振区。

④ 转速正常后应打开出口管路的阀门，出口管路阀门的开启不宜超过 3min。

待水泵转速稳定后，应打开真空表阀与压力表阀，压力表读数升至水泵在零流量时的空转扬程时，可逐渐打开压水管上的闸阀，此时真空表读数逐渐增加，压力表读数逐渐下降，配电屏上的电流表读数逐渐增大。待电流值达到规定值时，保持闸阀在此开度，启动工作结束。

（2）离心泵的试运转　　离心泵的试运转应符合下列要求。

① 各固定连接部位不应有松动。

② 转子及各运动部件运转应正常，不得有异常声响和摩擦现象。

③ 管道连接应牢固无渗漏，附属系统运转应正常。

④ 润滑油不得有渗漏和雾状喷油现象。

⑤ 泵的安全保护和电控装置及各部分仪表均应灵敏、正确、可靠。

（3）离心泵运行中应注意的问题

① 要随时注意检查各个仪表工作是否正常、稳定。电流表上的读数应不超过电动机的额定电流，电流过大或过小都应及时停车检查。电流过大，一般是由于叶轮中有杂物卡住、轴承损坏、密封环互摩、轴向力平衡装置失效、电网中电压降太大、管路阀门开度过大等；引起电流过小的原因有吸水底阀或出水闸阀打不开或开不足、水泵汽蚀等。

② 定期记录泵的流量、扬程、电流、电压、功率等有关技术参数。严格执行岗位责任制和安全技术操作规程。

③ 检查轴封填料盒处是否发热，滴水是否正常。滴水应呈滴状连续渗出，运行中可通过调节压盖螺栓来控制滴水量。

④ 检查泵与电动机的轴承和机壳温度。轴承温度一般不得超过周围环境温度35℃，轴承的最高温度不得超过75℃，否则应立即停车检查。在无温度计时，也可用手摸，凭经验判断，如感到很烫手时，应停车检查。

⑤ 检查流量计指示数是否正常。无流量计时可根据出水管水流情况来估计流量。

⑥ 随时听机组声响是否正常。

（4）离心泵运行中常出现的问题——水锤　　停泵水锤是指水泵因突然失电或其他原因造成外阀停车时，在水泵及管路中水流速度发生递变而引起的压力递变现象。其危害主要表现为：一般的水锤事故造成水泵、阀门、管道的破坏，引起跑水、停水；严重的事故造成泵房被淹，有的设备被打坏，伤及操作人员甚至造成人身死亡。如果水泵反转转速过高，当突然终止水泵反转或反转时电动机再启动，就会使电动机转子变形，引起水泵剧烈振动，甚至使联轴器断裂。如果水泵倒流量过大，则使整个管网压力下降，导致不能正常供水。

防止水锤的措施如下。

① 设下开式水锤消除器　　如图6-14所示，水泵在正常工作时，管道内水压作用在阀板上的向上托力大于重锤和阀板向下的压力，阀板与阀体密合，水锤消除器处于关闭状态。突然停泵时，管道内压力下降，作用于阀板的下压力大于上托力，重锤下落，阀板落于分水锥中（图中虚线所示位置），从而使管道与排水孔相连通。当管道内水流倒流冲闭止回阀致使管道内压力回升时，由排水口泄出一部分水量，水锤压力将大大减弱，使管道及配件得到保护。

下开式水锤消除器的优点是管道中压力降低时动作，能够在水锤升压发生之前打开放水，因此能比较有效地消除水锤的破坏作用。此外，它的动作灵敏，结构简单，安装容易，造价低，工作可靠。缺点是消除器打开后不能自动复位，且在复位操作时，容易发生误操作。

②　自动复位下开式水锤消除器　如图 6-15 所示。它具有普通下开式水锤消除器的优点，并能自动复位。其工作原理是：突然停电后，管道起端产生压降，水锤消除器缸体外部的水经闸阀向下流入管道，缸体内的水经单向阀也流入管道，此时活塞下部受力减少，在重锤作用下，活塞下降到锥体内（图中虚线位置），于是排水管的管口开启。当最大水锤压力到来时，高压水经消除器排水管流出，一部分水经单向闸阀瓣上的钻孔倒流入锥体内。随着时间的延长，水锤逐渐消失，缸体内活塞下部的水量慢慢增多，压力加大，直至重锤复位。为使重锤平稳，消除器上部设有缓冲器。活塞上升，排水管口又关闭。这样即自动完成一次水锤消除作业。这种消除器的优点是：可以自动复位；由于采用了小孔延时方式，有效地消除了二次水锤。

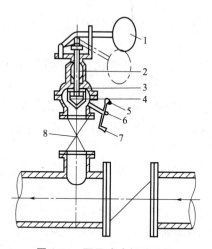

图 6-14　下开式水锤消除器

1—重锤；2—排水口；3—阀板；4—分
水锥；5—压力表；6—三通管；
7—放气门；8—闸阀

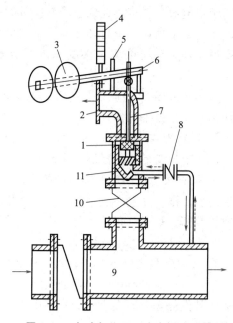

图 6-15　自动复位下开式水锤消除器

1—活塞；2—排水管；3—重锤；4—缓冲器；5—保持
杆；6—支点；7—活塞联杆；8—阀瓣上钻有小孔的
单向阀；9—管道；10—闸阀（常开）；11—缸体

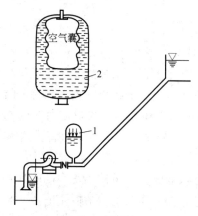

图 6-16　空气缸

1—没有气囊；2—有气囊

③　设空气缸　图 6-16 为管路上装置空气缸的示意图。空气缸利用了气体体积与压力成反比的原理。当发生水锤，管内压力升高时，空气被压缩，它起气垫作用；而当管内形成负压，甚至发生水柱分离时，它又可以向管道补水，有效地消减停泵水锤的危害。它的缺点是需用钢材；同时空气能部分溶解于水，要有空气压缩机经常向缸中补气。如在缸内装橡胶气囊，将空气与水隔离开，则可以不用经常补气。目前，国内外已推广采用带橡胶气囊的空气缸。空气缸的体积较大，对于直径大、线路长的管道可能大到数百立方米，因此它只适用于小直径或输水管长度不长的条件。

④ 采用缓闭阀　缓闭阀有缓闭止回阀和缓闭式止回蝶阀。它们均可使用于泵站中以消除停泵水锤。阀门的缓慢关闭或不全闭，允许局部倒流，能有效地减弱由于突然停泵而产生的高比水锤。

⑤ 取消止回阀　取消水泵出口处的止回阀，水流倒流时，可以经过水泵泄回吸水井，这样不会产生很大的水锤压力；平时还能减少水头损失，节省电耗。但是，倒回水流会冲击泵倒转，有可能导致轴套退扣而松动（轴连接为螺纹连接时）。此外还应采取其他相应的技术措施，以解决取消止回阀后带来的新问题。在取消止回阀的情况下，应进行停泵水锤的计算。

⑥ 其他措施　如设置自动缓闭水力闸阀以消除水力锤危害。在突然停电后，对泵轴（或电动机轴）采取刹车措施，水泵失电后，允许水流倒回，但叶轮不转动，能使升压大大减少，也避免了叶轮高速反转时引起的一些问题。

（5）离心泵的故障分析与处理　泵运行中的故障分为腐蚀和磨损、机械故障、性能故障和轴封故障四类。这四类故障往往相互影响，难以分开。

① 腐蚀和磨损　腐蚀的主要原因是选材不当。发生腐蚀故障应从介质和材料两方面入手解决。磨损常发生在输送浆液时，主要原因是介质中含有固体颗粒。对于易损件，在磨损量达到一定程度时应予以更换。

② 机械故障　振动和噪声是主要的机械故障。振动的主要原因是轴承损坏，或出现汽蚀和装配不良。如泵与原动机不同轴，基础刚度不够或基础下沉等。

③ 性能故障　性能故障主要是指流量和扬程不足、泵汽蚀和驱动电动机超载等意外事故。

④ 轴封故障　轴封故障主要指密封处出现泄漏。填料密封泄漏的主要原因是填料选用不当、轴套磨损。机械密封泄漏的主要原因是端面损坏、密封圈被划伤或折皱。

表 6-1 为离心机常见故障和处理方法，实际工作中可参照。

表 6-1　离心机常见故障和处理方法

故　　障	产 生 原 因	排 除 方 法
启动后水泵不出水或出水不足	1. 泵壳内有空气,灌泵工作没做好 2. 吸水管路及填料有漏气 3. 水泵转向不对 4. 水泵转速太低 5. 叶轮进水口及流道堵塞 6. 底阀堵塞或漏水 7. 吸水井水位下降,水泵安装高度太大 8. 减漏环及叶轮磨损 9. 水面产生旋涡,空气带入泵内 10. 水封管堵塞	1. 继续灌水或抽水 2. 堵塞漏气,适当压紧填料 3. 对换一对接线,改变转向 4. 检查电路,是否电压太低 5. 揭开泵盖,清除杂物 6. 清除杂物或修理 7. 核算吸水高度,必要时降低安装高度 8. 更换磨损零件 9. 加大吸水口淹没深度或采取防止措施 10. 拆下清通
水泵开启不动或启动后轴功率过大	1. 填料压得太死,泵轴弯曲,轴承磨损 2. 多级泵中平衡孔或回水管堵塞 3. 联轴器间隙太小,运行中二轴相顶 4. 电压太低 5. 实际液体的比重远大于设计液体的比重 6. 流量太大,超过适用范围太多	1. 松一点压盖,矫直泵轴,更换轴承 2. 清除杂物,疏通回水管路 3. 调整联轴器间隙 4. 检查电路,向电力部门反映情况 5. 更换电动机,提高功率 6. 关小出水闸阀

续表

故　　障	产 生 原 因	排 除 方 法
水泵机组振动和噪声过大	1. 地脚螺栓松动或没填实 2. 安装不良,联轴器不同心或泵轴弯曲 3. 水泵产生气蚀 4. 轴承损坏或磨损 5. 基础松软 6. 泵内有严重摩擦 7. 出水管存留空气	1. 拧紧并填实地脚螺栓 2. 找正联轴器不同心度,矫直或换轴 3. 降低吸水高度,减少水头损失 4. 更换轴承 5. 加固基础 6. 检查咬住部位 7. 在存留空气处,加装排气阀
轴承发热	1. 轴承损坏 2. 轴承缺油或油太多(使用黄油时) 3. 油质不良、不干净 4. 轴弯曲或联轴器没找正好 5. 滑动轴承的甩油环不起作用 6. 叶轮平衡孔堵塞,使泵轴向力不平衡 7. 多级泵平衡轴向力装置失去作用	1. 更换轴承 2. 按规定油面加油,去掉多余黄油 3. 更换合格润滑油 4. 矫直或更换泵轴,找正联轴器 5. 放正油环位置或更换油环 6. 清除平衡孔上堵塞的杂物 7. 检查回水管是否堵塞,联轴器是否相碰,平衡盘是否损坏
电动机过载	1. 转速高于额定转速 2. 水泵流量过大,扬程低 3. 电动机或水泵发生机械损坏	1. 检查电路及电动机 2. 关小闸阀 3. 检查电动机及水泵
填料处发热,渗漏水过少或没有水渗漏出来	1. 填料压得太紧 2. 填料环装的位置不对 3. 水封管堵塞 4. 填料盒与轴不同心	1. 调整松紧度,使滴水呈滴状连续渗出 2. 调整填料环位置,使其正对水封管口 3. 疏通水封管 4. 检修,改正不同心的地方

七、离心泵的检修

1. 拆卸

水泵结构类型不同,其拆卸方法也有所不同。但各类泵的联轴器(除深井泵外)拆卸方法是相同的。先拧下轴上的螺母(有的不带有螺母),用手锤沿联轴器的四周轻敲即可取下。用此法拆不下来时,可用工具拆卸。

(1)B 型水泵的拆卸　B 型水泵的结构如图 6-17 所示。拆卸顺序如下。

① 泵盖的拆卸　先卸下泵盖与泵体间的连接螺母,然后用手锤敲击(最好是铅锤或铜锤,用铁锤时应在敲击处垫以方木)即可拆下(带有顶丝者可用顶丝顶下)。

② 叶轮的拆卸　拧下叶轮螺帽,用木槌或铅锤沿叶轮四周轻轻敲击即可拆下。若叶轮锈蚀在轴上,可先用煤油浸洗后再拆。

③ 泵体的拆卸　先卸下泵体与托架间的连接螺母,取下泵体;再卸下填料压盖,取出填料函体内的填料。

④ 泵轴的拆卸　先卸下托架轴承体上的前、后轴承压盖,再用方木由轴的前方向后(即向联轴器方向)敲打,即可把轴取下。

在拆卸过程中,应注意不使轴损坏。拆出的零件,特别是小零件,最好编号存放,以免弄错。

(2)Sh 型水泵的拆卸　Sh 型水泵的结构如图 6-18 所示。拆卸按以下顺序进行。

① 泵盖的拆卸　拧下泵两侧的填料压盖与泵盖之间的连接螺母,将填料压盖向两侧拉开,拆下涡型体与泵盖之间的连接螺母与定位销钉,即可取下泵盖。

② 转子部分的拆卸

B 型离心泵
分解动画

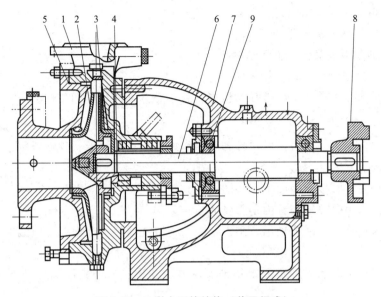

图 6-17　B 型水泵的结构（前开门式）

1—泵体；2—叶轮；3—口环（密封环）；4—轴套；5—泵盖；6—泵轴；7—托架；8—联轴器；9—轴承

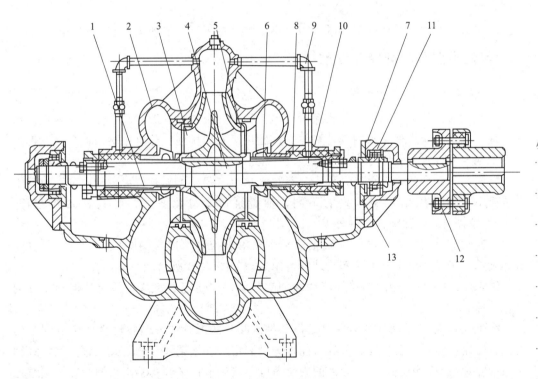

图 6-18　Sh 型水泵结构

1—泵体；2—泵盖；3—叶轮；4—轴；5—密封口环；6—轴套；7—轴承体；8—填料；
9. 水封管；10. 水封环；11. 单列向心球轴承；12—联轴器部件；13—轴承端盖

　　a. 卸下泵两侧轴承体，然后把转子部分取出来放到木板上或橡胶垫上（不得碰伤
叶轮和轴颈等）。

　　b. 卸下轴承。

c. 取下填料压盖、填料环及填料套。

d. 取出叶轮两侧的双吸口环。

e. 拧下轴套两端背帽，拆下轴套。

f. 用压力机把叶轮由轴上压出。

如果转子部分不是每个零件都要检修，就不必分别进行拆卸工作。

2. 零件的清洗

（1）刮去叶轮内、外表面及口环和轴承等处所积存的水垢、铁锈等物，再用水或压缩空气清洗掉。

（2）清洗壳体各接合表面上积存的油垢和铁锈。

（3）清洗水封管并检查管内是否畅通。

（4）用煤油清洗轴瓦及轴承，刮去油垢，再清洗油圈及油面计。但滚珠轴承应用汽油清洗。

（5）深井水泵的橡胶轴承不能用油清洗，应在拆除后，先清除内部积存的泥垢物后，再涂上滑石粉。

（6）深井水泵的扬水管接合面、传动轴的螺纹及拆下的螺钉等都要用煤油清洗干净。

（7）如果泵不是立即进行装配，清洗过的零件的结合面应涂上保护油。

八、其他类型泵的选择与运维

1. 轴流泵

（1）**轴流泵外形**　轴流泵是大流量、低扬程泵，由传动装置传动，适用于输送清水或物理、化学性质类似于水的其他液体，广泛用于农田排灌、热电站输入循环水、都市提升给水及其他水利工程等。

轴流泵的外形像一根水管，泵壳直径与吸水口直径差不多，既可垂直安装，也可水平或倾斜安装。根据安装方式的不同，轴流泵通常分为立式、卧式和斜式三种。图 6-19 是典型的三种轴流泵的外形。

（2）**轴流泵的主要部件**　立式轴流泵主要由吸入管（进水喇叭口）、叶轮、导叶、轴和轴承、机壳、出水弯管及密封装置等组成，如图 6-20 所示。

① 吸入管　吸入管的形状如流线型的喇叭管，以便汇集水流，并使其得到良好的水力条件。

② 叶轮　叶轮是轴流泵的主要工作部件。叶片的形状和安装角度直接影响到泵的性能。叶轮按叶片安装角度调节的可能性分为固定式、半调式和全调式三种。固定式轴流泵的叶片与轮毂铸成一体，叶片的安装角度不能调节；半调式轴流泵的叶片是用螺栓装配在轮毂体上的，叶片的根部刻有基准线，轮毂体上刻有相应的安装角度位置线。根据不同的工况要求，可将螺母松开，转动叶片，改变叶片的安装角度，从而改变水泵的性能曲线。全调式轴流泵可以根据不同的扬程与流量要求，在停机或不停机的情况下，通过一套油压调节机构来改变叶片的安装角度，从而改变泵的性能，以满足用户使用要求。全调式轴流泵的调节机构比较复杂，对检修维护的技术要求较高，一般用于大型轴流泵。

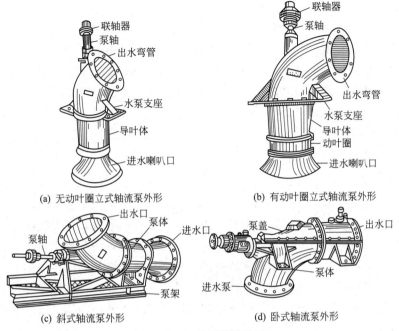

(a) 无动叶圈立式轴流泵外形　　　(b) 有动叶圈立式轴流泵外形

(c) 斜式轴流泵外形　　　(d) 卧式轴流泵外形

图 6-19　三种轴流泵外形

③ 导叶　导叶固定在泵壳上，其作用是把叶轮中向上流出水流的旋转运动变为轴向运动，把旋转的动能变为压力能，并减少水头损失。导叶一般为 3～6 片。

④ 轴与轴承　轴流泵轴的作用是把扭矩传递给工作轮。在大型全调式轴流泵中，为了在泵轴中布置调节、操作机构，常常把泵轴做成空心轴，里面安装动力油和回油管路，用来操作液压调节机构以改变叶片的安装角。

轴流泵中的轴承按功能分为导轴承和推力轴承两种。导轴承用来承受径向力，起径向定位作用。推力轴承安装在电动机基座上，在立式轴流泵中，其主要作用是用来承受水流作用在叶片上方向向下的轴向推力、水泵转动部件重量，以及维持转子的轴向位置，并将这些推力通过电动机机座传到电动机基础上去。此外，为防止压力水泄漏，轴流泵出水弯管的轴孔处需要设置密封装置，目前常用的密封装置仍是压盖填料型的填料盒。

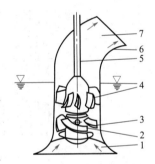

图 6-20　轴流泵结构示意

1—吸入管；2—叶片；
3—叶轮；4—导叶；5—轴；
6—机壳；7—出水弯管

轴流泵的工作原理为水流通过进水喇叭口吸入叶轮，在叶轮里由高速旋转的叶片对其增速增压后，然后通过装在叶轮之后的导叶使水流由回转上升运动变为轴向运动，并使其动能的一部分转变为压力能而使水流压力进一步提高，最后通过出水弯管排出。

（3）轴流泵的特性　轴流泵的特性曲线如图 6-21 所示，与离心泵的特性曲线相比，具

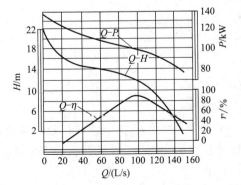

图 6-21　轴流泵的特性曲线

有如下明显特点。

① Q-H 曲线为陡降型，并存在拐点。一般而言，轴流泵的空转扬程即流量 $Q=0$ 时的扬程为设计扬程的 1.5～2.0 倍。在小流量范围内轴功率较大是因为：一方面叶轮进出口之间产生回流，回流内水力损失要消耗能量；另一方面叶片进出口产生回流旋涡，使主流从轴向流动变为斜流形式，这也要损失能量。这使得 $Q=0$ 时，轴流泵的轴功率为设计轴功率的 1.2～1.4 倍，因此轴流泵一般开阀启动。

② Q-η 曲线为单驼峰形，高效区很窄。一旦运行工况偏离设计工况时，效率下降很快，因此不宜采用节流调节。

2. 螺杆泵

（1）工作原理　如图 6-22，中间螺杆为主动螺杆，由原动机带动回转，两边的螺杆为从动螺杆，随主动螺杆做反向旋转。主、从动螺杆的螺纹均为双头螺纹。由于各螺杆的相互啮合以及螺杆与衬筒内壁的紧密配合，在泵的吸入口和排出口之间，就会被分隔成一个或多个密封空间。随着螺杆的转动和啮合，这些密封空间在泵的吸入端不断形成，将吸入室中的液体封入其中，并自吸入室沿螺杆轴向连续地推移至排出端，将封闭在各空间中的液体不断排出，犹如螺母在螺纹回转时被不断向前推进的情形那样。这就是螺杆泵的基本工作原理。

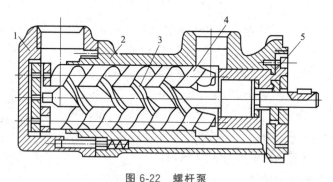

图 6-22　螺杆泵

1—后盖；2—泵体；3—主动螺杆；4—从动螺杆；5—前盖

（2）螺杆泵的特点及适用范围　螺杆泵由于结构和工作特性，与离心泵相比具有下列优点。

① 能输送高固体含量的介质。

② 流量均匀，压力稳定，低转速时更为明显。

③ 流量与泵的转速成正比，因而具有良好的变量调节性。

④ 一泵多用，可以输送不同黏度的介质。

⑤ 泵的安装位置可以任意倾斜。

⑥ 适合输送敏感性物品和易受离心力等破坏的物品。

⑦ 体积小，重量轻，噪声低，结构简单，维修方便。

螺杆泵可以广泛用于工业部门，输送各种介质。如化学工业中输送酸、碱、盐液，各种黏滞糊状、乳状化学浆液；勘探采矿业中输送各种钻探泥浆、采矿用水、浮浆状物和浮液；造船工业中输送船底污水、污油、各种燃油、淡水。

（3）型号标记　型号表示含义如下。

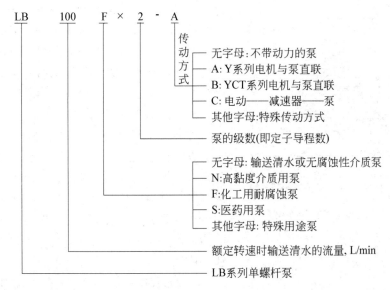

```
LB    100    F × 2 - A
                    │ 传   ┌─ 无字母:不带动力的泵
                    │ 动   ├─ A:Y系列电机与泵直联
                    │ 方   ├─ B:YCT系列电机与泵直联
                    │ 式   ├─ C:电动——减速器——泵
                    │      └─ 其他字母:特殊传动方式
                    └──── 泵的级数(即定子导程数)
                      ┌─ 无字母:输送清水或无腐蚀性介质泵
                      ├─ N:高黏度介质用泵
                      ├─ F:化工用耐腐蚀泵
                      ├─ S:医药用泵
                      └─ 其他字母:特殊用途泵
                   ─── 额定转速时输送清水的流量,L/min
                 ──── LB系列单螺杆泵
```

（4）螺杆泵的管理

① 启动　螺杆泵应在吸排停止阀全开的情况下启动，以防过载或吸空。螺杆泵虽然具有干吸能力，但是必须防止干转，以免擦伤工作表面。

假如泵需要在油温很低或黏度很高的情况下启动，应在吸排阀和旁通阀全开的情况下启动，让泵启动时的负荷最低，直到原动机达到额定转速时，再将旁通阀逐渐关闭。

当旁通阀开启时，液体是在有节流的情况下在泵中不断循环流动的，而循环的油量越多，循环的时间越长，液体的发热也就越严重，甚至使泵因高温变形而损坏，必须引起注意。

② 运转　螺杆泵必须按既定的方向运转，以产生一定的吸排。泵工作时，应注意检查压力、温度和机械轴封的工作。对轴封应该允许有微量的泄漏，如泄漏量不超过20～30s/滴，则认为正常。如果泵在工作时产生噪声，往往是由油温太低、油液黏度太高、油液中进入空气、联轴器失衡或泵过度磨损等原因引起。

③ 停车　泵停车时，应先关闭排出停止阀，并待泵完全停转后关闭吸入停止阀。

④ 其他注意事项　螺杆泵因工作螺杆长度较大、刚性较差，容易引起弯曲，造成工作失常。对轴系的连接必须很好对中。对中工作最好是在安装定位后进行，以免管路牵连造成变形。连接管路时应独立固定，尽可能减少对泵的牵连等。此外，备用螺杆在保存时最好采用悬吊固定的方法，避免因放置不平而造成变形。

3. 排污泵

以 WL 型系列立式排污泵为例。这种泵高效节能；功率曲线平坦，可以在全性能范围内运行而无过载之忧；无堵塞，防缠性能良好，采用单叶片、大流道叶轮，能顺利地输送含大固体颗粒、食品塑料袋等长纤维或其他悬浮物的液体，能抽送直径为100～250mm、纤维长度为300～1500mm 的大颗粒固体块。WL 型系列立式排污泵适用于输送城市生活污水、工矿企业污水、泥浆、粪便、灰渣及纸浆等浆料，还可用作循环泵、给排水用泵及其他用途。

图 6-23 为 WL 型立式排污泵的结构图。其主要部件由蜗壳、叶轮、泵座体、支撑管、轴、电动机座等组成。叶轮有两种规格：一种是三叶片叶轮，另一种是单叶片叶

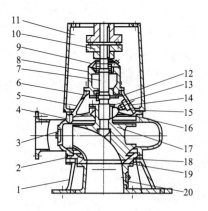

图 6-23　WL 型立式排污泵结构

1—底座；2—前泵盖；3,20—手孔盖；
4—泵体；5—后泵盖；6—下轴承盖；7—轴；
8—轴承架；9—上轴承盖；10—弹性联轴器；
11—电动机支架；12—挡水圈；13—填料压
盖；14—汽油杯；15—填料；16—填料杯；
17—叶轮；18—密封环；19—进口锥管

轮。叶轮在蜗壳和泵座体组成的工作室中工作，将介质由工作室经出口弯头排出。泵的轴向密封由一套机械密封和两个骨架油封组成，防止介质沿轴向冲向轴承，以确保轴承的使用寿命。支撑管由冷拉钢管制成，用来连接电动机座与泵座体。泵的传动方式是通过联轴器与电动机连接。泵的旋转方向，从电动机端看为顺时针方向旋转。WL 型立式排污泵的泵体和进水管上都设有手孔，以供排出杂物。液体沿轴向吸入，水平方向排出。电动机与泵的连接方式有两种：一是电动机联轴器装在与泵体连为一体的支架上；二是电动机单独设基础，通过带万向节的传动轴与泵轴连接。

以 200WL（Ⅱ）480-13 立式排污泵为例说明泵型号的意义：

200——泵出口直径，mm；

WL——立式排污泵；

Ⅰ——电动机直联式；

Ⅱ——加卡轴万向节连接式；

480——泵设计点流量，m^3/h；

13——泵设计点扬程，m。

4. 管道泵

以 GD 型管道泵为例。这种泵一般供输送温度低于 80℃ 的无腐蚀性清水或物理、化学性质类似清水的液体。用不锈钢制造过流部件，则可输送如奶类、饮料、酱油等卫生液体。泵可以直接安装在水平管道中，小型泵还可以安装在竖直管道中运行，也可多台串联或并联运行。适合工业系统中途加压、空调循环水输送及城市高层建筑给水使用。GD 型管道泵是立式单吸单级离心泵。GD 型管道泵的结构如图 6-24 所示。泵的出、入口在同一水平方向上，并互成 180°。泵主要由泵体、泵盖、叶轮、轴、机械密封等零件组成。口径 100mm 及以下的泵与电动机共轴，叶轮直接装在电动机上，轴向力由电动机轴承承受。泵分为无支撑角与有支撑角两种支撑方式。口径 125mm 及以上的泵，泵轴与电动机分开，泵轴由中间轴承体轴承支撑，电动机轴套入泵轴内。整机有底座支撑，轴封采用机械密封。泵由电动机直接驱动，从电动机端部看，泵为顺时针方向旋转。

以 GD150-315A 管道泵为例说明泵型号意义：

GD——管道离心泵；

150——泵出入口直径，mm；

315——叶轮名义直径，mm；

A——泵叶轮外径经第一次切削。

（1）管道泵的安装　管道泵的安装应符合以下要求。

① 设有安装基础时，泵的安装基础应平坦，以便法兰盘平面与地面垂直。

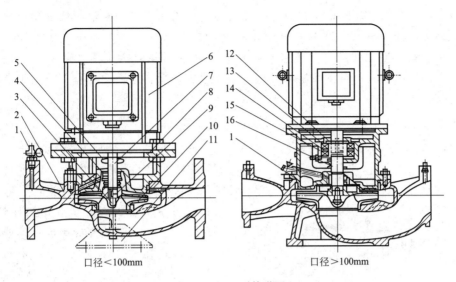

图 6-24　GD 型管道泵

1—放气阀；2—泵体；3—叶轮螺母；4—机械密封；5—挡水圈；6—电动机；
7—电动机轴；8—盖架；9—叶轮；10—密封环；11—支撑角；12—轴承盖；
13—轴承；14—轴承垫圈；15—弹性挡圈；16—连接轴

② 安装管路时，进、出水管应有自己的支撑架，不得以泵作为管路的支撑，以免大的压力使法兰盘断裂。

③ 在户外使用时应在泵组上设防雨盖。

④ 泵的出口应安装压力表和闸阀，进口应视使用情况而定。

⑤ 泵的安装高度，管路的长度、直径、流速应符合计算结果。长距离输送应取较大的管径，以减少损失。

⑥ 使用时，如泵的进口有较大的压头，应考虑泵体的承压能力，必要时可选用承压能力较大的材料制造的泵。

(2) 管道泵的启动　管道泵的启动可按以下步骤进行。

① 灌泵，同时旋开放气阀把泵内尤其是机械密封腔内的空气排除掉，以免因机械密封失水而烧毁。

② 关闭排出管路上的闸阀。

③ 点动电动机，以检查旋转方向是否正确、泵的转动是否灵活。

④ 接通电源，启动电动机，当泵达到正常转速后，逐渐打开排出管路上的闸阀并调节到所需要的工况。要注意的是，在排出管上闸阀关闭的情况下，泵的连续运转不宜超过 3min，以免水温升高导致泵的零部件损坏。

(3) 运转　管道在运转时应注意的问题如下。

① 泵长期运转时，应尽量在铭牌规定的流量和扬程附近工作，使泵在高效率区运行，以获得最大的节能效果。

② 口径大于 0.1m 的泵运行时，轴承温度不得超过周围环境温度 35℃，极限温度不得大于 80℃，并应定期向轴承腔内注入黄油。

③ 在运转中发现有异常的噪声时，应立即停机检查。

④ 热水型泵运转时应保持有充足的冷却水，用以冷却泵轴与盖架。

（4）停泵　管道泵停止运转时，应先关闭出口闸阀，再切断电源使电动机停止运转，最后关闭压力表阀。在寒冷季节短时期停泵时，应拧开泵体下部的丝堵，放净泵内存水。泵长期运转后，若流量和扬程有明显的下降时，应拆开更换已磨损的零件。长期停止用泵时，应将泵解体并擦干水，除去锈垢，涂上防锈脂，重新组装好并妥善保存。

5. 磁力泵

图 6-25 为磁力泵结构，磁力泵主要由泵头、磁力驱动装置和其他零部件三部分组成。

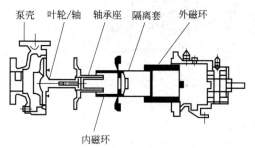

图 6-25　磁力泵结构

泵头部分主要由叶轮、泵体（压水室）、轴承、轴套、泵盖、泵轴等零件组成；磁力驱动装置部分主要由内磁转子、外磁转子、隔离套等部件组成；其他零部件主要包括托架、底座、电机、中间轴承体和联轴器（仅适用于中间联轴式结构，没有直联式结构）等。

磁力泵的工作原理是：在电机轴上装有一个圆筒形的外磁转子，在其内侧圆柱面上均匀密排着 N 极、S 极相间排列的外磁钢·（永磁体）。在泵轴的右端也装一个圆筒形的内磁转子，在其圆柱外表面上同样均匀密排着 N 极、S 极相间排列的内磁钢（永磁体）。由于内磁转子与输送介质相接触，为防止受介质的侵蚀，所以在内磁转子的外表面上加一个不受介质腐蚀的非磁性材料的内包套。在内、外磁转子之间有一个非磁性材料制作的隔离套，隔离套紧紧固定在泵盖上，将被抽送的介质以静密封的形式密封在泵体内，故介质不会外泄。当电机带动外磁转子旋转时，由于永磁体的吸斥作用，带动内磁转子同步旋转，因为叶轮与内磁转子连成一体，从而叶轮也就和内磁转子一起旋转而达到输送液体的目的。

6. 往复泵

如图 6-26 所示，往复泵主要由泵缸、活塞（或塞柱）和吸、压水阀构成。它的工作是依靠在泵缸内做往复运动的活塞（或塞柱）来改变工作室的容积，从而达到吸入和排出液体的目的。

往复泵的工作原理是：活塞由飞轮通过曲柄连杆机构带动。当活塞向右移动时，泵缸内形成低压，上端压水阀被压而关闭，下端的吸水阀被泵外大气压作用下的水压力推开，水由吸水管进入泵缸，完成吸水过程。相反，当活塞由右向左移动时，泵缸内形成高压，吸水阀被压而关闭，压水阀受压而开启，将水排出，进入压水管路，完成压水过程。如此，周而复始，活塞不断进行往复运动，水就间歇而不断地被吸入和排出。活塞或柱塞在泵缸内从一顶端位置移至另一顶端位

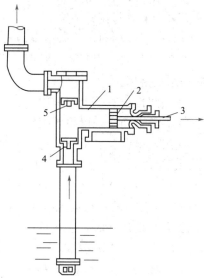

图 6-26　往复泵装置简图

1—泵缸；2—活塞；3—活塞杆；
4—吸水阀；5—压水阀

置，两顶端之间的距离称为活塞行程长度（也称冲程），两顶端叫死点。活塞往复一次（即两冲程），泵缸内只吸入和排出一次水，这种泵称为单动往复泵。

往复泵启动时不需灌入液体，因往复泵有自吸能力，但其吸上真空高度亦随泵安装地区的大气压力、液体的性质和温度而变化，故往复泵的安装高度也有一定限制。

往复泵的流量不能用排出管路上的阀门来调节，而应采用旁路管或改变活塞的往复次数、改变活塞的冲程来实现。

往复泵启动前必须将排出管路上的阀门打开。

往复泵的活塞由连杆曲轴与原动机相连。原动机可用电机，亦可用蒸汽机。

往复泵适用于高压头、小流量、高黏度液体的输送，但不宜于输送腐蚀性液体。有时由蒸汽机直接带动，输送易燃、易爆的液体。

7. 计量泵

计量泵供输送温度在 $-30\sim100℃$、黏度 $0.3\sim800mm^2/s$，不含固体颗粒的介质。按液体腐蚀性质，可选用不同材料满足其使用要求。根据用户的不同要求还可派生电控型、气控型、双调型、高温型、高黏度型、悬浮液型等有特殊功能要求的计量泵，适用于石油化工、医药、食品、火电厂、环境保护、矿山、国防等科研和生产部门。J 系列计量泵为卧式单作用可调式容积泵。机座有 J1-W、JX、Z2、JD 和 J2、J5、J70。液缸部分分为柱塞式和隔膜式两大类。JX 机座为联板凸轮式结构，由电动机通过蜗杆蜗轮带动偏心凸轮旋转，经十字头使柱塞做直线往复运动；其他机座为 N 形轴式结构，由电动机通过蜗杆蜗轮带动下套筒、偏心块、N 形轴旋转，经连杆、十字头使柱塞做直线往复运动，在阀的启闭作用下，达到吸、排液体的目的。J 系列计量泵型号意义说明如下。

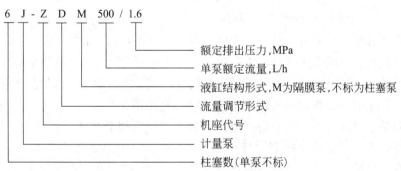

```
6 J - Z D M 500 / 1.6
```
　　额定排出压力,MPa
　　单泵额定流量,L/h
　　液缸结构形式,M为隔膜泵,不标为柱塞泵
　　流量调节形式
　　机座代号
　　计量泵
　　柱塞数(单泵不标)

8. 螺旋泵

螺旋泵是一种低扬程、低转速、大流量、效率稳定的提水设备，适应于农业排灌、城市排涝以及污水处理厂提升污泥。螺旋泵用齿轮减速电极驱动，由上下轴承座、泵轴、螺旋叶片、导槽和挡水板等组成。通常螺旋泵的导槽采用混凝土浇制。螺旋泵按其上轴承座的构造，可分为支座式和附壁式两种。螺旋泵的提水原理与我国古代的龙骨水车十分相似，如图 6-27 所示。泵倾斜放置在水中，由于螺旋轴对水面的倾角小于螺旋叶片的倾角，当电动机通过变速装置带动螺旋轴时，螺旋叶片下端与水接触，水就从螺旋叶片的 P 点进入叶片，水在

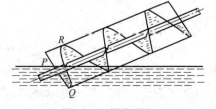

图 6-27　提水原理

重力作用下随叶片下降到 Q 点，由于转动时的惯性力，叶片将 Q 点的水又提升至 R 点，而后在重力作用下水又下降至高一级叶片的底部。如此不断循环，水沿螺旋轴被一级一级地往上提起，最后升到螺旋泵。

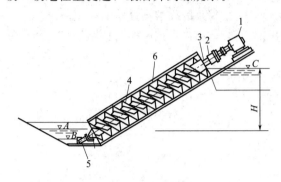

图 6-28　螺旋泵装置

1—电动机；2—变速装置；3—泵轴；4—叶片；5—轴
承座；6—泵壳；A—最佳进水位；B—最
低进水位；C—正常出水位；H—扬程

螺旋泵装置如图 6-28 所示，由电动机、变速装置、泵轴、叶片、轴承座和泵外壳等部分组成。泵体连接着上、下水池，泵壳仅包住泵轴及叶片的下半部，上半部只安装小半截挡板，以防止污水外溅。泵壳与叶片间，既要保持一定的间隙，又要做到紧贴，尽量减少液体侧流，以提高泵的效率，一般叶片与泵壳之间保持 1mm 左右间隙。大中型泵壳可用预制混凝土砌块拼成；小型泵壳一般采用金属材料卷焊制成，也可用玻璃钢等其他材料制作。

螺旋泵的型号如下所示。

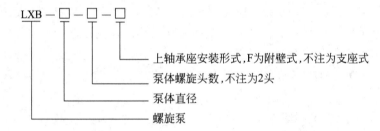

上轴承座安装形式,F为附壁式,不注为支座式
泵体螺旋头数,不注为2头
泵体直径
螺旋泵

螺旋泵的优点是：提升流量大，省电；只要叶片接触到水面就可把水提上来，并可按进水位的高度自行调节出水量，水头损失小，吸水井可以避免不必要的静水压差；由于不必设置集水井以及封闭管道，泵站设施简单，减少土建费用，有的甚至可将螺旋泵直接安装在下水道内工作；不需要设帘格，可以直接提升含杂粒、木块等污物的污水；螺旋结构简单，制造容易，另外由于低速运转，因此机械磨损小；缓慢提升活性污泥，对绒絮破坏较少。但螺旋泵扬程一般不超过 6～8m，在使用上受到限制；且出水量直接与进水水位有关，不适用于水位变化较大的场合；必须斜装，占地较大。

第三节　通风机选择与运维

一、通风机概述

通风机是一种将机械能转变为气体的势能和动能，用于输送气体及其混合物的动力机械。工业用的通风机主要有离心式和轴流式两类。轴流通风机的压强不大而风量大，主要用于车间、空冷器和凉水塔等的通风，而不用于输送气体，输送气体一般使用离心式通风机。本节只讨论离心式通风机。

1. 通风机的类型

离心通风机按所产生的风压不同分为：

① 低压离心通风机。出口风压（表压）不大于 1kPa；

② 中压离心通风机。出口风压（表压）为 1～3kPa；

③ 高压离心通风机。出口风压（表压）为 3～15kPa。

中、低压离心通风机主要作为车间通风换气用，高压离心通风机主要用于气体输送。

2. 离心通风机的基本构造与工作原理

离心通风机

（1）离心通风机的基本构造 如图 6-29 所示，离心通风机的主要部件与离心泵类似，主要有叶轮、机壳、机轴和轴承、集流器（吸入口）。

① 叶轮 叶轮是离心通风机传递能量的主要部件，由前盘、后盘、叶片及轮毂组成。如图 6-30 所示。

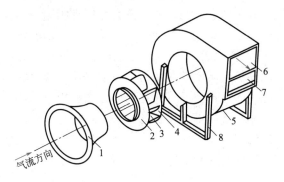

图 6-29 离心通风机结构图
1—吸入口；2—叶轮前盘；3—叶片；4—后盘；5—机壳；6—出口；7—截流板（风舌或蜗舌）；8—支架

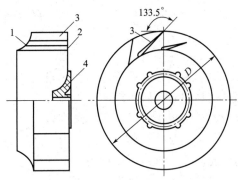

图 6-30 离心通风机叶轮
1—前盘；2—后盘；3—叶片；4—轮毂

叶轮叶片形状有机翼型、直板型及弯板型等三种。机翼型叶片强度高，可以在比较高的转速下运转，并且风机的效率较高；缺点是不易制造，若输送的气体中含有固体颗粒，空心的机翼型叶片一旦被磨穿，就会在叶片内积灰或积颗粒时失去平衡，容易引起风机的振动而无法工作。直板型叶片制造方便，但效率低。弯板型叶片如进行空气动力性能优化设计，其效率会接近机翼型叶片。一般前向叶轮用弯板型叶片，后向叶轮用机翼型和直板型叶片。

② 集流器 集流器又称为吸入口，它安装在叶轮前，使气流能均匀地充满叶轮的入口截面，并且使气流通过它时的阻力损失达到最小。形状如图 6-31 所示，有圆筒形、

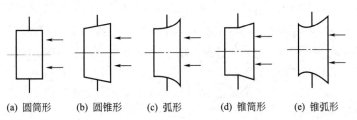

(a) 圆筒形　　(b) 圆锥形　　(c) 弧形　　(d) 锥筒形　　(e) 锥弧形

图 6-31 集流器的形状

圆锥形、弧形、锥筒形及锥弧形等。比较这五种集流器的形式，锥弧形最好，高效风机通常采用此种集流器。

③ 机壳　与离心通风机的机壳相似，形状为螺旋线形（即蜗形），有时称为蜗壳，

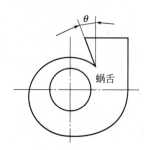

图 6-32　蜗壳形状

如图 6-32 所示。其任务是汇集叶轮中甩出的气流，并将气流的部分动压转换为静压，最后将气体导向出口。蜗壳的断面有方形和圆形两种，一般中、低压风机用方形，高压风机用圆形。为了有效利用蜗壳出口处能量，可在蜗壳出口装设扩压器。因为气流从蜗壳流出时向叶轮旋转方向偏斜，所以扩压器一般做成向叶轮一边扩大，其扩散角通常为 $6°\sim8°$。

为可以防止气体在机壳内循环流动离心通风机蜗壳出口附近有"舌状"结构，被称作蜗舌。一般有蜗舌的风机效率、压力均高于无蜗舌的离心通风机。此外，有的离心通风机还在吸入口或之前装有进气导流叶片（简称导叶），以便调节气流的方向和进气流量。

（2）离心通风机的工作原理　离心通风机的工作原理与离心水泵工作原理相同，只不过是所输送的介质不同。风机机壳内的叶轮安装在由电动机或其他转动装置带动的传动轴上。叶轮内有些弯曲的叶片，叶片间形成气体通道，进风门安装在靠近机壳中心处，出风口同机壳的周边相切。当电动机等原动机带动叶轮转动时，迫使叶轮中叶片之间的气体跟着旋转，因而产生离心力。处在叶片间通道内的气体在离心力的作用下，从叶轮的外沿甩出，以较高的速度离开叶轮，动能和势能都有所提高后进入机壳沿机壳运动，并汇集于叶轮周围的流道中，然后沿流道流出风口，向外排出。当叶轮中的气体甩离叶轮时，在进风门处产生一定程度的真空，促使气体吸入叶轮中，由于叶轮不停地旋转，气体便不断地排出和补入，从而达到了连续输送气体的目的。

3. 离心通风机的性能参数与铭牌

（1）离心通风机的性能参数　离心通风机的基本性能，通常用进口标准状况条件下的流量、压头、功率、效率等参数来表示。

离心通风机的进口标准状况是指进口处空气的压力为 101.325kPa，温度为 20℃，湿度为 50％的气体状况。气体密度由气体状态方程确定：

$$\rho=\frac{p}{RT} \tag{6-4}$$

① 流量　单位时间内风机所输送的气体体积，称为该风机的流量。以符号 Q 表示，单位为 m^3 或 m^3/min，或 m^3/h。另外，风机的体积流量是特指风机进口处的体积流量。

② 风机的压头（全压）　压头是指单位质量气体通过风机之后所获得的有效能量，也就是风机所输送的单位质量气体从进口至出口的能量增值，用符号 p 表示，单位为 Pa 或 kPa，但工程上常用 mmH_2O 为单位。风机的全压定义为风机出口截面上的总压（该截面上动压 $\rho u^2/2$ 与静压之和）与进口截面上的总压之差；风机的动压为风机出、进口截面气体的动能所表征的压力之差，即出、进口截面上的动压之差 $(\rho u_2^2-\rho u_1^2)/2$；风机的静压定义为全压减去风机的动压。动压在全压中所占的比例很大，有时甚至达到全压的 50％，同时，还因为在确定管路的工作点时，是采用静压曲线，因此，风机需要用全压及静压来分别表示。

③ 功率　指风机的输入功率，即由原动机传到风机轴上的功率，也称轴功率，以

符号 P 表示，单位为 W 或 kW。风机的输出功率又称有效功率，用符号 P_e 表示，表示单位时间内气体从风机中所得到的实际能量。

④ 效率　为了表示输入的轴功率 P 被气体利用的程度，用有效功率 P_e 与轴功率 P 之比来表示，风机的效率，以符号 η 表示：

$$\eta = \frac{P_e}{P} \tag{6-5}$$

η 是评价风机性能好坏的一项重要指标，η 越大，说明风机的能量利用率越高，效率也越高，η 值通常由实验确定。一般前向叶轮 $\eta = 0.7$，后向叶轮 $\eta = 0.9$ 以上。

⑤ 转速　指风机叶轮每分钟的转数，以符号 n 表示，常用的单位是 r/min。风机的转速一般在 $1000 \sim 3000$ r/min，具体可参阅各风机铭牌上所标示的转速值。

（2）离心通风机的型号与铭牌参数　离心通风机的型号由基本型号和变型型号组成，共分三组，每组用阿拉伯数字表示，中间用横线隔开。第一组表示风机的压力系数乘 10 后再按四舍五入进位，取一位数（压力系数为风机的全压除以出口截面上的动压 $\rho u_2^2 / 2$）；第二组表示风机的比转数化整后的整数值，风机的比转数 n_s 是指在相似的一系列风机中，有一标准风机，此标准风机在最佳情况即效率最高情况下，产生风压 $H = 9.8$ Pa，风量 $Q = 1$ m³/s，该标准风机的转数就称之为比转数。风机的比转数反映了风机在标准状况下，流量、全压及转速之间的关系的数值，即 $n_s = \frac{0.5nQ}{0.75H}$，$n$ 指转速 r/min，Q 指风量 m³/h，H 指全压 mmH₂O；第三组表示风机进口吸入形式及代号，具体见表 6-2。

表 6-2　离心通风机进口吸入形式及代号

风机进口吸入形式	双侧吸入	单侧吸入	二级串联吸入
代号	0	1	2

通常在离心式风机前还冠以风机用途符号，常用风机产品用途代号如表 6-3 所示。

表 6-3　风机产品用途代号

序号	用途类别	代号		序号	用途类别	代号	
		汉字	简写			汉字	简写
1	工业冷却水通风	冷却	L	18	谷物粉末输送	粉末	FM
2	微型电动吹风	电动	DD	19	热风吹吸	热风	R
3	一般用途通风换气	通用	T（省略）	20	高温气体输送	高温	W
4	防爆气体通风换气	防爆	B	21	烧结炉烟气	烧结	SJ
5	防腐气体通风换气	防腐	F	22	一般用途空气输送	通用	T（省略）
6	船舶用通风换气	船通	CT	23	空气动力	动力	DL
7	纺织工业通风换气	纺织	FZ	24	高炉鼓风	高炉	GL
8	矿井主体通风	矿井	K	25	转炉鼓风	转炉	ZL
9	矿井局部通风	矿局	KJ	26	柴油机增压	增压	ZY
10	隧道通风换气	隧道	CD	27	煤气输送	煤气	MQ
11	锅炉通风	锅通	G	28	化工气体输送	化气	HQ
12	锅炉引风	锅引	Y	29	石油炼厂气体输送	油气	YQ
13	船舶锅炉通风	船锅	CG	30	天然气输送	天气	TQ
14	船舶锅炉引风	船引	CY	31	降温凉风用	凉风	LF
15	工业用炉通风	工业	GY	32	冷冻用	冷冻	LD
16	排尘通风	排尘	C	33	空气调节用	空调	KT
17	煤粉吹风	煤粉	M	34	电影机械冷却烘干	影机	YJ

为方便用户使用，每台风机的机壳上都钉有一块铭牌，如图 6-33。铭牌上简明地列出了该风机在设计转速下运转，效率为最高时的流量、压头、转速、电动机功率等。

离心式通风机	
型号:4—68	No4.5
流量:1048～5790m³/h	电动机功率:7.5kW
全压:187～271mmH₂O	转速:2900r/min
出厂编号	出厂：　年　月　日

图 6-33　离心通风机铭牌

铭牌上风机为 4—68No4.5 型，其中 4 表示风机在最高效率点时全压系数乘 10 后的化整数，本例风机的全压系数为 0.4，68 表示比转数；No4.5 代表风机的机号，以风机叶轮外径的分米数表示，No4.5 表示叶轮外径为 0.45m。

二、离心通风机的选型

1. 选型原则

选用风机时，应根据使用条件和要求来选择风机型号和台数，其额定流量和风压的确定方法是先计算装置的最大流量和最大压头，再考虑 10%～15% 的富余量。离心通风机也可由数台风机一起联合工作，不过在选用风机时，应尽量避免采用并联或串联的工作方式。

此外，选用风机时，还应根据管路布置及连接要求确定风机叶轮的旋转方向及出风口位置。对于有噪声要求的通风机系统，应尽量选用效率高、叶轮圆周速度低的风机。

2. 选型方法

离心通风机选型有许多方法，这里只介绍常用性能表选型的主要步骤。

① 根据使用需要，计算所需风量和风压；

② 根据风机的用途、需要的风量和风压确定风机的类型（如防腐等）；

③ 根据此类风机的性能表，找到规格、转速及配套的功率与所需风量和风压相匹配的风机；

④ 用性能表选机时，在性能曲线上附有电动机功率及型号和传动配件型号，可一并选用。

在离心通风机选型时，应注意以下几点：

① 在选用风机时，应尽量避免采用串联或并联的工作方式，当不可避免地需要采用串联时，第一级风机到第二级风机间应有一定的管长。

② 应使风机的工作点处于选型样本最高效率点或稍偏右的下降段的高效区域，也就是最高效率点的 ±10% 区间内，以保证工作点的稳定和高效运转。

③ 风机样本的参数是在特定标准状态下实测得到的，当实际条件与标准状态不相符时，要将使用工况状态下的流量、压头换算为标准状态下的流量和压头，再根据换算后的参数查样本或手册选用设备。

④ 选用风机时，应根据管路布置及连接要求确定风机叶轮的旋转方向及出风口位置；对有噪声要求的系统，应选用高效低噪声风机，并根据需要采用相应的消声和减振措施。

⑤ 进行工程改造选用风机时，新选的风机应考虑充分利用原有设备、适合现场制作安装及安全运行等问题。

⑥ 当选出的风机有多种型号时，可选择效率最高、制作工艺简单、调节性能较好、维修方便、叶轮直径又小的风机。

⑦ 如果选不到较满意的标准型风机型号的，可按修正叶轮、机壳宽度的办法来解决。

三、离心通风机的运行

1. 离心通风机的启动

（1）风机启动前应做好准备工作内容有：

① 检查润滑油的名称、型号、主要性能和加注量是否符要求，并确认油路畅通无阻。

② 通过联轴器或传动带等盘动风机，以检查风机叶轮是否有卡住和摩擦现象。

③ 检查风机机壳内、联轴器附近、带罩等处是否有影响风机转动的杂物，若有则应清除。同时应检查（带传动时）传动带的松紧程度是否合适。

④ 检查通风机、轴承座、电动机的基础地脚螺栓或风机减振支座及减振器是否有松动、变形、倾斜、损坏现象，如有则应进行处理。

⑤ 确认电动机的转向与风机的转向是否相符，检查风机的转向是否正确。

⑥ 关闭作为风机负荷的风机入口阀或出口阀。

⑦ 如果驱动风机的电动机经过修理或更换时，则应检查电动机转速与风机是否匹配。

（2）对于新安装或经大修过的离心通风机，还要进行试运转检查，风机试运转时应符合下列要求：

① 点动电动机，各部位应无异常现象和摩擦声才能进行运转。

② 风机启动达到正常转速后，应首先在调节阀门开度为 $0°\sim5°$ 间小负荷运转，轴承温升稳定后连续运转时间不应小于 20min。

③ 小负荷运转正常后，应逐渐开大调节阀，但电动机电流不得超过其额定值，在规定负荷下连续运转时间不应小于 2h。

④ 具有滑动轴承的大型离心通风机，在负荷试运转 2h 后应停机检查轴承，轴承应无异常，当合金表面有局部损伤时应进行修整后，再连续运转不小于 6h。

⑤ 试运转中、滚动轴承温升不得超过环境温度 40℃，滑动轴承温度不得超过 65℃，轴承部位的振动速度有效值不应大于 6.3×10^{-3} m/s。

2. 风机在安装试车中的紧急停车

风机在安装试车中，发现下列情况之一时，应紧急停车：

① 转子与机壳摩擦。

② 机体振动突然增加并强烈。

③ 轴承温度超过规定并继续上升。

④ 输送的有害气体泄漏较大。

⑤ 电流突然升高，在 $1\sim2$min 不返回原位。

⑥ 油泵管路堵塞或其他原因造成供油中断。

⑦ 冷却水突然中断。

⑧ 在其他情况下，发生的情况具有严重的危害。

3. 长期停车时的注意事项

① 长期停车时，应在容易锈蚀的各部分适当涂防锈剂。

② 轴承箱等需通冷却水的部分，应放掉冷却水，以防冬季结冰而冻裂。

③ 充分注意防止电机及其他电气部件受潮。

④ 转子每隔一定时间旋转 180°，以防主轴静态变形弯曲。

⑤ 即使长期停车，也需进行定期维修保养。

四、离心通风机的维修保养

1. 通风机的检修

离心通风机的检修分为运行中的检修和停车检修。检修形式和检修周期，根据通风机的用途、与设备配套的运行条件、重要性、可靠性等的不同，存在着相当大的差异，故应确定适宜的检修周期。无论哪种通风机，最好至少一年进行一次定期检修。

2. 常进行的定期检修

常进行的定期检修可分为每日、每周、每月、每三个月、每半年、每年检修几种。其中，检修结果也是确定下次检修周期的重要资料和依据。

3. 建立保养账目

通风机安装使用后，每台风机都应建立保养账目，以此为基础进行定期检修。

保养账目上应注明通风机及原动机的保养符号、主要规格、制造厂名、进货日期等主要项目，同时还应记入每次定期维修保养时的检修记录。

4. 定期维护和检查

通风机应定期进行下列维护和检查工作：

（1）风机连续运行 3～6 个月，进行一次滚动轴承的检查，检查滚柱和滚道表面的接触情况及内圈配合的松紧度。

（2）风机连续运转 3～6 个月，更换一次润滑脂，以装满轴承空间的 2/3 为宜。

（3）风机定期维护保养，消除风机内部的灰尘、污垢等。

（4）检查各种仪表的准确度和灵敏度。

（5）对于未使用的备用风机，或停机时间过长的风机，应定期将转子旋转 120°～180°，以防主轴弯曲。

五、离心通风机的故障排除

运行中的离心通风机，随时都有可能出现一些异常现象，这往往是风机故障或事故的前兆。这除了与风机本身及安装缺陷有关外，还与运行人员技术水平等有关。如果运行人员掌握了风机故障的分析和诊断方法，能透过运行中的异常现象及时发现、正确处理故障，就能把损失降到最低。因此，能熟练地分析和处理离心通风机的常见故障，应是对每个从事离心通风机运行管理人员的基本要求。

判断离心通风机故障主要有三种方法：一是直接分析法，二是间接分析法，三是综合分析法。直接分析法是根据风机运行中的异常现象，通过看、听、摸、嗅直接观察来判断故障点。如风机运行中突然停机并闻到电动机处有焦臭味，则可断定该电动机绕组已烧毁；若风机轴承座轴端漏油严重，则多为油封间隙增大、密封油毡损耗等，需更新。间接分析法是一种以流体力学等知识为基础，在掌握直接分析法、熟悉设备系统的前提下，借助于逻辑推理的方法来判断故障点及其原因的方法。综合分析法是直接分析法与间接分析法的结合，通过故障的表面现象，找出引起故障的主要原因，从而确定故障的准确部位。综合分析法是故障诊断的基本方法。如在运行中发现某离心通风机的流量急剧波动，压力也不断变化，风机及连接管道产生强烈振动，噪声也很大，就可用综合分析法进行分析：从现象上看，风机的运行非常不稳定，可能处于不稳定工作区运行，因为当风机运行在不稳定工作区时，就会产生压力和流量的脉动，气流发生猛烈的撞击，于是出现振动和噪声。而当风机的 Q-P 曲线是驼峰形时，一旦风机工作于曲线上升区段，其工作就会不稳定。因此，可通过调整风机的工作区来排除这样的故障。

1. 故障的表现形式及其判定

见表 6-4。

表 6-4　离心通风机故障的判定

序号	故障的表现形式	故障的部位及其判定
1	噪声过大	1. 叶轮碰到进风口 (1)叶轮和进风口不同轴 (2)进风口损坏 (3)叶轮弯曲或损坏 (4)轴与轴承松动 (5)叶轮在轴上松动 (6)轴承在轴承支架上松动 2. 叶轮碰到蜗舌 (1)蜗舌在机体上没固定 (2)蜗舌损坏 (3)蜗舌定位不好 3. 驱动机构 (1)带轮在轴上没固定住(电动机、风机) (2)带碰到带罩 (3)带太松,运行48h后应再调整带 (4)带太紧 (5)带型不对 (6)带轮不同轴 (7)带磨损 (8)电动机、电动机底座或风机没有固定牢 (9)带油过脏、过多 (10)驱动机构选择的不合适 (11)联轴器不平衡、不同轴、松动 4. 轴承 (1)轴承有缺陷 (2)轴承需要润滑 (3)轴承架松动,双列轴承架互撞 (4)轴承在轴上松动 (5)密封没调好 (6)轴承里有外来杂质 (7)轴承磨损 (8)滚动轴承内底圈和轴之间磨损腐蚀

序号	故障的表现形式	故障的部位及其判定
1	噪声过大	5. 轴密封尖叫 (1)需要润滑 (2)密封间隙没调好 6. 叶轮 (1)叶轮在轴上松动 (2)叶轮有缺陷 (3)叶轮不平衡 (4)涂漆脱落 (5)由于磨料和腐蚀性材料通过了通道而造成的磨损 7. 机壳 (1)机壳中有外来的杂质 (2)蜗舌或其他部件松动(在操作中有咔嗒声) 8. 电器方面 (1)引入电缆没固定好 (2)电动机或继电器中有电流声 (3)启动继电器发出咔声 (4)电动机轴承有噪声 (5)三相电动机缺相运转 9. 轴 (1)轴发生变形 (2)在轴上的两个或两个以上轴承不同轴 10. 气流速度过高 (1)使用的管网太小 (2)风机选择的太小 (3)使用的调节门和格栅太小 (4)使用的加热和冷却盘管表面积不够 11. 高速气流阻碍会产生咔嗒声或其他音响 (1)调节风门 (2)节流门 (3)格栅 (4)管道转弯太突然 (5)管网突然膨胀 (6)管网突然收缩 (7)导叶 12. 脉冲或喘振 (1)风机在非有效经济区运行 (2)使用的风机太大 (3)管路与风机振动频率相同 13. 穿过裂口、孔或通过障碍的气体速度 (1)管网泄漏 (2)盘管上有翅片 (3)调节门或格栅 14. 咔嗒声或隆隆声 (1)管网振动 (2)进气箱部件振动 (3)振动部件没有和厂房隔开
2	气体流量不够	1. 风机 (1)前弯式叶轮安成后弯式 (2)风机反向转动 (3)叶轮与进口圈不同轴 (4)蜗舌没装好 (5)风机速度太低 (6)叶轮直径太小 2. 管网系统 (1)系统阻力过大 (2)风门关闭了 (3)调节门关闭 (4)进气管泄漏 (5)保温风筒衬松动

序号	故障的表现形式	故障的部位及其判定
2	气体流量不够	3. 过滤器　有灰尘或被堵塞 4. 盘管　有灰尘或被堵塞 5. 气体循环短路　分隔风机出口(压力区)和进口(吸入区)隔板上的气室泄漏,造成气流短路 6. 风机出口处无直风筒　通常在管网系统中使用的风机是在风机出口处用一段直风筒试验。如在风机出口处无直风筒,就会降低性能。如在风机出口处不能安装一段直风筒,那么提高风机的转速就可克服这个压力损失 7. 风机进口阻力过大　弯管、箱壁或其他障碍物阻碍了空气流动,进口阻碍物使系统受限制 8. 高速空气流的障碍 (1)风机出口处附近有障碍 (2)风机出口处附近有突然转弯的弯管 (3)转向叶片设计得不好 (4)在空气速度高的部分系统中有突出物,风门或其他障碍物
3	气体流量太大	1. 系统 (1)管网尺寸大 (2)检修门打开 (3)没安装调节门或格栅 (4)调节风门放到旁通管路 (5)过滤器没就位 2. 风机 (1)后倾叶轮装反(功率变大) (2)风机转速太快
4	风机静压超限	任意测量点的动压都是空气及气体速度与其密度的函数 该系统某个测量点的静压都是系统设计(气流阻力),空气密度和流经该系统的风量的函数 在一个"松的"或过大系统中所测量的静压会小于同样流量在"紧的"或超小系统中所测量的静压。在多数系统中,压力测量可以表示出该装置是如何运行的。这些测量都是气流的测定结果,因此可用来给系统特性下定义 1. 系统、风机及其测量结果　如风机装置的进口和出口工况和试验室的进口和出口工况不一致的话,现场静压测量很少与试验室静压测量相一致。因此必须考虑系统效应 2. 系统中风机静压低流量偏高　系统所具有的气流阻力比预期的小,这是常见的以降低风机转速来获得理想的流量,这就会减少功率消耗 3. 气体密度　在海拔高或气体温度高时压力就变小 4. 风机 (1)后倾叶轮装反了,功率就会升高 (2)风机转速过高 5. 系统静压低　风机进口或出口条件和试验时的不一样 6. 系统静压高 (1)系统中有障碍物 (2)过滤器太脏 (3)盘管有灰尘 (4)系统阻力过大
5	功率超限	1. 风机 (1)后倾叶轮装反了 (2)风机转速过高 2. 系统 (1)管网过大,阻力偏小 (2)过滤器遗漏了 (3)检修门没关 3. 气体密度　根据轻气体(高温的)计算需要的功率值,但实际气体是重的(冷态开车) 4. 风机的选择　风机没有在高效率额定点上运行。风机尺寸或型号可能不是最好的

续表

序号	故障的表现形式	故障的部位及其判定
6	风机不能运行	机械、电器故障 (1)熔断器烧断了 (2)带断了 (3)带轮松了 (4)断电 (5)叶轮碰到了蜗壳 (6)电压不对 (7)电动机功率太小,且超载保护器已切断电源

2. 故障分析及其消除方法

风机的故障分为性能故障、机械故障、机械振动、润滑系统故障和轴承故障等,产生的原因和消除方法见表 6-5 和表 6-6。

表 6-5　性能故障分析及其消除方法

序号	故障名称	产生故障的原因	消除方法
1	压力过高,排出流量减小	1. 气体成分改变,气体温度过低,或气体所含固体杂质增加,使气体的密度增大; 2. 出气管道和阀门被尘土、烟灰和杂物堵塞; 3. 进气管道、阀门或网罩被尘土、烟灰和杂物堵塞; 4. 出气管道破裂,或其管法兰密封不严密; 5. 密封圈磨损过大,叶轮的叶片磨损	1. 测定气体密度,消除密度增大的原因; 2. 开大出气阀门,或进行清扫; 3. 开大进气阀门,或进行清扫; 4. 焊接裂口,或更换管法兰垫片; 5. 更换密封圈、叶片或叶轮
2	压力过低,排出流量过大	1. 气体成分改变,气体温度过高,或气体所含固体杂质减少,使气体的密度减小; 2. 进气管道破裂,或其管法兰密封不严密	1. 测定气体密度,消除密度减小的原因; 2. 焊接裂纹,或更换管法兰垫片
3	通风系统调节失灵	1. 压力表失灵,阀门失灵或卡住,以致不能根据需要对流量和压力进行调节; 2. 由于需要流量减小,管道堵塞,流量急剧减小或停止,使风机在不稳定区(飞动区)工作,产生逆流反击风机转子的现象	1. 修理或更换压力表,修复阀门; 2. 如系需要流量减小,应打开旁路阀门,或减低转速,如系管道堵塞应进行清扫
4	风机压力降低	1. 管道阻力曲线改变,阻力增大,通风机工作点改变; 2. 通风机制造质量不良,或通风机严重磨损; 3. 通风机转速降低; 4. 通风机在不稳定区工作	1. 调整管道阻力曲线,减小阻力,改变通风机工作点; 2. 检修通风机; 3. 提高通风机转速; 4. 调整通风机工作区
5	噪声大	1. 无隔音设施; 2. 管道、调节阀安装松动	1. 加设隔音设施; 2. 紧固安装

表 6-6　机械故障分析及其消除方法

序号	故障名称	产生故障的原因	消除方法
1	叶轮损坏或变形	1. 叶片表面或钉头腐蚀或磨损; 2. 铆钉和叶片松动; 3. 叶轮变形后歪斜过大,使叶轮径向跳动或端面跳动过大	1. 如系个别损坏,应更换个别零件如损坏过半,应更换叶轮; 2. 用小冲子紧住,如仍无效,则需更换铆钉; 3. 卸下叶轮后,用铁锤矫正,或将叶轮平放,压轮盘某侧边缘

续表

序号	故障名称	产生故障的原因	消除方法
2	机壳过热	在阀门关闭的情况下,风机运转时间过长	停车,待冷却后再开车
3	密封圈磨损或损坏	1. 密封圈与轴套不同轴,在正常运转中被磨损; 2. 机壳变形,使密封圈一侧磨损; 3. 转子振动过大,其径向振幅之半大于密封径向间隙; 4. 密封齿内进入硬质杂物,如金属、焊渣等; 5. 推力轴衬溶化,使密封圈与密封齿接触而磨损	先清除外部影响因素,然后更换密封圈,重新调整和找正密封圈的位置
4	带滑下或带跳动	1. 两带轮位置没有找正,彼此不在同一条中心线上; 2. 两带轮距离较近或带过长	1. 重新找正带轮; 2. 调整带的松紧度,其方法,或者调整两带轮的间距,或更换适合的带
5	轴安装不良	1. 联轴器安装不正,风机轴和电动机轴中心未对正,基础下降; 2. 带轮安装不正,两带轮轴不平行; 3. 减速机轴与风机轴和电动机轴在找正时,未考虑运转时位移的补偿量,或虽考虑但不符合要求	1. 进行调整,重新找正; 2. 进行调整,重新找正; 3. 进行调整,留出适当的位移补偿余量
6	转子固定部分松弛,或活动部分间隙过大	1. 轴衬或轴颈被磨损造成油间隙过大,轴衬与轴承箱之间的紧力过小或有间隙而松动; 2. 转子的叶轮,连轴器或带轮与轴松动; 3. 联轴器的螺栓松动,滚动轴承的固定圆螺母松动	1. 焊补轴衬合金,调整垫片,或刮研轴承箱中分面; 2. 修理轴和叶轮,重新配键; 3. 拧紧螺母
7	基础或机座的刚度不够或不牢固	1. 机房基础的灌浆不良,地脚螺母松动,垫片松动,机座连接不牢固,连接螺母松动; 2. 基础或基座的刚性不够,促使转子的不平衡度引起强烈的共振; 3. 管道未留膨胀余地,与风机连接处的管道未加支持或安装和固定不良	1. 查明原因后,施以适当的修补和加固,拧紧螺母,填充间隙; 2. 进行调整和修理,加装支撑装置
8	风机内部有摩擦现象	1. 叶轮歪斜与机壳内壁相碰,或机壳刚度不够,左右晃动; 2. 叶轮歪斜与进气口圈相碰; 3. 推力轴衬歪斜、不平或磨损; 4. 密封圈与密封齿相碰	1. 修理叶轮和推力轴衬; 2. 修理叶轮和进气口圈; 3. 修补推力轴衬; 4. 更换密封圈,调整密封圈与密封齿间隙

3. 故障的检查准备工作

在检查风机和系统前应把风机停下。在检查期间,风机必须断电,所有切断开关和其他控制机构电源开关都要按在"停止"位置上。如果这些设备不在风机旁边,应在现场放上写有"不要启动"的显眼标牌。主要检查以下内容。

(1)当风机叶轮按惯性运动停止时,看看该叶轮运转方向是否正确。

(2)要确保风机叶轮相对机壳的运转方向正确,注意不要装反。

(3)对于带拖动的风机要观察驱动轮和从动轮是否保持向轴。同轴不好会产生功率过大并使带轮发出尖叫声。还应观察带是否松动,带松动能产生滑动导致噪声,并使其速度降低造成带轮、轴承、轴和电动机发热。带应拉紧，在运转 48h 后将使驱动带变松，此时应调整一下。带绷得过紧会降低风机和电动机轴承的使用寿命。此外还应检查带、带轮是否已被磨损。如果磨损，要更换一套新的匹配的带。

（4）检查气流表面（进风口、叶轮、叶片和机壳内之间的流道）的清洁度。气流表面如积存厚的灰尘，风机性能就会受到影响。

（5）检查在叫轮叶片、轮缘或轮盘处，以及入口或机壳中是否有擦伤、破损、孔、水点腐蚀或锈蚀，若有就应及时处理。

（6）检查是否有外来杂质，积存在叶轮、壳体或管网中（松散的绝缘纸片、冰块等）。如有应及时清理。

（7）检查盘管、加热器、过滤器、风筒等是否积存了很多灰尘。若有就应除净或更换。

（8）在弯管、挡风板、过渡管路、调节风门、防护网中除掉无关的气流障碍物。

（9）检查与风机一起提供的全部部件是否已安装。

（10）检查在风机进口处是否布有气流障碍物。

（11）检查风机出口处的连接是否设计和安装得正确，风机出口是否有障碍物。

（12）在一台双吸风机上，两个进口情况是否相同？气流在风机壳体中心线上应是均匀的，气流不均匀会降低空气性能。带驱动机构、带护罩及电动机之间的距离如果太近，会使风机进口处产生不均匀气流。

（13）检查整个系统，包括风机、风机进气室及所有管道的泄漏情况。可根据声音、烟、感觉、肥皂水等情况检查泄漏。常出现的泄漏部位有检修门、盘管、风筒接缝及风机出门处的连接等，对这些部位必须密封好。

● 第四节　管道的选择、运行与维护 ●

管道是化工、环保、石油、水泥、钢铁等许多行业生产中所涉及的各种管道形式的总称，是这些生产装置不可缺少的部分。只有管路通畅，阀门调节得当，才能保证各生产工序及整个工厂生产的正常进行。因此，了解管道的构成与作用，合理布置和安装管路，是非常重要的。

一、管道的分类

工程上使用的管道，可以按是否分出支管来分类。凡无分支的管路称为简单管道，有分支的管道称为复杂管道。复杂管道实际上是由若干简单管道按一定方式连接而成的，根据其连接方式不同，又可分为树状网和环状网两种。

二、管道的基本构成

管道是由管子、管件和阀门等按一定的技术工艺排列方式构成，也包括一些附属于管道的管架、管卡、管撑等附件。由于生产中输送的流体是各种各样的，输送条件与输送量也各不相同，因此管道也必然是各不相同的。工程上，为了避免混乱、方便制造与使用，实现了管道的标准化。

1. 管子

管子是管道的主体，根据输送物料性质（如温度、压力、腐蚀性等）的不同，通常采用不同的材质，在环境工程中经常使用的有如下几种。

（1）钢管　钢管的优点是耐高压，韧性好，管段长而接口少；缺点是价格高，易腐蚀，因而使用寿命短。环境工程上常用钢管有有缝钢管、无缝钢管和不锈钢钢管。

① 有缝钢管　又称焊接钢管，分为低压流体输送钢管与卷焊接钢管。低压流体输送钢管分不镀锌钢管（黑铁管）和镀锌钢管（白铁管），应用于小直径的低压管道上，如给水管道、煤气管道、热水管道、蒸汽管道、碱液及废气管道、压缩空气管道。卷焊接钢管由钢板卷制，采用直缝或螺旋缝焊制而成，主要用于大直径低压管道，一般用于热力管网或煤气管网。有缝钢管用公称直径表示。如 $DN80$ 表示有缝钢管内径为 80mm。

② 无缝钢管　有普通无缝钢管和不锈钢无缝钢管之分。普通无缝钢管是用普通碳素钢、优质碳素钢、低合金钢或合金结构钢轧制而成，品种规格多，强度高，广泛用于压力较高的管道。如热力管道、制冷管道、压缩空气管道、氧气管道、乙炔管道以及腐蚀性介质以外的各种工程管道。无缝钢管用外径乘壁厚表示，如 $D108\times4$ 表示无缝钢管外径为 108mm，壁厚 4mm。

③ 不锈钢钢管　不锈钢钢管是一种中空的长条圆形钢材，价格昂贵，但耐腐蚀性能好，主要广泛用于石油、化工、环保、医疗、食品、轻工、机械仪表等工业输送管道以及机械结构部件等。在折弯、抗扭强度相同时，重量较轻。不锈钢管具有安全可靠、卫生环保、经济适用，管道的薄壁化以及新型可靠、简单方便的连接方法，使其具有其他金属管材不可替代的优点，在环保工程中的应用会越来越多，使用越来越普及。

（2）非金属管材　非金属管材主要有塑料管和玻璃钢管等，塑料管道具有许多独特的优异性能，特别是具有总量轻、耐腐蚀性能好的特点。塑料管道广泛应用于民用给排水、化工管道、电线保护管等。工程上常用硬聚氯乙烯（UPVC）、聚丙烯（PP）、聚乙烯（PE）、丙烯腈-丁二烯-苯乙烯共聚物（ABS）工程塑料管等几种类型的管道。

塑料管道均由合成树脂并附加一些辅助性、稳定性原料，经过一定的工艺过程制造而成，如注塑、挤压、焊接等，因而具有一般塑料的共同特性。塑料管道密度较小，在 $1.0\sim1.6\text{g/cm}^3$ 之间，比金属管材轻得多，安装方便；具有一定的机械强度，能承受一定的拉力和压力，但耐热性差，随着温度升高易软化，机械强度也随之下降。塑料管道是电的不良导体，具有绝缘性，常用作电线、电缆保护套管。由于塑料具有热塑性，可多次反复加热仍具有可塑性，因而特别适用于焊接，熔点低，焊接手段简单。塑料管道具有较大的线膨胀性。在管道工程中，需要对直线管道的热膨胀进行补偿。塑料管道耐腐蚀性能良好，不易被氧化，常温下很稳定。除某些强氧化剂如硝酸等外，几乎不与任何酸、碱、盐溶液发生反应，也不溶解于大多数有机溶剂。

① 硬聚氯乙烯管　硬聚氯乙烯管化学稳定性高，重量轻，耐腐蚀，安全方便；但强度低，线膨胀系数大，耐久性差，当温度高于 $80\sim85℃$ 时开始软化，$130℃$ 时呈柔软状态，到 $180℃$ 后开始呈现流动状态。另外此种管材的稳定剂中含有氧化铅，不宜作为输送生活饮用水的管道。

目前硬聚氯乙烯管在化工、石油、制药、冶金等工业部门管道中得到广泛应用，可代替不锈钢、铅、铜、铝、橡胶等重要工业管材。硬聚氯乙烯管的化学稳定性很好，除

100％的丙酮、苯、溴水、氟化氢，96％以上的硫酸等不适用外，其余输送介质在一定温度下均可适用。一般用于输送 0.6～1.0MPa 和 -15～60℃ 的酸、碱、纸浆等介质，民用建筑排水、煤气和非饮用的工业用水及锅炉水处理管也大量采用。

②聚丙烯管　聚丙烯管性能优越，熔点为 170～176℃，软化温度由其熔点决定。在没有外力作用下，PP 管在 150℃ 左右仍能保持形状不变，因此可输送低负荷、温度达 110～120℃ 的介质。聚丙烯的低温性能较差，0℃ 以下时呈现低温脆性，抗冲击性能也显著降低。PP 管的耐腐蚀性能强于 PVC 管。PP 管使用场合较广，用量不断增加，已成为仅次于硬聚氯乙烯管的第二大品种。

聚丙烯管主要是用挤压法生产的无缝管，根据需要也可以自行卷制加工。聚丙烯管的颜色一般为本色。管子长度为 6m，也有 4m 的。按聚丙烯管标准规定：常温下标准管材使用压力不超过 0.6MPa，重型管材使用压力不超过 1.0MPa；规格为轻型管材的公称直径为 15～200mm，重型管材公称直径为 8～65m。为克服聚丙烯管的低温脆性和线膨胀系数大的缺点，目前生产的 2601 型橡胶改性聚丙烯管材，轻型管常温下工作压力为 0.4MPa，重型管常温下工作压力为 0.6MPa，主要用于输送化工腐蚀介质、农用灌溉等，其规格外径为 16～200mm。

此外，聚丙烯管也可用聚酯玻璃钢为外增强层制造复合管，这种管材使用温度范围较普通聚丙烯管材使用温度范围大，无负荷时为 -20～140℃，强度和刚度都有所增加。

③PP-PE 复合管　由聚丙烯和聚乙烯树脂粒料混合挤压成型的 PP-PE 复合管，其规格为 $DN15～DN50$，主要用于输送化学介质、建筑给排水管道和农田喷水管等。

④ABS 工程塑料管　ABS 工程塑料管是由丙烯腈-丁二烯-苯乙烯组成的三元共聚物，因而具有三种特性：耐化学腐蚀性，良好的机械强度，较高的冲击韧性。它的密度为 1.03～1.07g/m^3，抗拉强度为 40～50MPa，冲击强度高达 3900N·cm/cm^2。

ABS 工程塑料管的线膨胀系数较大，一般为 $10.0×10^5 K^{-1}$，管道安装中同样要处理好管子热伸长的补偿问题。ABS 工程塑料的热变形温度为 65～124℃（不同品种变形温度也不同），其热成形温度为 149℃ 或再高一些。ABS 工程塑料还有良好的耐磨性，但抗老化性较差，当暴露在阳光下使用时应采取防护措施。

ABS 工程塑料能耐弱酸、弱碱和中等浓度强酸、强碱的腐蚀，在酮、醛、脂类以及氯化烃中会溶解或形成乳浊液，而不溶于大部分醇类和烃类溶剂，但与烃类长期接触后，会软化和溶胀，不耐硫酸、氢氟酸、冰醋酸的腐蚀。

ABS 工程塑料管除了用于化工、制革、医药等行业输送腐蚀介质外，还用来输送摩擦性大的黏稠性液体，在食品工业中用于输送各种饮料。

⑤玻璃钢管　环氧玻璃钢管耐压 1.5MPa，使用温度不超过 110℃，适用于腐蚀性废水输送管、深井水管、锅炉输水管等强度高的管道系统。

环氧聚酯玻璃钢管耐压 1.5MPa，使用温度不超过 90℃，适用于强腐蚀性废水输送管道系统，并且有防蛀性能。

酚醛玻璃钢管耐压 1.0MPa，使用温度不超过 120℃，适用于石油、化工、染料、制药、化肥、电器等工业生产系统管道。

呋喃玻璃钢管耐压 1.0MPa，使用温度不超过 180℃，适用于输送石油、化工等严重腐蚀介质的管道系统，尤其是高温下酸、碱交替的介质输送。

⑥玻璃钢-塑料复合管　玻璃钢-塑料耐腐蚀复合管材系以环氧玻璃钢为外套、聚氯

乙烯为内衬制成。既具有硬聚氯乙烯管的耐腐蚀、阻力小、重量轻等优点，又具有玻璃钢管的耐老化、耐高压、耐热、耐冲击性能好等优点，可以部分代替不锈钢，用于温度在 85℃以下，工作压力 0.6～1.0MPa，耐腐蚀的酸、碱、盐、有机药剂溶液及腐蚀性较强的工业废水的输送管道。

玻璃钢-塑料耐腐蚀复合管常用规格有 15～250mm，每根管长度一般为 4m。

2. 常用管件

管件是用来连接管子、改变管路方向或直径、接出支路和封闭管道的管道附件的总称。一种管件可以起到一个或多个作用。如弯头既是连接管路的管件，又是改变管道方向的管件。普通铸铁管件，主要有弯头、三通、四通和异径管等，使用时主要采用承插式连接、法兰连接和混合连接等。工业生产中的管件类型很多，还有塑料管件、耐酸陶瓷管件和电焊钢管管件等，已经标准化，可以从有关手册中查取。

三、管道的布置与安装

在管道布置和安装时，主要考虑安装、检修、操作的方便和操作安全，同时必须尽可能减少基建费和操作费，并根据生产的特点、设备布置、物料特性及建筑结构等方面进行综合考虑。管道布置和安装的一般原则如下：

① 布置管道时，应对车间所有管道（生产系统管路，辅助系统管道，电缆、照明、仪表管路）全面规划，各就其位。

② 为了节约基建费用，便于安装和检修，并考虑操作上的安全，管路铺设尽可能采用明线（除上、下水和煤气总管外）。

③ 各种管线应成列平行铺设，以便于共用管架；要尽量走直线，少拐弯，少交叉，以节约管材，减少阻力，同时力求整齐美观。

④ 为了便于操作、安装和检修，并列管道上的管件和阀件位置应错开安装。

⑤ 在车间内，管道应尽可能沿厂房墙壁安装，管架可以固定在墙上，或沿天花板及平台安装。在露天的生产装置，管路可沿柱架或吊架安装。管与管、管与墙壁之间的距离，以能容纳活接管或法兰以及进行检修为宜，具体尺寸见表 6-7。

表 6-7 管与墙间的安装距离

管径/mm	25	37.5	50	75	100	125	150	200
管中心离墙距离/mm	120	150	150	170	190	210	230	270

⑥ 为了防止滴漏，对于不需要拆修的管道连接，通常都采用焊接；在需要拆修的管道中，适当配置一些法兰和活接管。

⑦ 管道应集中铺设。当穿过墙壁时，墙壁上应开预留孔，过墙时，管外最好加套管，套管与管子间的环隙应充满填料；管路穿过楼板时也是这样。

⑧ 管道离地的高度，以便于检修为准。但通过人行通道时，最低离地点不得小于 2m；通过公路时，不得小于 4.5m；与铁路面净距离不得小于 6m；通过工厂主要交通干线，一般高度为 5m。

⑨ 长管道要有支撑，以免弯曲存液及振动，距离应按设计规范或设计决定。管道的倾斜度，对于气体和易流动的液体为 3/1000～5/1000，对含固体结晶或颗粒较大的物料为 1%或大于 1%。

⑩ 一般上下水管及废水管适宜埋地铺设，在冬季结冰地区，埋地管道应安装在冰冻线以下。

⑪ 输送腐蚀性流体管道的法兰，不得位于通道的上空，以免滴漏时发生危险。

⑫ 输送易燃、易爆物料（如醇类、醚类、液态烃类）时，为了防止静电积聚，必须将管路可靠接地。

⑬ 蒸汽管道上，每隔一定距离，应装置冷凝水排出装置。

⑭ 平行管道的排列应考虑管路互相影响。垂直排列时，热介质管道在上，冷介质管道在下，以减少热管对冷管的影响；高压管道在上，低压管道在下；无腐蚀流体在上，有腐蚀流体在下，以免腐蚀性介质滴漏时影响其他管路。水平排列时，低压管道在外，高压管道靠近墙柱；检修频繁的在外，不常检修的靠墙柱；重量大的要靠管架支柱或墙。

⑮ 管道安装完毕后，应按规定进行强度和严密度试验，未经检验合格，焊缝及连接处不能涂漆及保温。管道在开工前须用压缩空气或惰性气体置换。

⑯ 对于各种非金属管道及特殊介质管道的布置和安装，还应考虑一些特殊问题，如聚氯乙烯管应避开热的管道，氧气管道在安装前应脱油等。

四、管道常见故障及处理

表 6-8 列出了管道常见的故障及处理方法。

表 6-8　管道常见故障及处理方法

序号	常见故障	原　因	处　理　方　法
1	管泄漏	裂纹、孔洞(管内外腐蚀、磨损)、焊接不良	①装旋塞； ②缠带； ③打补丁； ④箱式堵漏； ⑤更换
2	管堵塞	①不能关闭； ②杂质堵塞	①更换阀或管段； ②连接旁通，设法清除杂质
3	管振动	①流体脉动； ②机械振动	用管支撑固定或撤掉管支撑件，但必须保证强度
4	管弯曲	管支撑不良	用管支撑固定或撤掉管支撑件，但必须保证强度
5	法兰泄漏	①螺栓松动； ②密封垫片损坏	①箱式堵漏，紧固螺栓； ②更换螺栓； ③更换密封垫、法兰
6	阀泄漏	压盖填料不良，杂质附着在其表面	①紧固填料函； ②更换压盖填料； ③更换阀部件或阀； ④阀部件磨合

第五节　阀门的选择、运行与维护

阀门是流体输送系统中的控制部件，具有截断、调节、导流、防止逆流、稳压、分流或溢流泄压等功能。阀门的用途极为广泛，环保行业的设备及工艺流程需要大量的、各种类型的阀门。随着阀门类型和品种规格的不断增加，如何选用和使用阀门就成为环保行业从事设备设计、运行、维护和管理工作的人员急需解决的问题。

使用阀门，首先要了解它的结构、原理与材质；同时要熟悉工作介质，正确选择阀门；还要妥善安装、操作与运行维护。

一、阀门的分类

阀门是管道系统中的重要部件，用于接通或截断管路中的流通介质、控制介质的流量和压力、保证设备以及管路的安全。阀门可以从不同角度进行分类。

1. 按动力分

（1）自动阀门　依靠介质自身的力量进行动作的阀门。如止回阀、减压阀、疏水阀、安全阀等。

旋塞阀

（2）驱动阀门　依靠人力、电力、液力、气力等外力进行操纵的阀门。如截止阀、节流阀、闸阀、蝶阀、球阀、旋塞阀等。

2. 按结构特性分

（1）截门型　关闭件沿着阀座中心线移动。如图 6-34 所示。

（2）闸门型　关闭件沿着垂直于阀座的中心线移动。如图 6-35 所示。

（3）旋塞型　关闭件是柱塞或球，围绕本身的中心线旋转。如图 6-36 所示。

（4）旋启型　关闭件围绕阀座外的一个轴旋转。如图 6-37 所示。

（5）蝶型　关闭件是圆盘，围绕阀座内的轴旋转。如图 6-38 所示。

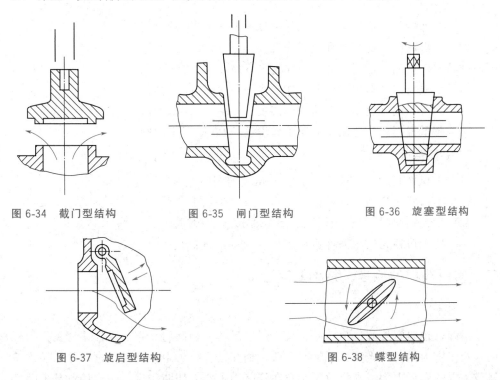

图 6-34　截门型结构　　　图 6-35　闸门型结构　　　图 6-36　旋塞型结构

图 6-37　旋启型结构　　　　　　图 6-38　蝶型结构

3. 按用途分

（1）开断用　用来切断或接通管路介质。如截止阀、闸阀、球阀、旋塞阀等。

（2）调节用　用来调节介质的压力或流量。如减压阀、调节阀。

（3）分配用　用来改变介质的流向，起分配作用。如三通旋塞、三通截止阀等。

（4）止回用　用来防止介质倒流。如止回阀。

（5）安全用　在介质压力超过规定数值时，排放多余介质，以保证设备安全。如安全阀、事故阀。

旋启止
回阀

（6）阻气排水用　留存气体，排除凝结水。如疏水阀。

4. 按操纵方法分

（1）手动阀门　借助手轮、手柄、杠杆、链轮、齿轮、蜗轮等，由人力来操纵的阀门。

（2）电动阀门　借助电力来操纵的阀门。

（3）气动阀门　借助压缩空气来操纵的阀门。

（4）液动阀门　借助水、油等液体传递外力来操纵的阀门。

5. 按压力分

（1）真空阀　绝对压力小于1MPa的阀门。

（2）低压阀　公称压力小于16MPa的阀门。

（3）中压阀　公称压力25～64MPa的阀门。

（4）高压阀　公称压力100～800MPa的阀门。

（5）超高压阀　公称压力达到或大于1000MPa的阀门。

6. 按介质温度分

（1）普通阀门　适用于介质工作温度−40～450℃的阀门。

（2）高温阀门　适用于介质工作温度450～600℃的阀门。

（3）耐热阀门　适用于介质工作温度600℃以上的阀门。

（4）低温阀门　适用于介质工作温度−70～−40℃的阀门。

（5）深冷阀门　适用于介质工作温度−196～−70℃的阀门。

（6）超低温阀门　适用于介质工作温度−196℃以下的阀门。

7. 按公称通径分

（1）小口径阀门　公称通径小于40mm的阀门。

（2）中口径阀门　公称通径50～300mm的阀门。

（3）大口径阀门　公称通径350～1200mm的阀门。

（4）特大口径阀门　公称通径大于1400mm的阀门。

二、常用阀门的原理、结构及用途

1. 闸阀

闸阀，也叫闸板阀、闸门阀，是使用广泛的一种阀门。它的闭合原理是：闸板密封面与阀座密封面高度光洁、平整与一致，相互贴合，可阻止介质流过，并依靠顶楔、弹簧或闸板的楔形来增强密封效果。它在管路中主要起切断作用，动作特点是关闭件（闸板）沿阀座中心线的垂直方向移动。

闸阀的优点是：流体阻力小；启闭较省劲（不包括密封面咬住等特殊情况）；可以

在介质双向流动的情况下使用，没有方向性；全开时密封面不易冲蚀；结构长度短，不仅适合做小阀门，也适合做大阀门。

闸阀可按阀杆上螺纹位置分为两类。

（1）明杆式　阀杆螺纹露在上部，与之配合的阀杆螺母装在手轮中心，旋转手轮就是旋转螺母，从而使阀杆升降。结构如图 6-39 所示。

这种阀门，启闭程度可从螺纹中看出，便于操作；对阀杆螺纹的润滑和检查很方便；特别是螺纹与介质不接触，可避免腐蚀性介质的腐蚀，所以石油化工管道中采用较多。但这种阀门螺纹外露，容易粘上空气中的尘埃，加速磨损，故应尽量安装于室内。

孔板阀

（2）暗杆式　阀杆螺纹在下部，与闸板中心螺母配合，升降闸板依靠旋转阀杆来实现，而阀杆本身看不出移动。结构如图 6-40 所示。

这种阀门唯一的优点是：开启时阀杆不升高，适合安装在操作位置受到限制的地方。它的缺点很明显：启闭程度难以掌握，阀杆螺纹与介质接触，容易腐蚀损坏。

从闸板构造来分，也有两类。

（1）平行式　密封面与垂直中心线平行，一般做成双闸板，撑开两个闸板，使其与阀座密封面可靠密合，一般用顶楔来实现。除上顶式（图 6-41）之外，还有下顶式（图 6-42）。

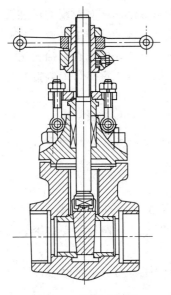

图 6-39　明杆式闸阀

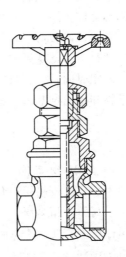

图 6-40　暗杆式闸阀

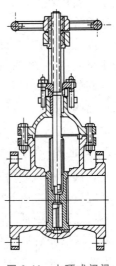

图 6-41　上顶式闸阀

（2）楔式　密封面与垂直中心线成一角度，即两个密封面成楔形。楔形倾角的大小要看介质的温度。一般来说，温度越高，倾角越大，以防温度变化时卡住。

楔式闸阀有双闸板（图 6-43）和单闸板两种。

单闸楔式阀门中，有一种弹性闸阀，它能依靠闸板的弹性变形来弥补制造中密封面的微量误差。如图 6-44 所示。闸板的周围留有孔缝，因此许可产生一定变形。

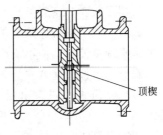

顶楔

图 6-42　下顶式双闸板

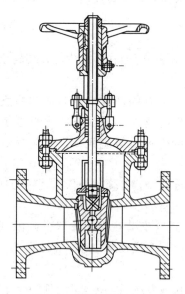

图 6-43　楔式双闸板阀门

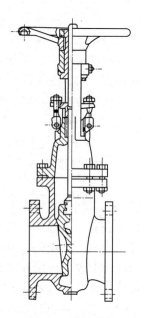

图 6-44　弹性闸阀

　　闸阀可以做得很大，如两米口径。但大口径闸阀，往往需要外力来开动。

　　纵观各种闸阀，可以发现在楔式闸阀中，双闸板式比较容易制作，对温度的敏感性不突出，所以在蒸汽和水中常用。平行式双闸板也有类似优点，制造修理更简便，对温度的适应性稍差。各种双闸板，都不适应于腐蚀性介质和黏性介质，所以在石油、化工管路中经常使用楔式单闸板阀门。楔式单闸板阀门，结构简单，使用牢靠，但制造修理比较困难，主要是密封面的加工研磨很不容易达到要求。

　　闸阀的共同缺点是：高度大；启闭时间长；在启闭过程中，密封面容易被冲蚀；修理比截止阀困难，不适用于含悬浮物和析出结晶的介质；也难于用非金属耐腐蚀材料来制造。

　　2. 截止阀

　　截止阀，也叫截门、球心阀、停止阀、切断阀，是使用最广泛的一种阀门。优点是：开闭过程中，密封面之间摩擦力小，比较耐用；开启高度不大；制造容易；维修方便；不仅适用于中低压，而且适用于高压、超高压。

　　截止阀的闭合原理是：依靠阀杆压力，使阀瓣密封面与阀座密封面紧密贴合，阻止介质流通。

　　截止阀只许介质单向流动，安装时有方向性。结构长度大于闸阀，同时流体阻力较大，长期运行时，密封可靠性也不强。一般截止阀的公称通径不超过 200mm。

　　截止阀的动作特性是，关闭件（阀瓣）沿阀座中心线移动。它的作用主要是切断，也可粗略调节流量，但不能当节流阀使用。

　　截止阀可按通道方向分为三类。

　　（1）直通式　进、出口通道成一直线，但经过阀座时要拐 90°的弯。如图 6-45 所示。

　　（2）直角式　进、出口通道成一直角。如图 6-46 所示。

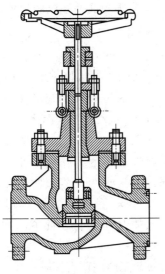

图 6-45　直通式截止阀

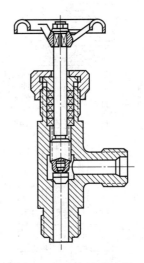

图 6-46　直角式截止阀

（3）直流式　进、出口通道成一直线与阀座中心线相交。这种截止阀，阀杆是倾斜的。如图 6-47 所示。

直通式截止阀安装于直线管路，由于操作方便，用得最多。但它的流体阻力大，对于阻力损失要求严的管路，使用直流式为好。但直流式阀杆倾斜，开启高度大，操作不便。

有的截止阀，为了在正常运行的情况下更换填料，将阀盖下部和阀瓣上部做成相互配合的锥形。需要换填料时，将阀杆旋升到顶点，使阀盖与阀瓣的锥形严密配合，由于制造精度高，能使阀内介质基本不漏。如图 6-48 所示。

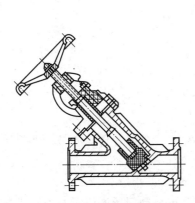

图 6-47　直流式截止阀

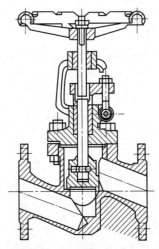

图 6-48　阀盖、阀瓣间具有配合锥面的截止阀

除做成锥形外，也可以做成两个研磨平面，予以密封。

平衡式截止阀是一种新颖的阀门，适合于高压、大口径。高压、大口径阀门，其阀瓣要承受很大的介质压力，关闭很费劲，阀杆容易损坏。如将介质压力引导到阀瓣上部，使上下力量平衡，就可以大大减小关闭力。但阀瓣上部必须加以密闭，不致产生内

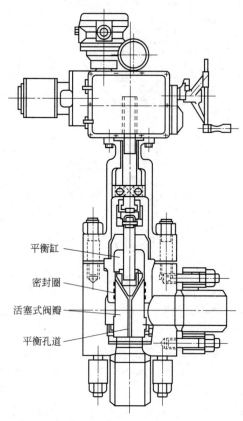

平衡缸

密封圈

活塞式阀瓣

平衡孔道

图 6-49 平衡式截止阀

漏。图 6-49 是平衡式截止阀的一种形式。

3. 节流阀

节流阀,也叫针形阀,外形跟截止阀并无区别,但阀瓣形状不同,用途也不同。它以改变通道面积的形式来调节流量和压力,有直角式和直通式两种,都是手动的。节流阀通常用于压力降较大的场合,但密封性能不好,作为截止阀是不适宜的。同样,截止阀虽能短时粗略调节流量,但作为节流阀也不行,当形成狭缝时,高速流体会使密封面冲蚀磨损,失去效用。

常见的节流阀阀瓣有三种。

(1)沟形 常用作制冷装置中的膨胀阀。见图 6-50。

(2)窗形 适用于口径较大的节流阀。见图 6-51。

(3)圆锥形 适用于中、小口径的节流阀,是最为常见的一种形状。见图 6-52。

用这种阀瓣做成的节流阀是最常见的节流阀。见图 6-53。

图 6-50 沟形阀瓣

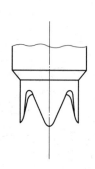

图 6-51 窗形阀瓣

图 6-52 圆锥形阀瓣

球阀

4. 球阀

球阀的动作原理与旋塞阀一样,都是靠旋转阀芯来使阀门畅通或闭塞。但球阀比旋塞阀开关轻便,相对体积小,所以可做成很大通径的阀门。球阀密封可靠,结构简单,维修方便,密封面与球面常在闭合状态,不易被介质冲蚀。目前,球阀已在石油、化工、发电、食品、核能、航空、火箭等部门广泛使用。

球阀可分为浮动球阀和固定球阀两类。

(1)浮动球阀 它的球体有一定浮动量,在介质压力下,可向出口端位移,并压紧密封圈。这种球阀结构简单，密封性好。但由于球体浮动，将介质压力全部传递给密封圈，使密封圈负担很重。考虑到密封圈承载能力的限制，又考虑到大型球阀如采取这种结构类型，势必操作费劲，所以只作为中低压小口径阀门。结构如图 6-54。

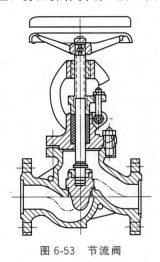

图 6-53 节流阀

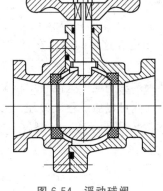

图 6-54 浮动球阀

（2）固定球阀 它的球体是固定的，不能移动。通常上、下支撑处装有滚动轴承或滑动轴承，开闭较轻便。这种结构适合于制作高压大口径阀门。如图 6-55 所示。

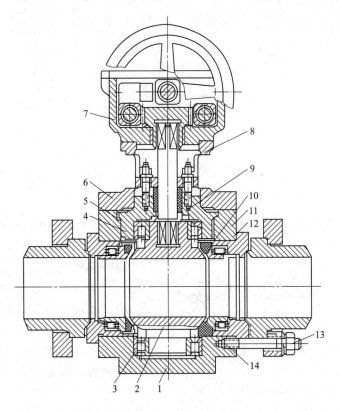

图 6-55 固定球阀

1—阀体；2—球体；3—滚动轴承；4—阀盖；5—密封圈；6—支架；7—变速箱；8—阀杆；
9—垫片；10—弹性密封套筒；11—过渡套筒；12—弹簧；13—螺栓；14—阀座密封圈

阀座密封圈常用聚四氟乙烯做成，因为聚四氟乙烯摩擦系数小，耐腐蚀性能优异，耐温范围宽（—180～200℃）；也用聚三氟氯乙烯制作，聚三氟氯乙烯比前者耐腐蚀性能稍差，但机械强度高。橡胶密封性能很好，但耐压、耐温性能较差，只用于温度不高的低压管路。此外，尼龙等也可在一定条件下使用。

蝶阀

5. 蝶阀

蝶阀，也叫蝴蝶阀。顾名思义，它的关放性部件好似蝴蝶迎风，自由回旋，如图6-56所示。实际上，它的阀瓣是圆盘，围绕阀座内的一个轴旋转。旋角的大小，便是阀门的开闭度。这种阀门具有轻巧的特点，比其他阀门要节省许多材料；结构简单；开闭迅速（只需旋转90°）；切断和节流都能用；流体阻力小；操作省劲。在工业生产中，蝶阀日益得到广泛的使用。但它用料单薄，经不起高压、高温，通常只用于风路、水路和某些气路。蝶阀可以做成很大口径。大口径蝶阀，往往用蜗轮蜗杆或电力、液压来传动。

能够使用蝶阀的地方，最好不要使用闸阀，因为蝶阀比闸阀要经济，而且调节流量的性能也要好。

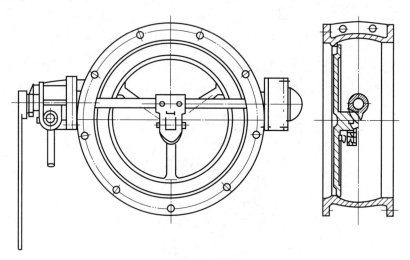

图 6-56   蝶阀

6. 隔膜阀

隔膜阀的结构类型，与一般阀门很不相同，它是依靠柔软的橡胶膜或塑料膜来控制流体运动的。工作原理如图6-57所示。

图 6-57   隔膜阀工作原理

隔膜阀的优点是：①流体阻力小；②能使用于含硬质悬浮物的介质；③由于介质只跟阀体和隔膜接触，所以无需填料函，不存在填料函泄漏问题，对阀杆部分无腐蚀的可能；④容易对阀体衬里进行更换，只要对衬里材料和隔膜进行恰当的选择，便可适应多种腐蚀介质。

隔膜阀按结构类型可分为三类。

（1）屋脊式   也叫凸缘式，是最基本的一类。它的结构形状如图6-58所示。从图中可以看出，阀体是衬里的。隔膜阀阀体衬里，是为了发挥它的耐腐蚀特性。

这类结构，除直通式外，还可做成直角式。如图6-59所示。

（2）截止式 结构形状与截止阀相似，见图6-60。这种形式的阀门，流体阻力比屋脊式大，但密封面积大，密封性能好，可用于真空度高的管路。

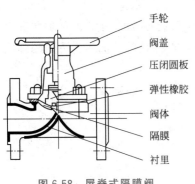

图6-58 屋脊式隔膜阀

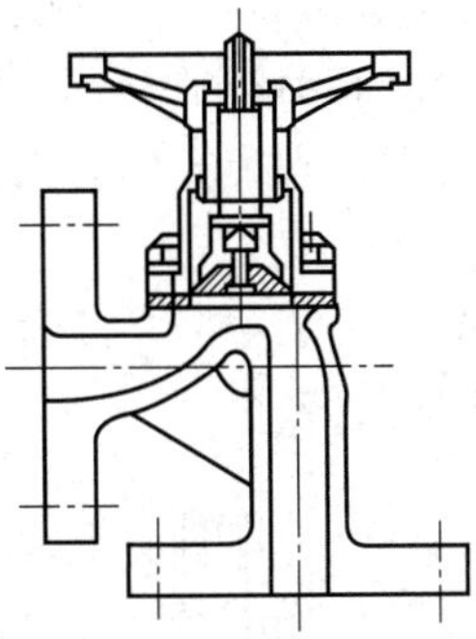

图6-59 直角式隔膜阀

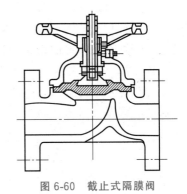

图6-60 截止式隔膜阀

（3）闸板式 结构与闸阀相似，见图6-61。

闸板式隔膜阀，流体阻力最小，适用于输送黏性物料。隔膜材料，常用天然橡胶、氯丁橡胶、丁腈橡胶、异丁橡胶、氟化橡胶和聚全氟乙丙烯塑料等。

隔膜阀的缺点是耐压不高，一般在 $6kgf/cm^2$（$1kgf/cm^2=98.0665kPa$）之内；耐温性能也受隔膜的限制，一般只能耐$60℃$、$80℃$，最高（氟化橡胶）也不超过$180℃$。

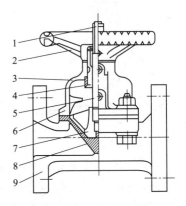

图6-61 闸板式隔膜阀

1—开度标尺；2—手轮；3—轴承；
4—阀杆螺母；5—阀杆；6—阀盖；
7—压闭圆板；8—隔膜；9—阀体

7. 旋塞阀

旋塞阀是一种古老的阀门，依靠旋塞体围绕阀体中心线旋转，以达到开启与关闭的目的。作用是切断、分配和改变介质流向。

旋塞阀结构简单，外形尺寸小，操作时只需旋转$90°$，流体阻力也不大；应用比较广泛，特别是低压、小口径和介质温度不高的场合。缺点是开关费力，密封面容易磨损，高温、高压时容易卡住，不适宜于调节流量。

旋塞阀也叫旋塞、转心门。它的种类很多，按通道分，有直通式（图6-62）、三通式（图6-63）和四通式。后两种用于介质分配和改变流向，前一种作切断用。

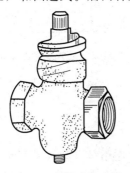

图6-62 直通式旋塞阀

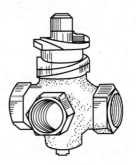

图6-63 三通式旋塞阀

旋塞阀按密合形式分为三种。

（1）紧定式（图 6-64） 依靠拧紧旋塞体下面的螺母，来实现旋塞体与阀体的密合。

（2）填料式（图 6-65） 通过压紧填料，迫使旋塞体与阀体密合。

（3）自封式（图 6-66） 旋塞体与阀体的密合，依靠介质自身的力量。介质在进口处进入倒置旋塞体上的小孔，又转而进入旋塞体大头下方，将其向上推紧。下面的弹簧起预紧作用。这种结构一般用于空气介质。

为改善塞子与塞体之间的摩擦，延缓磨损，开发出一种注油的旋塞阀。这种阀门用一层油膜将塞子与塞体隔开，开闭比较轻快。

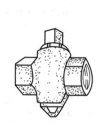

图 6-64 紧定式旋塞阀

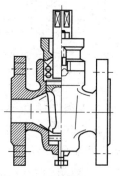

图 6-65 填料式旋塞阀

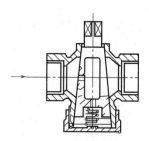

图 6-66 自封式旋塞阀

8. 止回阀

止回阀是依靠流体本身的力量自动启闭的阀门，作用是阻止介质倒流，又称为逆止阀、单向阀、单流门等。按结构可分为以下两类。

（1）升降式 阀瓣沿着阀体垂直中心线移动。这类止回阀又有两种：一种是卧式，装于水平管道，阀体外形与截止阀相同，见图 6-67；另一种是立式，装于垂直管道，如图 6-68。对夹式止回阀是立式止回阀的一种。

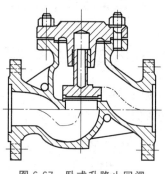

图 6-67 卧式升降止回阀

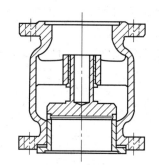

图 6-68 立式升降止回阀

（2）旋启式 阀瓣围绕座外的销轴旋转。这类阀门又有单瓣、双瓣和多瓣之分，但原理是一样的。图 6-69 是单瓣旋启式止回阀。

9. 疏水阀

疏水阀也叫阻汽排水阀、汽水阀、回水门等。它的作用是自动排泄不断产生的凝结水，而又不让蒸汽出来。

疏水阀种类很多，较有代表性的是浮球式、钟形浮子式、脉冲式、热动力式、热膨胀式、浮桶式。

浮球式疏水阀依靠浮球随凝结水液面升降的动作来阻汽排水，其结构如图6-70所示。当凝结水液面到一定高度时，浮球上升，通过杠杆作用将出口阀打开；液面下降时，浮球跟着落下，以浮球的重力和杠杆的作用将出口阀关死。这种疏水阀，结构简单。但长期运行时，浮球和杠杆易坏；出口很小，容易被铁锈和脏物堵塞。

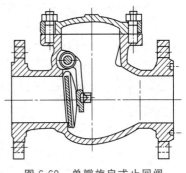

图 6-69 单瓣旋启式止回阀

目前使用最广的疏水阀是热动力式，它利用凝结水和蒸汽动压、静压的变化，来进行阻汽排水。结构如图6-71，当凝结水进入阀片底下时，因压力将阀片顶开，经环形孔流向出口。由于水的重度大、黏滞系数大、流速较低，加之结构上的适当考虑，使阀片保持微开。一旦蒸汽进入，因其重度小、黏滞系数小、流速快，便在闸片与阀座间造成运动负压；又占据阀片上部空间，使阀片上、下静压平衡，于是阀片迅速掉下，关闭通路，阻止蒸汽外跑。由于向外散热，阀片上部蒸汽变冷凝结，压力下降，阀片下部凝结水便再次顶开阀片流出。这种疏水阀，结构简单、体形小巧，维修方便，很受用户欢迎。但不适用于压力低于 0.5kgf/cm² （1kgf/cm²＝98.0665kPa）的蒸汽管路。

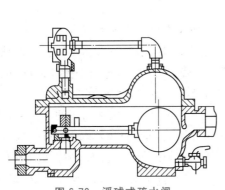

图 6-70 浮球式疏水阀

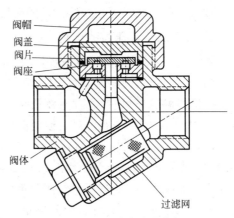

阀帽
阀盖
阀片
阀座

阀体

过滤网

图 6-71 热动力式疏水阀

三、阀门的选用

选用阀门首先应掌握介质的性能，除介质的腐蚀性能外，还包括介质的温度、压力、流速、流量等性能。然后，根据介质的性能，结合工艺、操作、安全等诸因素，选用相应的阀类、结构类型、规格型号的阀门。认真掌握介质性能和阀门的知识，并给予综合考虑是选用阀门的重要环节。

1. 阀门耐腐蚀性能的选用

介质的腐蚀性能是多样的。只有选择合适的阀门，才能适应某些特定的介质，并应尽量选择便宜耐用的阀门。在此介绍几种常用阀门的耐腐蚀性能。

（1）碳素钢阀门 适用于淡水、蒸汽、石油、氨、中性有机介质和腐蚀性较低的场合。某些能使其表面产生钝化膜的强酸，如浓硫酸等，也可使用。

(2) 铸铁阀门 一般灰铸铁阀门因耐蚀性能与碳素钢相仿而稍胜。硅铸铁阀门有很好的耐酸性能。镍铸铁阀门能用于稀盐酸、稀硫酸和苛性碱。

(3) 不锈钢阀门 能耐较高浓度、温度范围的硝酸，许多有机酸、碱类等。但不耐不干燥的氯化氢、溴化氢、氧化性的氯化物。在海水中不能长期使用，也不耐蚁酸、草酸、乳酸等有机酸。

(4) 铜阀门 铜阀门对水、海水、多种盐溶液、有机物有良好的耐蚀性能。对不含有氧或氧化剂的硫酸、磷酸、醋酸、稀盐酸等有较好的耐蚀性，同时对碱有很好的抵抗力。但不耐硝酸、浓硫酸等氧化性酸的腐蚀，也不耐熔金属、硫和硫化物的腐蚀。切忌与氟接触，氟能使铜及其合金产生应力腐蚀破裂。选用中应注意到铜合金的牌号不同，其耐腐蚀性有一定的差异。

(5) 铅阀门 适用于硫酸、海水、一定条件的磷酸、铬酸等。但不耐盐酸、碱类的腐蚀。

(6) 钛阀门 耐海水、硝酸、氧化性盐、次氯酸盐、一般有机物等。但不耐氟化氢的水溶液、草酸、蚁酸、热的浓碱等的腐蚀。

(7) 陶瓷阀门 除氢氟酸、氟硅酸和强碱外，能耐各种浓度的无机酸、有机酸和有机溶剂等的腐蚀。若是陶瓷隔膜阀，其耐腐蚀性能要看隔膜的材质而定。

(8) 玻璃钢阀门 玻璃钢有多种，耐腐蚀性能随组分而定。如环氧玻璃钢，不耐硝酸、浓硫酸的腐蚀，可在盐酸、磷酸、稀硫酸和某些有机酸中使用。

2. 阀门温度和压力的选用

选用阀门除考虑介质腐蚀性能外，介质的温度和压力也是重要的参数。

(1) 阀门使用的温度 阀门使用的温度，是以制作阀门的材质来确定的。灰铸铁阀门最高使用温度为 200℃；球墨铸铁阀门最高使用温度是 350℃；碳素钢阀门最高使用温度为 450℃；铜合金阀门最高使用温度为 550℃；钛阀门最高使用温度为 300℃。

(2) 阀门使用的压力 阀门使用的压力，是以制作阀门的材质来确定的。灰铸铁阀门最大公称压力为 $16kgf/cm^2$（$1kgf/cm^2=98.0665kPa$，下同）；可锻铸铁阀门最大公称压力为 $25kgf/cm^2$；球墨铸铁阀门最大公称压力为 $40kgf/cm^2$；高硅铸铁阀门最大公称压力为 $2.5kgf/cm^2$；钢合金阀门最大公称压力为 $40kgf/cm^2$；铝合金阀门最大公称压力为 $10kgf/cm^2$；钛合金阀门最大公称压力为 $25kgf/cm^2$；碳素钢阀门最大公称压力为 $330kgf/cm^2$。

(3) 阀门温度与压力的关系 阀门使用温度和压力与介质腐蚀和工艺要求有着一定的内在联系，又相互影响。其中温度是影响的主导因素。一定压力的阀门只能适应一定的温度范围，阀门温度的变化会影响阀门使用压力。如一只碳素钢阀门的公称压力为 $100kgf/cm^2$。当介质工作温度为 200℃时，其最大工作压力为 $100kgf/cm^2$；当介质工作温度为 400℃时，其最大工作压力为 $54kgf/cm^2$；当介质工作温度到 450℃时，其最大工作压力为 $45kgf/cm^2$。

3. 阀门的通径选用

流速和流量是决定流通截面不可分割的两个因素。流速大些，一定流量的流通截面便可小些；流速小些，流通截面就大些。同样流速，流量大小与流通截面大小有着线性关系。通常，流量是已知的，流速需要根据具体情况选定。流速大些，阀门可以小些，但阻力损失就大，阀门损坏速度就快，有的介质还容易产生静电，造成危险；流速太小，就不经济。各种介质的流速，由实践经验确定。有了流速和流量，阀门的公称通径便可通过计算而得。

4. 阀门结构类型的选用

阀门结构类型的选择首先要适应介质的各种要求，达到使用可靠的目标；其次要经济合理，力求节省；还要考虑购买难易、维修是否方便等。

一般水、汽介质，无特殊要求，可以用铸铁、铸钢截止阀。一般重质石油，本身无特殊要求，但暂停输送时，要用蒸汽吹扫管路，以防凝住，蒸汽的流向往往与石油流向相反，所以应选用能双向流通的闸阀。

凡是需要双向流通的管路，都不宜使用截止阀，因为截止阀是有方向性的，反向使用会影响效能和寿命。大流量、低压力的水和空气等介质，使用蝶阀比较方便和经济。蝶阀不仅可以作为闭路阀门，而且可以调节流量。要精确地调节小流量，必须采用节流阀（即针形阀）。使用于腐蚀介质的阀门，虽然主要是材质选择问题，但结构选择也不能忽视。如闸阀中，暗杆双闸板式就不利于防腐蚀，明杆单闸板式则有利于防腐蚀。阀门处于高空、远距离、高温、危险或其他不适合亲手操作的部位，应采用电动或电磁驱动。对易燃易爆部位，为防止出现火花，应采用液动或气动。手力不及和需要快速开闭的阀门，也应采用电动、气动或液动。

四、阀门的安装

阀门选用工作的结束，是阀门安装工作的开始。安装质量的好坏，直接影响阀门以后的使用，因此阀门安装是需要认真对待的重要环节。

1. 阀门安装要求

阀门安装一般要求应有利于阀门的稳妥、安全，有利于阀门的操作、维修和拆装。阀门的安装，首先要求维修工和管工会识管线安装图，会按图施工，能自行处理一般阀门安装位置和走向的改进与调整。

阀门安装时，阀门的操作机构离操作地面最宜在 $1\sim2m$，与胸口相齐。当阀门的中心和手轮离操作地面超过 $1.8m$ 时，应对操作较多的阀门和安全阀设置操作平台。对超过 $1.8m$ 并且不经常操作的单个阀门，可采用链轮、延伸杆、活动平台以及活动梯等设施。当阀门安装在操作面以下时，应设置伸长杆。地阀应设置地井。为安全起见，地井应加盖。

水平管道上阀门的阀杆，最好垂直向上。并排管线上的阀门，应有操作、维修、拆装的空位，其手轮间净距不小于 $100mm$。如管距较窄，应将阀门错开摆列。

对开启力大、强度较低、脆性大和重量较大的阀门，安装要设置阀架，以支撑阀门，减少启动应力。

总管上引出支管上的阀门，应尽量靠近总管。

2. 阀门安装作业

阀门的安装作业，应按照阀门使用说明书和有关规定执行。施工中应认真检查，精心作业。

安装前，应对试压过的阀门进行认真查对，检查阀门的规格型号是否相符，规格型号核实后，做好阀门内、外的清洁，检查阀门各个部件。没有装填料的，应按介质的操作条件选好填料并且装好。开启阀门检查阀门转动是否灵活，密封面有无碰伤。各项确认无误后，可着手安装。

安装阀门的管道和设备，应先进行吹扫和冲洗，清除管道和设备中油污、焊渣和其他杂物，以防擦伤阀门密封面及堵塞阀门。

安装时，公称通径超过100mm的阀门，应有起吊工具和设备，起吊的绳索应系在阀门的法兰处或支架上，轻吊轻放。不允许把绳索系在阀杆和手轮上，以免损坏阀件。

安装法兰阀门时，阀门法兰与管道法兰应平行，法兰间隙应适当，不应出现错口、翻口和张口等缺陷。法兰间的垫片应放置正中，不能偏斜。螺柱应对称匀紧，不可过紧或过松。螺栓拧好后，用塞尺检查法兰间各方位的预留间隙是否合适一致。

安装螺纹阀门时，最好在阀门两端设置活接头。螺纹密封材料，视情况用铅油麻纤维、聚四氟乙烯生胶带或密封胶。对铸铁和非金属阀门，螺纹不要拧得过紧，以免胀破阀门。

安装焊接阀门时，应事先对准、点焊好，然后全开关闭件，按焊接规范施焊，整体焊牢，不能有气孔、夹渣、咬肉、裂纹等缺陷。焊接完毕后，应对焊缝进行检查，管道和阀门应进行吹扫、冲洗。

五、阀门的操作

阀门安装好后，操作人员应熟悉和掌握阀门传动装置的结构和性能，能正确识别阀门方向、开度标志、指示信号，还能熟练、准确地调节和操作阀门，及时、果断地处理各种应急故障。阀门操作正确与否，直接影响应用寿命。

① 对高温阀门，当温度升高到200℃以上时，螺栓受热伸长，容易使阀门密封不严，这时需要对螺栓进行热紧，热紧不宜在阀门全关位置上进行，以免阀杆顶死，以致开启困难。

② 气温在0℃以下的季节，对停气和停水的阀门，要注意打开阀底丝堵，排除凝结水和积水，以免冻裂阀门。对不能排除积水的阀门和间断工作的阀门应注意保温工作。

③ 填料压盖不宜压得过紧，应以阀杆操作灵活为准。认为压盖压得越紧越好是错误的，压盖过紧会加快阀杆的磨损，增加操作扭力。没有保护措施的条件下，不要随便带压更换或添加盘根。

④ 在操作中通过听、闻、看、摸所发现的异常现象，操作人员要认真分析原因，自己能解决的，应及时消除；需要修理工解决的，不要勉强凑合，以免延误修理时机。

⑤ 操作人员应有专门日志或记录本，记载各类阀门运行情况，特别是一些重要的阀门、高温高压阀门和特殊阀门，包括传动装置在内，记明它们产生的故障、处理方法、更换的零件等。这些资料对操作人员、修理人员以及制造厂来说，都是很重要的。

六、阀门的运转维护

运转维护的目的，是要使阀门常年处于整洁、润滑良好、阀件齐全、正常运转的状态。

1. 阀门的清扫

阀门的表面、阀杆和阀杆螺母上的梯形螺纹、阀杆螺母与支架滑动部位，以及齿轮、蜗轮蜗杆等部件，容易沾积灰尘、油污以及介质残渍等脏物，会对阀门产生磨损和腐蚀。因此，要经常保持阀门外部和活动部位的清洁，保护阀门油漆的完整。阀门上的一般灰尘适合用毛刷拂扫和压缩空气吹扫；梯形螺纹和齿间的脏物适合用抹布擦洗；阀门上的油污和介质残渍应用蒸汽吹扫，甚至用铜丝刷刷洗，直至加工面、配合面显出金属光泽，油漆面显出油漆本色为止；疏水阀应有专人负责，每班至少检查一次，定期打开冲洗阀和疏水阀底丝堵冲洗，或定期拆卸下来冲洗，以免脏物堵塞阀门。

2. 阀门的润滑

阀门梯形螺纹、阀杆螺母与支架滑动部位、轴承位、齿轮和蜗轮蜗杆的啮合部位以及其他配合活动部位，都需要良好的润滑条件，以减少相互间的摩擦，避免相互磨损。有的部位专门设有油杯或油嘴，在运行中容易损坏或丢失，应修复配齐。油路要疏通。

润滑部位按具体情况定期加油。经常开启的、温度高的阀门应间隔一周至一个月加油一次；不经常开启、温度不高的阀门加油周期可长一些。润滑剂有机油、黄油、二硫化钼和石墨等。机油和黄油不适合高温阀门，它们会因高温熔化而流失。高温阀门适合注入二硫化钼和抹擦石墨粉剂。露在外面的润滑部位，如梯形螺纹、齿间等部位，采用黄油等油脂，容易沾染灰尘；而采用二硫化钼和石墨粉润滑，则不容易沾染灰尘，润滑效果比黄油好。石墨粉不容易直接涂上，可用少许机油或水调和成膏状即可使用。

3. 阀门的维护

阀件应齐全、完好。法兰和支架的螺栓应齐全、满扣，不允许有松动现象。手轮上的紧固螺母松动，应及时拧紧，以免磨损连接处或丢失手轮。手轮丢失后，不允许用活扳手代替手轮，应及时配齐。填料压盖不允许歪斜或无预紧间隙。容易受到雨雪、灰尘等污物沾染的环境，阀杆要安装保护罩。阀门上的标尺应保持完整、准确。阀门的铅封、盖帽、气动附件等应齐全完好。保温夹套应无凹陷、裂纹。阀门上不允许敲打、支撑重物或站人，以免弄脏和损坏阀门，特别是非金属阀门和铸铁阀门，更要严禁。

4. 电动装置的维护

电动装置的日常维护工作，一般情况下每月不少于一次。维护内容包括：外表清洁、无粉尘，装置不受汽、水、油的沾染；电动装置密封良好，各密封面、点完整、牢固、严密，无泄漏现象；电动装置应润滑良好，按时按规定加油，阀杆螺母应加润滑脂；电气部分应完好，无缺相故障，自动开关和热继电器不应脱扣，指示灯显示正确；电动装置的工作状态正常准确。

● 第六节　现场教学 ●

一、离心泵的拆装

1. 教学目标

通过本实训课程掌握离心泵的拆装方法与步骤，熟悉常用工具的使用，进一步熟悉各种常用离心泵的构造、性能、特点。

2. 教学内容

（1）拆泵之前，先要了解泵的外部结构特点，分析拆泵的次序。一般拆卸顺序应与装配顺序相反，从外部拆向内部，从上部拆到下部，先拆部件或组件，再拆零件。拆卸时，如果有螺栓等因年长日久而锈蚀难拧，可先用松锈剂等喷射在要拆卸的部位，稍等几分钟即可。拆卸轴上的零件时，必须垫好铜块、木块、橡胶等软衬垫，以防损坏零件的表面。

（2）拆泵过程要严格按工艺要求操作，拆下的零部件要摆放有序，应注意某些部件的方向性，如有必要，应做标记。

（3）拆泵之后，重点了解以下内容并做记录。

① 所拆泵的型号、性能参数、构成部件名称。

② 叶轮的结构形式与叶型，轴封装置的形式与构造。

③ 有无减漏环及其形式，有无轴向力平衡装置及其形式。

④ 吸入口、排出口、转向等的区分。

⑤ 与电动机的连接方式。

⑥ 多级泵的叶轮级与级间的流道结构。

⑦ 立式泵与卧式泵的差异。

⑧ 单吸泵与双吸泵的差异。

⑨ 按顺序将泵安装复原，条件具备的要进行试车运转，以检验装配是否符合要求。

3. 实训器材与设备

主要有活扳手、呆扳手、梅花扳手、一字或十字旋具、锤子，木板（条），拉马，黄油、机油，各种常用离心泵。

4. 教学方法

教师讲解理论知识和在工作现场拆装相结合的方式。

5. 学生能力体现

通过理论和实践的学习，能进行水泵的安装、运行和维护。写一篇不少于2000字的实训记录与实践报告。

二、离心通风机的拆装

1. 教学目标

（1）提高对离心通风机结构和工作原理的感性认识，通过对设备的拆装训练进一步强化学生对设备结构和性能的了解，将实物与书本知识有机地结合起来，并熟悉常用离心通风机的构造、性能、特点。

（2）通过对离心通风机的拆装训练，掌握离心通风机的拆装方法与步骤，熟悉常用工具的使用。有利于将从书本学来的间接经验转变为自己的直接经验，为将从事的工作诸如设备的安装、维护、修理等打好基础。

（3）通过集体实训，大家共同分析和讨论相关的问题，如拆装过程中出现问题的排除、矛盾现象的分析等，以训练良好的工作技能。

2. 教学内容

拆卸风机之前，先要了解风机的外部结构特点，分析拆卸风机的次序。

（1）风机的拆卸步骤如下。

① 切断电源，拆下传动端的联轴器。

② 拆下风机与进、出风管的连接软管（或连接法兰）。

③ 将轴承托架的螺栓卸下，再拆下托架。

④ 拆下风机两侧的地脚螺栓，使整个风机机体从减振基础上拆下。

⑤ 拆下吸入口、机壳。

⑥ 拆开锁片，将锁片板上的三枚紧固螺钉拧下，从轴上拆下锁片。

⑦ 卸下叶轮、轴和轴承装置。

⑧ 拆下轮毂机座（要注意垫好才能拆下）。

⑨ 从机壳上拆下支架和截流板。

拆卸时应注意，将卸下的机械零件按一定的顺序放置好，等检查或清洗完相关的零部件后再装机。

（2）拆完之后，重点了解以下内容并做记录。

① 所拆风机的型号、性能参数。

② 构成部件名称。

③ 有无蜗舌。

④ 叶轮的结构形式与叶型。

⑤ 吸入口、排出口、转向等的区分。

⑥ 与电动机的连接方式。

⑦ 单吸风机与双吸风机的差异。

（3）风机的组装。组装时按照先将零件组装成部件，再把部件组装成整机的规则，并按照与拆机相反的顺序进行。装好的风机必须装回其原来的位置。

整机安装时应注意如下事项。

① 风机轴与电动机轴的同轴度，通风机的出口接出风管应顺叶轮旋转方向接出弯头，并保证至弯头的距离大于或等于风口出口尺寸的 1.5～2.5 倍。

② 装好的风机进行试运转时，应加上适度的润滑油，并检查各项安全措施。盘动叶轮，应无卡阻现象。叶轮旋转方向必须正确。轴承温升不得超过 40℃。

3. 实训设备和器材

本实训主要设备是装在空调管路中的离心通风机或单体离心通风机。风机可以是直联式或与电动机联轴器连接式。

每组所用的器材主要包括一字及十字旋具各 1 把、钳子 1 把、活扳手 1 把、记号笔、动平衡检测仪表、记录用纸等。

4. 教学方法

教师讲解理论知识和在工作现场拆装相结合的方式。

5. 学生能力体现

通过理论和实践的学习，能进行离心通风机的安装、运行和维护。写一篇不少于 2000 字的实训记录与实践报告。

习题

1. 水泵是如何分类的？
2. 简述离心的工作原理。
3. 离心泵的基本结构有哪些？
4. 简述离心泵内汽蚀的发生过程。
5. 水泵在运行中应注意哪些问题？
6. 离心泵常见的故障有哪些？如何排除？
7. 选泵的一般步骤有哪些？
8. 什么是水锤现象？怎样防止水锤的产生？
9. 螺杆泵的特点是什么？有哪些应用？
10. 管道泵有什么特点？如何选用？安装时有哪些要求？
11. 简述离心泵的检修步骤。
12. 风机主要的类型有哪些？泵与风机有何相同之处？有何不同之处？
13. 试述离心通风机各主要部件的作用与要求。
14. 简述离心通风机运行中要注意的问题。
15. 离心通风机维护保养的主要内容有哪些？
16. 简述离心通风机常见故障产生的原因和排除方法。
17. 简述风机选型的原则、方法和步骤。
18. 简述罗茨鼓风机的工作原理和特点。
19. 简述闸阀的原理和优点。
20. 简述截止阀的闭合原理和分类。
21. 如何选用阀门？

第七章

噪声与振动控制设备选择与运维

 学习指南

　　本章主要介绍噪声与振动的基础知识，噪声的主要技术指标，噪声产生的来源，风机与泵的消声措施、消声器的应用，设备振动的控制措施。通过学习，要求在了解噪声与振动的基础知识后，能够实测噪声的强度，并判断机器的运行状况，掌握降噪的几种方法，能选择和安装合适的消声器，能够简单地优选最佳的减振隔振方案。

素质目标

　　增强对噪声与振动控制设备的规范操作和管理意识；选择设备要分析其技术指标和经济指标，具有节约意识；在使用和维护设备时要具有安全意识；培养生态环境意识。

● 第一节　设备噪声的来源 ●

　　物体振动使周围空气质点交替产生压缩、稀疏状态而形成波动，当频率范围 20～20000Hz 的波动传至人耳被接受时，就成为声音。

　　简单地说，噪声就是人们不需要的声音。广义地说，对某项工作来说是不需要或有妨碍的声音称为噪声。噪声是一种声波，具有声波的一切特性。噪声对人体健康有很大的危害，如损害听觉、影响人们正常的生活和工作等。

　　噪声的发生源很多，主要有：空气动力噪声，如压缩机的吸、排气噪声，风机的吸、排气噪声；机械噪声，如压缩机运动部件的运转、气阀阀片的运动、支架的振动等；电磁性噪声，如压缩机风机的驱动电动机所引起的噪声等。

一、噪声的主要技术指标

噪声大小用声强与声压、声强级与声压级、声功率与声功率级来度量。

1. 声强与声压

描述声音强弱的物理量叫声强。声强是通过与传播方向垂直的表面的声功率除以该表面的面积，符号为 I，单位为 W/m^2。

声压为有声波时媒质中的瞬时总压力与静压之差，符号为 p，单位为 Pa。

2. 声强级与声压级

声强级 L_I 与声压级 L_p 的单位通常用 dB。对应的人耳刚刚能听到的与致人耳膜疼痛时的声压级分别定为 $0dB$ 与 $120dB$。

人耳刚刚能听到的 $1000Hz$ 声音的声压为 $2\times10^{-5}Pa$，称为基准声压 p_0。以此时单位时间内通过单位面积的声能 $I_0=10^{-12}W/m^2$ 为基准声强。声强 I 与基准声强 I_0 之比的对数的 10 倍称声强级 L_I（dB）。即

$$L_I=10\lg\frac{I}{I_0} \tag{7-1}$$

式中，I_0 为基准声强，$I_0=10^{-12}W/m^2$。

声压 p 与基准声压 p_0 之比的对数的 20 倍，称声压级 L_p（dB），即

$$L_p=20\lg\frac{p}{p_0} \tag{7-2}$$

式中，p_0 为基准声压，在空气中 $p_0=20\mu Pa$，在水中 $p_0=1\mu Pa$。

3. 声功率与声功率级

声功率是指声波辐射的、传输的或接收的功率，物理量符号用 W（或 P），单位为 W。

声功率 W 与基准声功率 W_0 之比对数的 10 倍，称声功率级 L_W，即

$$L_W=10\lg\frac{W}{W_0} \tag{7-3}$$

式中，W_0 为基准声功率，$W_0=10^{-12}W$。

二、环保设备噪声产生的来源

环保设备按工作状态可广义地分为静设备和动设备两大类。静设备是指没有驱动机带动的非转动或移动的设备，也就是自身不产生噪声的设备。静设备包括吸收塔、吸附塔、分离沉降设备、构筑物、反应器、塔罐、消声器、换热设备等。动设备是指由驱动机带动的转动设备（亦即有能源消耗的设备），其能源可以是电动力、气动力、蒸汽动力等，动设备包括泵、风机、压缩机、输送机、压缩机、破碎机等。环境污染治理设施（也称环保设施）中产生噪声的主要来源是风机与水泵，在同样的动力功率消耗情况下，大部分风机噪声会高于水泵噪声，本节主要介绍风机与水泵噪声的来源及消除措施。

1. 风机噪声产生的来源

风机的空气动力噪声主要由两部分组成，即旋转噪声和涡流噪声。如果风机出口直接排入大气，还有排气噪声。旋转噪声是由于工作轮上均匀分布的叶片打击周围的气体介质，引起周围气体压力而产生的噪声。旋转噪声与工作轮圆周速度的 10 次方成比例。涡流噪声又称旋涡噪声，主要是由气流流经叶片时产生湍流附层面，旋涡与旋涡脱离，从而引起叶片上压力的脉动造成的。涡流噪声与工作轮圆周速度的 6 次方成比例。因此，风机圆周速度越高，其噪声也就越大。对于同一系列、同一转速但型号不同的风机，其噪声值随着叶轮直径的增加而增大。风机排气器械的声功率级与通风机出口排入

大气速度的 8 次方成正比。通常，若排气速度很低，排气噪声可以不考虑。此外，由于回转体的不平衡及轴承磨损、破坏等原因所产生的机械振动性噪声；因叶片刚性不足，气流作用使叶片振动产生的噪声；电动机铁芯电磁振动产生的噪声等，都可能通过建筑结构传入室内。风机噪声按其产生部位和声级大小可以分为五种：出口噪声、进口噪声、电动机噪声、机壳噪声及管道辐射噪声。

风机制造厂应该提供其产品的声学特性资料。当缺少这项资料时，在工程设计中最好能对选用风机的声功率级和频带声功率级进行实测。不具备这些条件时，可用简单的方法来估算其声功率级。

$$L_W = 5 + 10\lg Q + 20\lg H \tag{7-4}$$

式中　Q——通风机的风量，m^3/h；

　　　H——通风机的风压（全压），Pa。

如果已知风机功率 P（kW）和风压 H（Pa），则用下式估算：

$$L_W = 67 + 10\lg P + 100\lg H \tag{7-5}$$

这些风机声功率的计算，都是指风机在额定效率范围内工作时的情况。如果风机在低效率下工作，则产生的噪声远比计算值大。

2. 水泵噪声产生的来源

水泵是流体动力系统中的主要噪声源之一。水泵直接辐射出一定量的声能，所产生的压力波及结构振动能间接使装置发生大量空气噪声。如果一台泵的吸入口及排出口之间的流体压力变化很大或变化很快，就可能产生压力波。理想的"静"泵在入口及出口之间的过渡区域中压力是逐渐升高的，大部分噪声是在出口处流体以不同压力混合起来的结果。当泵的压力腔中压力低于出口处管道压力时，噪声最大。这时管道内的高压流体呈冲回压力腔的趋势，从而对压力腔内的流体加压，直至压力腔内的压力达到管内的压力为止。返回的液流随之发生迅速的压力变化而产生噪声。在泵的出口处流体受压或减压，就产生一个压力脉动。压力脉动是一个小的振动波，这种振动波从泵的出口向整个液压系统传播，并且很快衰减。实验证明，这种波动引起的噪声是不大的。凡是制造质量较高的泵，由于泵本身产生脉动而导致的声功率约在 0.7dB 以下。然而这个脉动频率如果与某些机械部件发生共振，则可能引起不小的噪声。

三、风机与泵的消声措施

1. 降低风机噪声的措施

风机的噪声是以空气动力噪声为主。当叶轮圆周速度越大，空气动力噪声所占的比例也越大。线速度是决定噪声的主要因素，因此选择风机时应特别注意降低空气动力噪声。不减小风量和风压的前提下，采取下列措施可以降低风机的噪声。

（1）在风机叶片尾端处使气流的压力、流向和流速有较大的变化。

（2）合理选择风机类型，尽可能选用低速后弯叶型的离心式风机，并使工作点接近风机最高效率点运行。

（3）电动机与风机的传动方式最好是直接连接，其次是用联轴器连接。必须间接传动时，采用无缝的 V 带。

（4）风道内的空气流速不宜过大，以减少由于气流波动产生的噪声。一般说来，主风道内空气流速不得超过 8m/s；对消声要求严格的系统，主风道内流速不宜超过 5m/s。

（5）风机的进、出口应避免急转弯，如图 7-1 所示，并采用软性接头。通风机、电动机都应安装在隔振基础上。

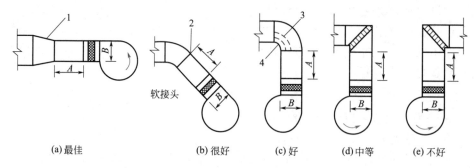

图 7-1　风机排出口位置

1—优先采用 1∶7 斜坡，在低于 10m/s 时，容许 1∶4 斜度；2—最小的 A 尺寸为 1.5B（B 为出风口的大边尺寸）；3—导风叶片应该扩展到整个弯头半径范围；4—最小半径为 15cm

（6）将声源控制在用隔声材料做成的围护结构中，防止设备运行产生的噪声传出，如设风机小室等。

（7）适当缩短机房与使用房间的距离。选用风机时，压头不要留太多的余量。系统很大时，设置回风机，由回风机分担。

（8）当通风系统一定时，系统阻力常数也一定，若降低风机风量，阻力也降低，从而也降低了风机线速度，使噪声随之降低。具体设计时可采取以下措施：把大风量系统分成几个小系统；在计算风量满足房间使用要求的允许范围内，适当增大送风温差；用变速带或变速电动机降低转速等。

（9）系统管路设计尽可能使气流均匀流动，避免急剧转弯产生涡流引起再生噪声，尤其是主管道与进入使用房间的支管连接处。

（10）风道上的调节阀会增加噪声和阻力，宜尽量少设。

2. 降低泵噪声的措施

对泵的降噪应根据不同类型的泵采取相应的措施：主要是从减小流体的流动阻力、流体的压力脉动出发，改善泵的结构，使其更趋合理；其次要采取有效的隔振消声材料。

许多情况下，由于技术上或经济上的原因，直接从声源上治理噪声往往很困难，这就需要采取吸声材料、消声器等噪声控制技术。

第二节　消声器的应用

消声器是一种允许气流通过而又能阻止或降低噪声传播的装置。其控制对象为空气动力性噪声（气流噪声）。

工程实际中消除空气动力噪声所采取的主要技术措施就是在风机进、排气管道上安装消声器，消声器的位置如图 7-2 所示。

一、消声器的类型及评价

消声器的类型很多，按其消声原理及
结构的不同，大体分为以下五大类。

1. 阻性消声器

阻性消声器是一种吸收型消声器，利
用声波在多孔性吸声材料中传播时，因摩
擦将声能转化为热能而散发掉，达到消声
的目的。一般来说，阻性消声器具有良好
的中高频消声性能，对低频消声性能较差。

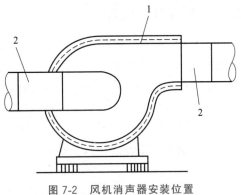

图 7-2 风机消声器安装位置
1—隔声层；2—消声器

阻性片式
和格式消
声器

折板式阻
性消声器

微穿孔板
引射掺冷
消声器

复合式消
声器

阻性消声器的种类和形式很多，常用的有管式、片式、折板式、蜂窝式、弯头式、室
式、声流式等。

2. 抗性消声器

抗性消声器利用声波的反射、干涉及共振等原理，吸收或阻碍声能向外传播，相当
于一个声学滤波器，对声阻的影响可以忽略不计。抗性消声器适用于消除中低频噪声或
窄带噪声，常用的有扩张室式、共振式、干涉式消声器等。

3. 微穿孔板消声器

微穿孔板消声器是建立在微穿孔板吸声结构基础上的既有阻又有抗的共振式消声
器。它压力损失小，再生噪声低，消声频带较宽，可承受较高气流速度的冲击，耐高
温，不怕水和潮湿，能耐一定粉尘。因此，特别适用于医疗、卫生、食品等行业的消
声。对于高速、高温排气放空和内燃机排气消声等也较适用。

4. 阻抗复合式消声器

为了达到宽频带、高吸收的消声效果，往往把阻性消声器和抗性消声器组合在一起
构成阻抗复合式消声器。阻抗复合式消声器，既有阻性吸声材料，又有共振器、扩张
室、穿孔屏等声学滤波器件。一般将抗性部分放在气流的入口端，阻性部分放在后面。
通过不同方式的组合可以设计出多种阻抗复合式消声器。

5. 其他类型消声器

为了降低高温、高速、高压排气喷流噪声而设计的扩容降压型消声器、节流降压型
消声器、小孔喷注型消声器、多孔材料扩散型消声器等，在工程上已有应用，并取得了
满意的降噪效果。

6. 消声器的优劣评价

主要从以下四个方面评价一个消声器的优劣。

① 在使用现场的正常工作状况下，在较宽的频率范围内具有满足需要的消声量。

② 消声器气流阻损和声源设备因此造成的功率损失在实际允许的范围内。

③ 结构上能满足工况要求。如耐高温、耐腐蚀、耐湿等要求，外形和体积的总体
限制等要求。

④ 价格合理，性价比高。

二、消声器的选用方法

控制噪声的第一步是摸清控制对象的性质、基本状况。在机械、电磁、空气动力性三类噪声中，消声器适用于控制空气动力性噪声。空气动力性噪声又可分为以下几类。

① 按压力分为低压、中压、高压噪声。

② 按流速分为低速、中速、高速噪声。

③ 按频谱特性分为低频、中频、高频、宽频带噪声。

④ 按输送对象分为空气、蒸汽、废气（油烟、漆雾）、杂质（木屑、稻壳、粉尘）噪声。

另外还要查明控制对象的声级、频谱特性、需要降低量、安装空间的容许尺寸等。不同性质、不同类型的噪声源应选用不同类型的消声器，以便使选用的消声器与其对应，以求获得最佳效果。

共振型消
声器

应按噪声源性质、频谱、使用环境的不同，选用不同类型的消声器。如风机类噪声，可选用阻性或阻抗复合型消声器；空压机、柴油机等，可选用抗性或以抗性为主的阻抗复合型消声器；锅炉蒸汽放空，高温、高压、高速排气放空，选用新型节流减压及小孔喷注消声器；对于风量特别大或气流通道面积很大的噪声源，可以设置消声房、消声坑、消声塔或以特制消声元件组成大型消声器。

消声器一定要与噪声源相配。如风机安装消声器后既要保证设计要求的消声量，又要满足风量、流速、压力损失等性能要求。一般来说，消声器的额定风量应等于或稍大于风机的实际风量。若消声器不是直接与风机进风管道相接，而是安装于密闭消声室的进风口，此时消声器的风量必须大于风机的实际风量，以免密闭消声室内形成负压。消声器的流速应等于或小于设计流速，防止产生过高的再生噪声。消声器的阻力应小于或等于设备的允许阻力。

三、消声器的安装

① 对通风管道系统，宜紧靠风机进、出口处，以减少向外辐射及管壁透声强度。

② 两端宜用渐扩或渐缩过渡管，以减少气流压力损失，保证连接处的气密性。应计算过渡管的附加消声量。

③ 多段消声器时，宜把消除中低频噪声为主的消声段装在靠近风机部位，而把消除高频噪声为主的消声段装在靠近管道系统进风口或出风口部位。这样，在消声器内产生的气流再生噪声（一般仍以高频为主）可以得到一定的抑制。

四、几种典型的消声器

1. YJ、YP 型锅炉引风机进、排气消声器系列

（1）消声器的型号

Y——锅炉引风机；

J——进风消声器；

P——排风消声器；

2YJ——配用 2t/h（锅炉蒸发量）锅炉引风机进风消声器；

2YP——配用 2t/h 锅炉引风机排风消声器。

（2）用途　用于降低锅炉引风机进、排风处的管道辐射噪声。

（3）性能　消声量 15～20dB（A），阻力损失＜196Pa。

（4）特点　结构简单，体积小，可拆卸，便于维护与检修。

YJ、YP 型消声器系列选用表见表 7-1，其外形及安装见图 7-3 和图 7-4。

表 7-1　YJ、YP 型消声器系列规格选用表

型号	外形尺寸/mm			法兰尺寸/mm				
	外径 D	有效长度 l	安装长度 L	内径 D_1	中径 D_2	外径 D_3	连接孔	
							孔数 n	孔径 φ
1YJ	610	820	904	400	442	462	12	12
1YP	610	1440	1600	360	420	450	10	8
2YJ	700	880	1000	500	540	572	12	12
2YP	700	1440	1600	360	420	490	10	8
4YJ	720	900	1040	600	645	676	14	16
4YP	720	1640	1800	440	500	530	12	12

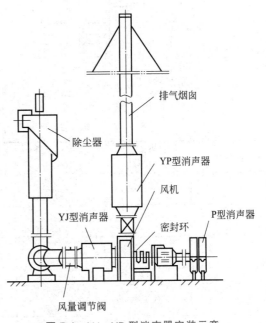

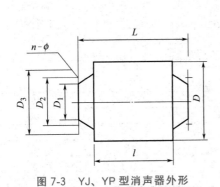

图 7-3　YJ、YP 型消声器外形　　　　图 7-4　YJ、YP 型消声器安装示意

2. P 型锅炉鼓风机盘式消声器系列

（1）类型　阻性圆盘式，共 10 种规格。

（2）用途　用于 0.5～20t/h 的锅炉进风机的消声。

（3）性能与特点

① 消声效果好，消声量 14～18dB（A）。

② 阻力损失小，阻力损失≤98Pa。

③ 体积小，重量轻，安装保养方便。

P 型盘式消声器安装示意见图 7-5，实测消声频谱分析见图 7-6，外形见图 7-7。

P 型盘式消声器性能选用表见表 7-2。其外形尺寸见表 7-3。

机房噪声
治理平面
演示

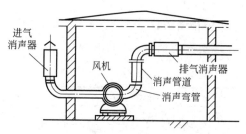

图 7-5　P 型盘式消声器安装示意

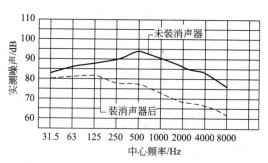

图 7-6　P 型盘式消声器实测消声频谱

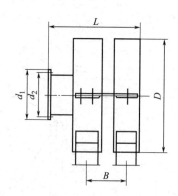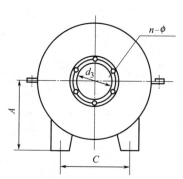

图 7-7　P 型盘式消声器外形

表 7-2　P 型盘式消声器性能选用表

型号	适用锅炉 /(t/h)	送风机流量 /(m³/h)	送风机全压 /Pa	阻力损失 /Pa	消声量 /dB(A)
$P_{0.5}$	0.5	620～1630	901～412	49	14
P_1	1	1090～2290	1195～608	49	14
P_2	2	2720～5010	1528～960	59	15
P_4	4	4040～7460	1999～1264	59	15
P_6	6	7950～14720	3174～2195	69	16
$P_{6.5}$	6.5	8720	1597	69	16
P_8	8	9000～16000	2156～1470	69	16
P_{10}	10	16900～31500	2067～1460	69	17
P_{15}	15	16900～31500	2067～1460	≤98	≥15
P_{20}	20	24000～44800	2616～1852	≤98	≥15

表 7-3　P 型盘式消声器外形尺寸表

型号	中心标高 A/mm	基础尺寸/mm		外形尺寸/mm		法兰尺寸/mm				重量 /(kg/台)
		B	C	D	L	外径 d_1	中径 d_2	内径 d_3	螺孔 $n×\phi$	
$P_{0.5}$	390	189	400	620	457	230	200	164	6×ϕ8	62
P_1	426	196.6	460	672	465	262	228	196	8×ϕ8	70
P_2	510	217.5	600	816	489	436	388	350	8×ϕ10	100
P_4	617	241.5	700	916	514	486	445	400	8×ϕ10	122
P_6	620	249.5	800	1016	523	590	550	500	16×ϕ8	128
$P_{6.5}$	670	263	900	1166	553	666	620	560	16×ϕ12	165
P_{10}	780	322.5	1200	1316	635	910	860	800	16×ϕ14	217
P_{15}	850	305	1200	1516	604	906	860	800	16×ϕ15	240

3. D型罗茨鼓风机消声器系列

（1）结构 消声器为阻性折板式，采用折线形声通道，吸声材料为超细玻璃棉。$D_1 \sim D_2$ 为单通道，$D_3 \sim D_5$ 为双通道，$D_6 \sim D_7$ 为三通道，外壳圆形，两端均为方圆变径管。

（2）用途 主要用于罗茨鼓风机的进气噪声，必要时也可用于降低排气口噪声以及其他各类风机的消声。

（3）性能 消声量≥30dB（A）。

（4）阻力损失 额定风量时，阻力损失≤98Pa。

D型消声器实测消声性能见图7-8，其外形及安装方案见图7-9、图7-10。D型消声器规格选用表见表7-4。

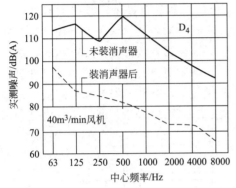 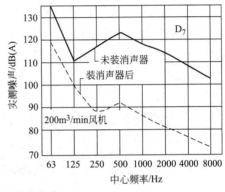

图7-8 D型消声器实测消声性能

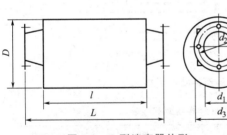 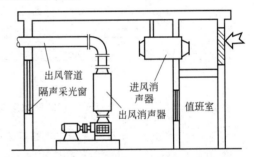

图7-9 D型消声器外形　　　　图7-10 D型消声器安装方案

表7-4 D型消声器规格选用表

型号规格	适用风量/(m³/min)	通道截面/m²	气流速度/(m/s)	外形尺寸/mm			法兰尺寸/mm					重量/(kg/台)
				外径 D	有效长度 l	安装长度 L	内径 d₁	中径 d₂	外径 d₃	联受孔		
										孔数 n	孔径 φ	
D₁	1.25	0.0036	5.8	200	800	1000	54	105	135	4	14	23
	2.5		11.6									
D₂	5	0.008	10.4	250	1000	1200	84	138	170	4	18	34
	7		14.6									
D₃	10	0.0216	7.8	400	1200	1500	129	183	215	4	18	80
	15		11.6									
D₄	20	0.0384	8.7	450	1400	1700	206	269	300	6	18	98
	30		13.0									
	40		17.4									

续表

型号规格	适用风量/(m³/min)	通道截面/m²	气流速度/(m/s)	外形尺寸/mm			法兰尺寸/mm					重量/(kg/台)
				外径 D	有效长度 l	安装长度 L	内径 d_1	中径 d_2	外径 d_3	联受孔		
										孔数 n	孔径 ϕ	
D_5	60	0.068	14.7	600	1600	1900	256	327	365	6	18	239
	80		19.6				306	386	431			
D_6	120	0.135	14.8	800	1800	2100	356	445	485	10	24	413
	160		19.8				406	495	535			
D_7	200	0.173	19.3	900	1800	2100	456	550	590	10	24	452
	250		23.0				506	590	635			

4. VXF 型微穿孔板复合消声器

VXF 型微穿孔板复合消声器是 WX 型微穿孔板消声器的改进型，是将装有纤维吸声材料的阻性消声器和微穿孔板消声器组合为一体的新型消声器。消声器外壳为带有纤维吸声材料的阻性层，内侧为微穿孔板阻性吸声层。消声器有效长度为 2000mm，由两节组成，通过风速为 6～8m/s，最高不超过 12m/s。由于消声器外壳内侧为纤维性吸声材料，有良好的热绝缘性能，故消声器外表可不做保温层，有利于安装和节约造价。图 7-11 为 VXF 型微穿孔板复合消声器结构示意图，表 7-5 为部分 VXF 型微穿孔板复合消声器性能规格表。

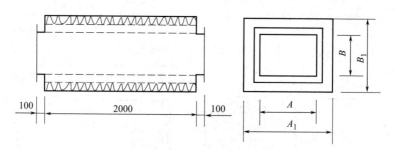

图 7-11   VXF 型微穿孔板复合消声器结构示意

表 7-5   部分 VXF 型微穿孔板复合消声器性能规格表

型号	外形尺寸/mm		适用风量/(m³/h)	压力损失/Pa	消声量/dB(A)
	$A \times B$	$A_1 \times B_1$			
VXF-1	120×120	380×380	300～400	20	23
VXF-2	160×120	420×380	400～530	20	23
VXF-3	160×160	420×420	540～720	20	23
VXF-4	200×120	460×380	505～670	20	23
VXF-5	200×160	460×420	680～900	20	23
VXF-6	200×200	460×460	850～1130	20	23
VXF-7	250×120	510×380	630～840	20	23
VXF-8	250×160	510×420	840～1120	20	24
VXF-9	250×200	510×460	1060～1410	20	24
VXF-10	250×250	510×510	1320～1760	20	24
VXF-11	320×160	580×420	1080～1440	20	24
VXF-12	320×200	580×460	1360～1810	20	24

● 第三节 设备振动的控制措施 ●

振动是指物体（或物体的一部分）沿直线或曲线并经过平衡位置所作的往复的、规则或不规则的运动。一般机械设备产生的振动可分为两种类型：一种是稳态振动，一种是冲击振动。产生稳态振动的机器有风机、水泵、发电机等旋转式机器及柴油机、往复式空气压缩机等往复式机器。产生冲击振动的机器有锻锤、冲床、剪板机、折边机、压力机及打桩机等冲击式机器。稳态振动和冲击振动的振动控制及隔离方法都有所不同。

表示振动的主要参数是频率、振幅、振动速度及振动加速度。振动还具有方向性，无特殊说明指铅垂方向振动。振动的频率表示每秒发生振动的次数，用 f 表示，单位是 Hz。振动的强度及幅值可用振幅、振动速度及振动加速度度量，分别用 x、V、a 表示，单位为 mm、mm/s 及 m/s^2。振幅、振动速度及振动加速度可以用振动测量仪器进行测量。

振动的强度也可用对数标度，即用振动加速度级表示，用式（7-6）计算，单位是 dB。

$$L = 20\lg \frac{a}{a_0} \tag{7-6}$$

式中　L——振动加速度级，dB；

　　　a——振动加速度有效值，m/s^2；

　　　a_0——振动加速度基准值，$a_0 = 10^{-5}$ m/s^2。

振动级（或振级）用来表示各频率范围的加速度级 L_1、L_2……总的度量根据人对各频率范围振动的感受加以修正。振动级是被用来衡量环境振动大小的尺度。式（7-7）是振动级的计算方法。

$$VL_z = 10\lg \left[10^{\frac{(L_1 + a_1)}{10}} + 10^{\frac{(L_2 + a_2)}{10}} + \cdots + 10^{\frac{(L_i + a_i)}{10}} \right] \tag{7-7}$$

式中　VL_z——振动级（振级），dB；

　　　L_i——各倍频程中心频率的加速度级，dB（1～80Hz）；

　　　a_i——各倍频程中心频率的修正因子，dB。

振源强烈的振动会使精密设备加工的产品质量达不到要求，成品率下降或大量报废，使仪表失灵、计量不准、精度和使用寿命降低等。机器设备的振动也常会影响人的舒适感，降低工作效率，有时会影响人的健康和安全。振动会刺激人的中枢神经系统，使人烦躁不安，破坏人视觉和听觉器官的功能，长期的强烈振动作用会损害人的健康甚至使之失去劳动能力。强烈的振动还可能会导致建筑物沉陷、构件开裂或失去稳定，危及建筑物的安全。因此，国家对各种条件允许的振动都做了相应的规定。

一、设备振动隔离的要点

在设备与基础之间安装弹性支撑即隔振器，减少机器振动扰力向基础的传递量，使机器的振动得以有效的隔离，这种对机器安装方式采取隔离的措施称为积极隔振，有时也称为主动隔振。一般情况下，风机、水泵、压缩机及冲床的隔振都是积极隔振。

在仪器、设备与基础之间安装弹性支撑即隔振器，以减少基础的振动对仪器、设备的影响程度，使仪器、设备能正常工作或不受损坏，这种对仪器、设备安装方式采取隔离的措施，称为消极隔振，有时也称为被动隔振。一般情况下，仪器及精密设备的隔振都是消极隔振，在房屋下安装隔振器防止地震破坏也是此类性质。

物体振动受三个参数的影响：与势能有关的刚度，与动能有关的质量，与能量消耗有关的阻尼。振动控制中常用的方法是改变刚度和质量以避免共振，采用隔振器以减少振动的传递，采用动力吸振器吸收某一频率的部分振动能量，但是在无法改变结构和无法采用隔振器、动力吸振器的场合，尤其是薄板结构及宽频带随机激励等场合，则采用增加部件或结构的阻尼来控制振动并减少噪声。

1. 扰动力分析

首先要分清是积极隔振还是消极隔振。如果是积极隔振，则要调查或分析机械设备最强烈的扰动力或力矩的方向、频率及幅值；如果是消极隔振，则要调查所在环境的振动优势频率、基础的振幅及方向。

2. 隔振系统的固有频率与传递率

隔振系统的固有频率应根据设计要求，由所需的振动传递率或隔振效率来确定。对于消极隔振，可根据设备对振动的具体要求及环境振动的恶劣程度确定消极隔振系数。

3. 机组的允许振动

精密的设备及机器，其允许振动的指标在出厂说明书或技术要求中可以查到，这是保证设备正常运转的必要条件。一般机械隔振后机组的允许振动，推荐用 10mm/s 的振动速度为控制值；对于小型机器可用 6.3mm/s 的振动速度为控制值。因为机器隔振之后，其振幅或振速可能要超过没有隔振的情况，也就是超过机器直接固定在基础上的情况。

4. 附加质量块

一般机械的隔振系统设计，往往是将发动机与工作机器共同安装在一个有足够刚度和质量的隔振底座上。隔振底座的质量就称为附加质量块。这个附加质量块的重量一般为机组重量的若干倍。

5. 隔振元件的布置

隔振元件应受力均匀，静压缩量应基本一致；尽可能提高支撑面的位置，以改善机组的稳定性能；同一台机组隔振系统应尽可能采用相同型号的隔振元件；在计算隔振元件分布及受力时，应注意利用机组的对称性。

6. 启动与停车

在积极隔振系统中，机械设备的启动与停车过程中转速要通过支撑系统固有频率的共振区，容易引起机组振幅过大。因此，频繁启动的机械设备隔振系统，应考虑安装阻尼器或选用阻尼性能好的隔振器，对于长期运行或数小时启动一次的机器则不需考虑。

7. 其他部件的柔性连接与固定

在积极隔振中，机器隔振后机组的振幅有所增加，因此机组的所有管道、动力线及仪表导线等在隔振底座上、下的连接应是柔性的，以防止损坏。大多数管道的柔性接管由橡胶或塑料、帆布制成，但在温度较高或有化学腐蚀剂的场合可采用金属波纹管或聚氟乙烯波纹管。电源动力线可采用 U 形或弹簧形的盘绕。凡在隔振底座上的部件应得到很好的固定。柔性接管之外的管道应采用弹性支撑，不要把管道的重量压在柔性接管上。管道过墙或过楼板应加弹性垫，这不仅是隔振的需要，也是隔声的需要。

图 7-12 为风机及泵的综合隔振系统示意图，图 7-13 是几种典型的隔振底座类型，图 7-14 为管道隔振及弹性支撑类型。

机房隔振装置的典型实例

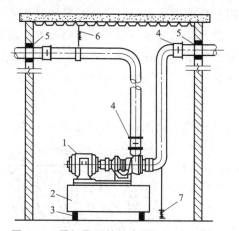

图 7-12　风机及泵的综合隔振系统示意图

1—泵或风机；2—底座；3—隔振器；4—柔性接管；
5—管道过墙弹性座；6—弹性吊钩；7—弹性支座

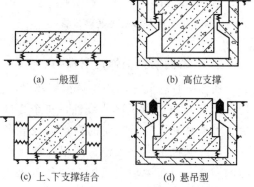

(a) 一般型　　　　(b) 高位支撑

(c) 上、下支撑结合　　(d) 悬吊型

图 7-13　几种典型的隔振底座类型

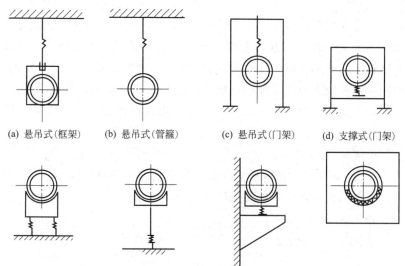

(a) 悬吊式(框架)　(b) 悬吊式(管箍)　(c) 悬吊式(门架)　(d) 支撑式(门架)

(e) 支撑式(双点座)　(f) 支撑式(单点座)　(g) 支撑式(墙面单点)　(h) 过墙弹性座

图 7-14　管道隔振及弹性支撑类型

二、隔振器

隔振器是一种弹性支撑元件，是经专门设计制造的具有单个形状的、使用时可作为机械零件来装配安装的器件。

1. 金属螺旋弹簧隔振器

如图 7-15，金属螺旋弹簧隔振器是目前国内应用最广泛的隔振器。它适用的频率

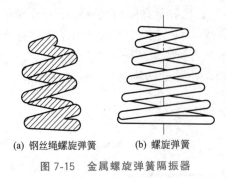

（a）钢丝绳螺旋弹簧　　　（b）螺旋弹簧

图 7-15　金属螺旋弹簧隔振器

范围为 1.5～5Hz；弹簧动、静刚度的计算值与实测值基本一致，而且受到长期大载荷作用也不易产生松弛现象，性能稳定；耐高温，耐低温，耐油，耐腐蚀；价格较便宜，不用经常更换；可适应各种不同要求的弹性支撑。但金属螺旋弹簧隔振器阻尼性能差，有的型号隔振器的弹簧做了适当的处理，其阻尼性能得到一定的改善；高频振动的隔离效果差，隔声效果亦差，但它与橡胶隔振垫串联放置时使用性能有所改善。

2. 不锈钢钢丝绳弹簧隔振器

如图 7-16，隔振器用不锈钢钢丝绳与金属夹板制成。该隔振器适用频率范围为 5～10Hz；刚度低，刚度呈非线性，三个方向的刚度基本一致，可承受来自三个方向的振动力及载荷，隔振器也可在受压或受拉工况下工作；阻尼性能优良，主要是钢丝绳的钢丝之间在运动中产生的摩擦提供阻尼。但由于不锈钢钢丝绳价格昂贵，制成隔振器的成本较高，因此仅在船舶隔振及一些重要设备的隔振工程中应用。

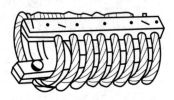

图 7-16　不锈钢钢丝绳
弹簧隔振器

3. 橡胶隔振器

从形状及受力变形可把橡胶隔振器分成三大类：压缩型、剪切型及复合型。图 7-17 为各类橡胶隔振器的结构形状示意图。橡胶隔振器适用频率范围为 4～15Hz；在轴向、横向及回转方向均具有隔离振动的性能，同一个橡胶隔振器，在三个直线方向与回转方向上的刚度可有较宽的选择余地；橡胶内部阻尼比金属大，高频振动隔离性能好，隔声效果也很好，阻尼比为 0.05～0.23；由于橡胶成型容易，与金属也可牢固地粘接，因此可以设计制造出各种形状的隔振器，而且重量轻，体积小，价格低，安装方便，更换容易。但橡胶隔振器耐高温、耐低温性能差。普通橡胶隔振器使用的温度上限为 70℃，下限为 0℃。采用特殊的橡胶，隔振器使用温度下限可达到 −50℃。橡胶隔振器经受长时间大载荷的作用，会产生松弛现象。

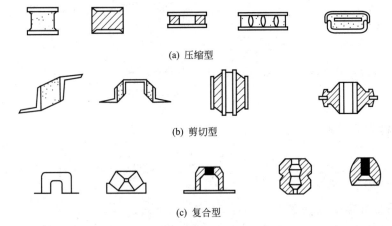

（a）压缩型

（b）剪切型

（c）复合型

图 7-17　各类橡胶隔振器结构形状

4. 橡胶空气弹簧隔振器

橡胶隔振器是靠橡胶本体的弹性变形取得隔振效果，而橡胶空气弹簧隔振器是靠橡胶气囊中压缩空气的压力变化取得隔振效果。从工作的固有频率、承载能力以及阻尼性能多方面比较，橡胶空气弹簧是一种优良的低频率隔振器，可用于精密仪器、精密机械以及冲压设备的隔振，由于制作工艺复杂、价格较高。图 7-18 是波纹管型和隔膜型橡胶空气弹簧隔振器的结构示意图。

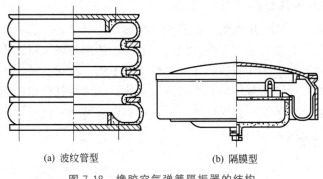

(a) 波纹管型　　　　　　(b) 隔膜型

图 7-18　橡胶空气弹簧隔振器的结构

三、隔振垫

隔振垫利用弹性材料本身的自然特性隔振，一般没有确定的形状尺寸，可根据具体需要来拼排或裁切。常见的隔振垫有毛毯、软木、橡胶、海绵、玻璃纤维及泡沫塑料等隔振垫，目前在工业中得到广泛应用的是专用橡胶隔振垫。

1. 橡胶隔振垫

橡胶隔振垫具有持久的高弹性，有良好的隔振、隔冲和隔声性能；造型和压制方便，可自由地选择形状和尺寸，以满足刚度和强度的要求；具有一定的阻尼性能，可以吸收机械能量，对高频振动能量的吸收尤为突出；由于橡胶材料和金属表面间能牢固地粘接，因此易于制造安装，而且还可以利用多层叠加减小刚度，改变其频率范围。但橡胶隔振垫易受温度、油质、臭氧、日光及化学溶剂的影响，造成性能变化及老化，易松弛，因此寿命一般为 5～8 年，但无以上影响时寿命可超过 10 年。橡胶隔振垫的适用频率范围为 10～15Hz。各种橡胶隔振垫的刚度由橡胶的硬度、成分以及形状决定。橡胶隔振垫的性能不但与橡胶垫的形状（图 7-19）及配方有关，还与橡胶的硬度有关。硬度高，则刚度大，承载大；硬度低，则刚度低，承载小。

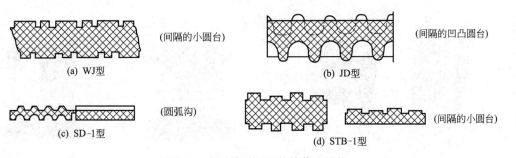

(a) WJ型　（间隔的小圆台）　　　　(b) JD型　（间隔的凹凸圆台）

(c) SD-1型　（圆弧沟）　　　　(d) STB-1型　（间隔的小圆台）

图 7-19　各种橡胶隔振垫的截面形状

2. 玻璃纤维及矿棉板

玻璃纤维作为弹性垫层，对于机器或建筑物基础的隔振均能适用。用树脂胶结的玻璃纤维板是新型的良好隔振材料，在载荷为 $1\sim2N/cm^2$ 时，其最佳厚度为 $10\sim15cm$，固有频率约为 $10Hz$。矿棉与玻璃纤维一样，也是一种良好的隔振材料。玻璃纤维与矿棉的优点是能防火，耐腐蚀；在其弹性范围内加以重复载荷，不易变形；在温度变化时，弹性也较稳定。缺点是受潮后隔振效果稍受影响。

3. 海绵橡胶和泡沫塑料

橡胶和塑料本身是不可压缩的，在其变形时体积几乎不变，若在橡胶或塑料内形成空气或气体的微孔，它就有了压缩性。经过发泡处理的橡胶和塑料，称为海绵橡胶和泡沫塑料。由海绵橡胶或泡沫塑料所构成的弹性支撑系统，裁切容易，安装方便；但载荷特性为显著的非线性，产品难以满足品质的均匀性。这两类材料作为隔振垫，其工作固有频率随材料的配方、密度以及厚度变化较大，隔振要求高时可用试验的方法确定。

四、管道柔性接管

设备的进、出管道上安装柔性接管是防止振动从管道传递出去的必要措施。柔性接管在空压机、风机、水泵及柴油机上都有应用。对于管内压力要求低的管道，如通风机的进、出口柔性接管可以用帆布或人造革按一定的规范制作；对于有较高压力要求的管道，柔性接管必须采用一定规格和性能的产品。按材料不同可把管道柔性接管分成以下两大类。

1. 橡胶柔性接管

橡胶柔性接管又称避震喉及橡胶接管，一般可用于温度 $100℃$ 以下、压力 $2.0MPa$ 以下的液体或气体的传输管道中，可大幅度降低振动在管道中的传递并有效地隔离和降低管道噪声。水泵的进出管道、罗茨风机的进出管道以及空压机真空泵的进气管道中均可装置橡胶柔性接管。如图 7-20 为单球型和双球型橡胶柔性接管。

2. 不锈钢波纹管

对于柴油机出口、空压机出口及真空泵出口管道，其工作温度高于 $100℃$，而且又有一定的压力要求，则可以安装不锈钢波纹管。不锈钢波纹管是把不锈钢薄板制成波纹形管道，两端焊上不锈钢法兰而制成的。有的不锈钢波纹管外面再套上保护丝网圈，管内设有导向内管；可以承受 $-70\sim300℃$ 的温度；其承受的最大压力由管径决定，一般管径越小，耐压越大；它的允许轴向和横向位移是每波位移之和。不锈钢波纹管的性能稳定，耐腐蚀，寿命长，但价格较高，一般需按具体要求定制。图 7-21 为 JZ 型不锈钢波纹管，表 7-6 为其技术参数。

KXT 型可曲挠
单球橡胶接头

KST-F 型可曲挠
双球橡胶接头

图 7-20　单球型和双球型橡胶柔性接管

图 7-21　JZ 型不锈钢波纹管

表 7-6 JZ 型不锈钢波纹管技术参数

公称直径		长度 L/mm	工作压力/(kgf/cm³)			最大伸缩量
/mm	/in		Ⅰ型	Ⅱ型	Ⅲ型	/mm
32	$1\frac{1}{4}$	100	10	16	25	+10～－15
40	$1\frac{1}{2}$	100	10	16	25	+10～－15
50	2	110	10	16	25	+10～－15
65	$2\frac{1}{2}$	130	10	16	25	+12～－20
80	3	130	10	16	25	+12～－20
100	4	160	10	16	25	+15～－25
125	5	190	10	16	25	+15～－25
150	6	200	10	16	25	+15～－25
200	8	210	10	16	25	+15～－20
250	10	230	10	16	25	+20～－30
300	12	260	10	16	25	+20～－30

注：＋表示伸长，－表示缩短。

五、弹性吊钩（吊式隔振器）

弹性吊钩实际上也是一种隔振器，是用于管道及隔声结构悬吊的，可以防止管道的振动传给建筑结构，也可以防止固体噪声互相传播。目前在高层建筑或声学要求较高的场所应用较多。如给水管道用弹性吊钩悬挂在楼板下或混凝土梁下，流速大的风管也用弹性吊钩悬吊。弹性吊钩一般用金属螺旋弹簧或橡胶块作为弹性元件。金属螺旋弹簧工作时的固有频率可小于 10Hz，橡胶块工作时的固有频率为 20Hz 左右。金属螺旋弹簧隔离振动效果好，橡胶块隔离固体噪声及高频振动效果好。弹性吊钩下端有可悬吊管道的管箍或卡箍，上端有可调节高低的吊钩。图 7-22 为 ZTD 型阻尼弹簧吊架减振器，表 7-7 为其技术参数。

图 7-22 ZTD 型阻尼弹簧吊架减振器

表 7-7 ZTD 型阻尼弹簧吊架减振器技术参数

型号规格	外形尺寸/mm					垂向荷载/kg			频率范围/Hz
	D	D_1	d	h	H	预压	额定	最大	
ZTD-8	58	20	6	80	140	5	8	11	4.7～3.2
ZTD-15	58	20	6	10	160	10	15	20	4.6～3.1
ZTD-20	58	20	6	10	160	15	20	30	4.2～3.0
ZTD-30	73	20	6	120	180	20	30	40	3.8～2.8
ZTD-40	73	25	10	135	195	27	40	54	3.7～2.6
ZTD-50	73	25	10	135	195	35	50	70	4.8～3.6
ZTD-60	68	25	10	160	220	55	80	110	4.8～3.6
ZTD-120	68	25	10	160	220	80	120	160	3.9～2.9
ZTD-150	108	25	12	180	230	110	150	190	3.7～2.5
ZTD-160	108	25	12	180	230	120	180	240	3.4～2.4
ZTD-230	108	25	14	180	240	150	230	310	3.3～2.2
ZTD-300	108	25	14	180	240	200	300	400	3.3～2.2

续表

型号规格	外形尺寸/mm					垂向荷载/kg			频率范围 /Hz
	D	D_1	d	h	H	预压	额定	最大	
ZTD-450	108	36	18	180	260	300	450	600	3.8～2.2
ZTD-600	108	36	18	200	260	400	600	800	3.9～2.2
ZTD-1000	170	36	20	200	260	665	1000	1330	3.7～2.2
ZTD-1500	170	36	22	200	280	1000	1500	2000	3.8～2.5
ZTD-2500	170	36	24	200	280	1500	2500	3500	3.8～2.5

六、隔振元件的选择原则

对于某一具体的隔离对象，特别是那些外形轮廓不规则、重心位置不易计算的机器设备，正确选择弹性支撑系统难度较大，实际工作中常常发生由于选择或布置不当而引起的许多麻烦，致使隔振装置达不到预期效果，有的甚至比不装隔振支撑效果更差。下面介绍一些隔振元件选择的基本原则。

1. 频率范围

为获得良好的隔振效果，隔振系统的固有频率与相应的振动频率之比应小于 $1/\sqrt{2}$（一般推荐 $1/4.5$～$1/2.5$）。

当固有频率 $f_0=20$～$30\mathrm{Hz}$，可用毛毡、软木、橡胶隔振垫及一些较硬的橡胶隔振器、金属丝网隔振器。

当固有频率 $f_0=2$～$10\mathrm{Hz}$，可选用金属弹簧隔振器、橡胶隔振器、复合隔振器，以及海绵、橡胶、泡沫塑料隔振垫等。

当固有频率 $f_0=0.5$～$2\mathrm{Hz}$，可选用金属弹簧隔振器、空气弹簧隔振器。

表 7-8 列出了各种隔振元件的性能比较，可供选用时参考。

表 7-8　各类隔振元件的性能比较

性能项目	金属螺旋弹簧	金属碟型弹簧	不锈钢钢丝绳弹簧	橡胶隔振器、隔振垫	橡胶空气弹簧	金属丝网隔振器	海绵橡胶	毛毡	玻璃纤维及矿棉
适用频率范围/Hz	2～10	8～20	5～20	5～100	0～5	20～25	2～5	25	＞10
多方向性	○	×	▲	▲	○	○	○	○	○
简便性	○	○	▲	▲	△	○	○	○	○
阻尼性能	×	▲	▲	○	▲	○	△	△	△
高频隔振及隔声	×	△	○	○	▲	△	○	○	○
载荷特性的直线性	△	△	○	○	○	×	×	×	×
耐高、低温	▲	▲	▲	△	△	▲	△	△	▲
耐油性	▲	▲	▲	△	△	▲	×	○	○
耐老化	▲	▲	▲	△	△	▲	×	○	○
产品质量均匀性	▲	▲	○	△	○	○	×	△	△
耐松弛	▲	▲	○	○	○	△	△	△	△
耐热膨胀	▲	▲	○	△	○	○	○		
价格	便宜	中	高	中	高	中	中	便宜	中
重量	重	中	轻	中	重	中	轻	轻	轻
与计算特性值的一致性	▲	▲	○	○	○	△	×	×	×
设计上的难易程度	▲	▲	○	○	×	△	○	○	○
安装上的难易程度	△	▲	○	△	×	○	▲	▲	○
寿命	▲	▲	○	△	○	○	×	△	△

注：▲——优；○——良；△——中；×——差。

2. 静载荷与动载荷

隔振元件选择得是否恰当，另一个重要因素是每一个隔振器或隔振垫的载荷是否合适。一般应使隔振元件所受到的静载荷为允许载荷的90%左右，动载荷与静载荷之和不超过其最大允许载荷。对于隔振垫，允许载荷或推荐载荷是指单位面积的载荷。另外，还应注意如下几点。

① 各隔振器的载荷力求均匀，以便采用相同型号的隔振器。对于隔振垫则要求各个部分单位面积的载荷基本一致，在任何情况下，实际载荷不能超过最大允许载荷。

② 当各支撑点的载荷相差甚大，必须采用不同型号的隔振器时，应力求它们的载荷在各自允许范围之内，而且应力求它们的静变形一致，这不仅关系到机组隔振后振动的状况，而且关系到隔振装置的固有频率及隔振效果。

③ 在楼层上安装的设备如风机、水泵、冷冻机以及其他振动扰力较大的机器或设备，要想取得良好的隔振效果，尤其是一些高级建筑及对噪声有特殊要求的场合，应选用固有频率低于3Hz的金属螺旋弹簧隔振器，以使隔振效率高于95%，使隔振系统的工作频率低于楼板结构的固有频率。

④ 在同一设备上选用的隔振器型号一般不超过两种。应考虑隔振元件安装场所的温度、湿度、腐蚀等条件，这些直接影响隔振元件的寿命。

3. 选择振动频率较高的机械设备

详细了解振动的原因和特性，尽可能选择振动频率较高的机械设备。常见机器设备振动的频率见表7-9。

表7-9　常用机器设备的主要驱动频率

机器类型	主要驱动频率/Hz
通风机、泵	(1)轴转数；(2)轴转数×叶片数
电动机	(1)轴转数；(2)轴转数×极数
气体压缩机、冷冻机	轴转数及两次以上的振动频率
四冲程柴油机	(1)轴转数；(2)轴转数倍数；(3)轴转数×气缸数/2
二冲程柴油机	(1)轴转数；(2)轴转数倍数；(3)轴转数×气缸数
变压器	交流周波数×2
齿轮传动设备	(1)轴转数×齿数；(2)齿的弹性振动(频率极高)
滚动轴承	轴转数×滚珠数/2

4. 选择合适的隔振材料和隔振器件

常用隔振材料、隔振器件的基本特性见表7-10。

表7-10　常用隔振材料、隔振器件的基本特性

序号	名称		固有频率 f_0/Hz	静态压缩量 x/mm	阻尼比 (C/C_0)	动态系数 d	最大传振系数 T_{max}	驱动频率适用范围 f/Hz	特点
1	螺旋形钢弹簧隔振器	ZM 129	3~5	10~25	005~0.01	约1.0	100	6~10	(1)低频隔振效果良好；(2)阻尼比很小，共振时放大倍数大，容易传递高频振动；(3)不易受环境影响；(4)加工方便,性能稳定
		TJ	2.2~3.5	20~50				5~7	
		ZT	2.5~4	12~50	0.065			5~8	

续表

序号	名称		固有频率 f_0/Hz	静态压缩量 x/mm	阻尼比 (C/C_0)	动态系数 d	最大传振系数 T_{max}	驱动频率适用范围 f/Hz	特点
2	橡胶	天然胶			0.025~0.075	1.2~1.6	10		(1)阻尼较大,可以抑制共振;(2)高频隔振效果良好;(3)可两只串联使用;(4)受温度、光、氧、油类等影响,并会老化
		丁腈胶			0.075~0.15	1.5~2.5	10		
		丁钠胶			0.075~0.15				
		氯丁胶			0.075~0.15	1.4~2.8	10		
		丁基胶			0.125~0.20		3.5		
		大阻尼橡胶黏弹性材料			0.25~1.00				
		JG型			0.07			10~30	
		Z型						15~25	
3	钢丝网隔振器				约0.12		40		
4	空气弹簧隔振器		约0.7~3.5(由空气容积控制)		约0.1~0.2(与流孔、平衡箱有关)		100		(1)刚度可根据需要选用;(2)非线性特性,能适应各种荷载;(3)固有频率低于其他隔振元件,高频隔振良好;(4)使用温度为-30~60℃
5	橡胶隔振	SD型肖氏硬度40度、60度、80度,厚度20mm、22mm基本块尺寸85mm×85mm	一层 10.5~17	15~4	0.08~0.12	40度:1.7~1.8;60度:1.7~1.8;80度:2.1~2.7	10	20~30	(1)可多层串联使用,降低固有频率;(2)使用方便,不影响工人操作;(3)形状大小可按需要来设计选用;(4)价格低廉,而隔振减噪效果良好
			二层 7.5~13	3~8				15~25	
			三层 6~10	4~12				12~20	
			四层 5~85	55~16				10~17	
			五层 4.5~7.5	7~20				10~15	
6	软木 (50mm×305mm×915mm)		一层 15~25	1~3		1.8~2.6		30~40	(1)低频隔振效果较差,适用于高频隔振;(2)压缩后不致横向膨胀;(3)可多层串联使用;(4)使用方便,价格低廉
			二层 12~18	2~6	0.04~0.06	2.2~3.1	8	25~35	
			三层 11.5~16	2.5~7		2.2~3.4		20~30	
7	酚醛树脂玻璃纤维板(50mm×450mm×600mm)		一层 7~8.5	12~16	0.04~0.06		8~14	15~17	(1)负载小,需用混凝土机座;(2)固有频率较低;(3)不会腐坏和老化,但水易渗入;(4)价格低廉;(5)产品特性变化较大,不易控制
			二层 5.5~6	25~40	0.04~0.055		9~12	11~12	
			三层 4.5~5	30~40	0.035~0.04		12~14	9~10	
8	毛毡		约20~40(取决于密度和厚度)	>2	0.05	>2	4~8		通常采用12~25mm厚

5. 选择正确的安装方式

隔振器件的安装方式主要有支撑式和悬挂式。对于一般机械设备的隔振，支撑式用得最多，见图 7-23 和图 7-24。

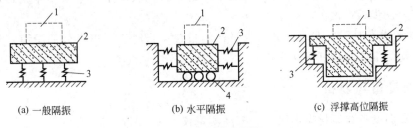

(a) 一般隔振　　　　　　(b) 水平隔振　　　　　　(c) 浮撑高位隔振

图 7-23　支撑式隔振

1—设备；2—基础；3—支撑弹簧；4—钢球

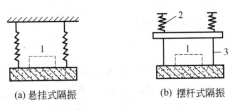

(a) 悬挂式隔振　　　　　　(b) 摆杆式隔振

图 7-24　悬挂式隔振

1—设备；2—支撑弹簧；3—摆杆

第四节　现场教学

一、教学目标

① 掌握测量噪声的方法与要求，熟练掌握声级计的使用方法。

② 了解风机与泵的设计质量和工艺水平，并对产品改进工作有所认识。

③ 为系统的噪声与振动控制技术提供研究分析的依据，寻找噪声源或振源，采取有效的控制措施。

④ 监测风机与泵运行状况，判断工作是否正常，防止事故发生。

⑤ 根据风机或泵的声级大小，对特定的系统采取合适的降噪和防振措施。

二、教学内容

风机与泵运行时噪声的大小与测点位置有关系，风机与泵在运行时噪声的测量一般根据所选择的位置以声级计测定。噪声测定要注意现场反射声的影响，不应在传声器或声源附近有较大反射面。噪声测量步骤如下。

① 测量时将传声器置于需要测量噪声的部位。

② 测量前先启动泵或风机，找准部位，将声级计的传声器面对发声方向即 0°入射角，信号经放大器放大，多数放大器有过载指示器，指示所选择的衰减器位置是否正

确。这在测量脉冲噪声或放大器串联滤波器时特别重要。

③ 从记示仪表上读出测量部位的噪声值，记在相关的实训报告册上。

④ 将各个噪声源部位的噪声测量三次以后，关闭泵或风机。

⑤ 整理数据，将测量三次的结果取平均值，若几次测量的结果相差太远，要分析原因，按上述步骤重做。

⑥ 测量噪声时，一方面可采用声级计测量泵运行时进、出口处的噪声，另一方面可采用振动测量仪测量其固体噪声。

三、实训设备与器材

主要实训设备与器材有声级计、振动测量仪、泵、风机等。

四、教学方法

采用学生现场检测的方式。

五、学生能力体现

通过理论和实践的学习，能寻找噪声源或振源，进行风机与泵噪声的测量，并能初步根据声音判断机器的运行状况，掌握相应的降噪措施。实训要求对测量所得数据进行整理，并进行简要的分析，写一篇不少于2000字的实训记录与实践报告。

 习题

1. 声压、声强、声功率与声压级、声强级、声功率级之间的关系是怎样的？
2. 风机与泵的噪声是如何产生的？
3. 为了消除风机和泵噪声的产生，必须采取哪些必要措施？
4. 什么是振动？振动的类型有哪些？表示振动强度的参数有哪些？
5. 如何对设备振动进行隔离？

第八章

环保设施的监测监控仪器仪表

素质目标

　　增强对环保设施的监测监控仪器仪表的规范操作管理意识；选择仪器仪表要分析其技术指标和经济指标，具有节约意识；在采集数据时要诚实守信，不弄虚作假。

第一节　水质监测仪器设备的选择、使用与维护

一、pH 测定仪（酸度计）

1. pH 的概念

　　pH 值是指溶液中氢离子（H^+）的浓度，它是用负对数表示的计算公式为 $pH = -\lg[H^+]$，其中［H^+］代表溶液中的氢离子浓度。因此，pH 值越小，溶液中的氢离子浓度越高，溶液酸性越强；pH 值越大，溶液中的氢离子浓度越低，溶液碱性就越强。

2. pH 测定仪（酸度计）的选择使用与维护

　　（1）基本原理　用 pH 测定仪是测量 pH 值最精密的方法。原电池的两个电极间的电动势依据能斯特定律，既与电极的性质有关，也与溶液中氢离子浓度有关；原电池的电动势与氢离子浓度有对应关系，氢离子浓度的负对数即为 pH 值。pH 计是一种常用的仪器和设备，主要用于精确测量液体介质的 pH 值。还可以用相应的离子选择电极测量离子电极电位的 MV 值。

　　（2）仪器结构　pH 测定仪通常由玻璃电极、甘汞电极（参比电极）等组成，配上相应的离子选择电极也可以测量离子电极电位 MV 值，广泛应用于工业、农业、科研、环保等领域。在 pH 测量中，参比电极（惰性电极）作为电位恒定的半电池与 pH 测量电极组成一化学电池，提供并保持固定的参比电势；对于溶液中氢离子活度有响应时，其电极电位随之变化，现代 pH 计几乎都用玻璃电极作为测量电极，目前的 pH 电极大部分是复合电极，即将参比电极和 pH 测量电极组合在一起的电极。

　　① 玻璃电极　玻璃电极头部呈球形，是电极的敏感部分。玻璃用特种配方制造，厚度仅零点几毫米，内部充有一定 pH 值的缓冲溶液，并装有内电极。当电极浸入被测溶液时，由于球泡内、外两表面的 pH 值不同，故产生了电位差。玻璃电极内阻很高，

达数百兆欧，且随温度的降低而增大。

② 甘汞电极　在测量时此电极是作为参考标准用的，因此要求其电位稳定，且不随溶液的 pH 值发生变化。电极内部装有饱和氯化钾溶液，作盐桥用。它通过装在头部的陶瓷芯渗透，与待测溶液形成通路。

③ 电计　全电池产生的盲流信号，由电计进行放大后，直接显示出 pH 值。由于玻璃电极内阻很高，因此要求放大器输入阻抗必须高出几百倍，方能保证足够的测量精度和灵敏度。因为直流放大器漂移大，所以通常都是把直流变成交流后再放大。一些老式仪器常用机械式斩波器作变流元件，但其寿命有限。现在都采用变容二极管。变容二极管实际上是一个半导体 PN 结，P 和 N 相当于电容器的两个极板。当外加一正电压时，PN 结处于正向偏置状态，两极板间距离缩小，电容量加大；当外加负电压时，情况则相反。在 pH 计中，来自原电池的微变信号加到变容二极管两端时，其容量便发生变化，变化大小取决于原电池的信号。仪器结构见图 8-1，外形见图 8-2。

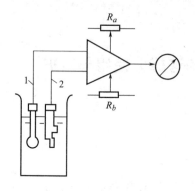
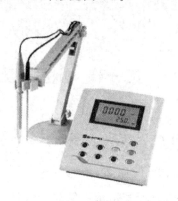

图 8-1　pH 测定仪结构

R_a—零点调节；R_b—定位（校正）调节；

1—玻璃电极；2—甘汞电极

图 8-2　pH 测定仪外形

（3）使用与维护

① 标准溶液的配制　测量 pH 值用的标准溶液称为缓冲溶液，即在少量酸碱作用下，酸度仍保持相对稳定的溶液。一般配用 pH 值为 4.01、6.88、9.22 的三种溶液即可满足测定要求。

a. 配制 pH 值为 4.01 的溶液：称取 10.21g 优级纯邻苯二甲酸氢钾置于容量瓶中，加蒸馏水至 1L 溶解。

b. 配制 pH 值为 6.88 的溶液：称取 3.4g 优级纯磷酸二氢钾和 3.55g 优级纯磷酸氢二钠置于容量瓶中，加蒸馏水至 1L 溶解。

c. 配制 pH 值为 9.22 的溶液：称取 3.81g 优级纯硼砂置于容量瓶中，加蒸馏水至 1L。

以上所用蒸馏水的电导值均应小于 $5\mu S$，试剂均应在 120℃下烘干。

② 注意事项　为了保证测量精度，标定时宜采用与被测溶液 pH 值接近的标准缓冲溶液去校正。如被测溶液呈酸性时，应该用 pH 值为 4.01 的溶液去校正，若其酸碱性不明，可先进行粗测后，再按上述方法重新校正一次。玻璃电极使用前宜在蒸馏水中浸泡 24h 以上，以使其稳定；电极的插头切勿受潮和用手触摸，以免降低绝缘性能；插

入电极前应用干滤纸擦拭；球泡内不得有气泡，长期使用后若反应迟滞、指示偏低，系电极衰老，应予更换；甘汞电极内应注满饱和氯化钾溶液；溶液的 pH 值随温度变化而变化，在使用没有自动温度补偿的仪器时，应严加注意。几种溶液的 pH 值与温度的关系见表 8-1。

表 8-1　缓冲溶液的 pH 值与温度的关系对照表

温度/℃	磷苯二钾酸盐标准溶液	中性磷酸盐标准溶液	硼酸盐标准溶液
5	4.01	6.95	9.39
10	4.00	6.92	9.33
15	4.00	6.90	9.27
20	4.01	6.88	9.22
25	4.01	6.86	9.18
30	4.01	6.85	9.14
35	4.02	6.84	9.10
40	4.03	6.84	9.07
45	4.04	6.83	9.04

二、生化需氧量测定仪

1. 生化需氧量的概念

生化需氧量（BOD_5）是指水中好氧微生物在增殖或呼吸过程中将有机物分解时所消耗的氧量，是水质有机污染的重要指标之一。这个分解过程与时间、温度有关，目前各国普遍采用的方法是：当有充分的溶解氧存在时，在 20℃下将水样培养五天，测出培养前、后溶解氧之差，即为五日生化需氧量，记为 BOD_5。亦可用记录仪表将五日内耗氧情况连续记录下来。近年来出现了一种微生物电极快速测定 BOD 的仪器。

对于大部分废水，由于水样中有机物含量高，氧含量少，故要稀释后才能培养测定。对于某些缺少微生物的废水，则要人为地把能够分解有机物的微生物菌种引到废水水样中，即接种；而有些工业废水中的有机物，不容易被一般微生物分解，要人工培养能分解这种有机物的菌种，然后再接种到水样中，即驯化。

2. 生化需氧量（BOD）测定仪（微生物膜法）的选择使用与维护

（1）基本原理　微生物膜法 BOD 测定仪是一种新兴的 BOD 快速测定法，测定一个样品只需 30min 左右，与测定 BOD_5 相比，大大地节省了时间。该测定仪是采用隔膜电极式溶解氧测定仪来测定氧的消耗量。但在这种仪器的隔膜上还需贴有一层密布着微生物的膜，微生物膜电极因此而得名。如图 8-3 所示，当被测水样中不含有机物（如清洁的自来水）时，微生物的呼吸作用弱，不消耗水样中的溶解氧，通过微生物膜的氧量不发生变化，扩散电流亦不变；而当被测水样中含有有机物时，微生物的呼吸作用增强，消耗水中的溶解氧，通过微生物膜的氧量减少，扩散电流发生变

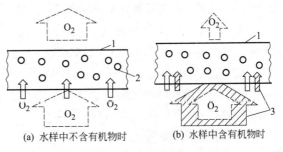

(a) 水样中不含有机物时　　(b) 水样中含有有机物时

图 8-3　微生物膜状态示意

1—微生物膜；2—微生物；3—有机物

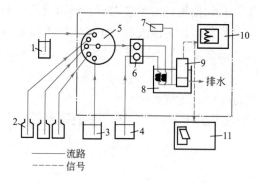

图 8-4　微生物膜法 BOD 测定仪结构

1—被测水；2—标准溶液；3—洗涤水；

4—缓冲溶液；5—切换阀；6—进样泵；

7—空气泵；8—恒温槽；9—微生物膜

电极；10—记录仪；11—数据处理系统

化，这个变化大小决定于水样中有机物的浓度。

（2）仪器结构　这种仪器有实验室型和流程型两类，结构大体相同，如图 8-4 所示。经电机驱动，切换阀周期性地将缓冲溶液（调节 pH 值用）、校正用标准溶液、洗涤水及被测水导入恒温槽中，经微生物膜电极测量后排出。测量结果由记录仪记录或打印机打出。仪器量程为 0～500mg/L，可通过稀释样品的方式测定更高浓度水样。

（3）使用与维护　仪器采用微机控制，只要按规定预先将各程序设定好，便可自动进行测定。仪器运转过程中不应改变程序。水样进入仪器前，应加过滤器，滤去杂质，残余的氯、金属离子等对测试结果有一定影响，须加以注意。这种电极的寿命约两年。

三、化学需氧量测定仪

1. 化学需氧量的概念

化学需氧量（COD）测定仪以化学方法测量水样中需要被氧化的还原性物质的量。水样在一定条件下，以氧化 1L 水样中还原性物质所消耗的氧化剂的量为指标，折算成每升水样全部被氧化所需要的氧的量，即废水、废水处理厂出水和受污染的水中，能被强氧化剂氧化的物质（一般为有机物）的氧当量，以 mg/L 表示。

化学需氧量是水环境监测中重要的有机污染综合指标之一，可用以判断水体中有机物的相对含量。化学需氧量高意味着水中含有大量还原性物质，其中主要是有机污染物，化学需氧量越高，就表示水体的有机物污染越严重，对于河流和工业废水的研究及污水处理厂的效果评价来说，是一个重要而易得的参数。

2. 化学需氧量测定仪的选择使用与维护

（1）基本原理　化学需氧量测定仪是用于环境监测、污水处理检测的仪器，其中应用最广泛的为化学需氧量快速测定仪，其检测方法依据国家环境保护行业标准《水质　化学需氧量的测定　快速消解分光光度法》（HJ/T 399—2007）的规定，其检测原理如下：

在试样中加入已知量的重铬酸钾溶液，在强硫酸介质中，以硫酸银作为催化剂，经过快速密闭消解后，用分光光度法测定 COD 值，COD 测定仪可直接显示 COD 值。

当试样中 COD 值为 15～250mg/L 时，在 440nm±20nm 波长处测定重铬酸钾未被还原的六价铬和被还原产生的三价铬两种铬离子的总吸光度，仪器将总吸光度值换算成试样的 COD 值；当试样中 COD 值为 100～1000mg/L，在 600nm±20nm 处测定被还原产生的三价铬离子的吸光度，将三价铬的吸光度换算成试样的 COD 值。

（2）仪器结构　化学需氧量测定仪主要由主机和消解器组成，其中消解器主要由加热系统、恒温控制系统组成，用于对样品进行消解处理；测定仪主机主要由光源、检测池、比色皿、光电接收器、微处理器组成，用于对消解后的样品进行吸光度的检测和计算，测量结果可以通过屏幕显示，也可以选配打印机用于输出检测结果。其结构如图 8-5 所示。

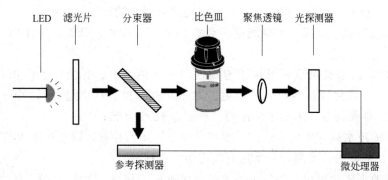

图 8-5 COD 测定仪结构

（3）使用与维护 化学需氧量测定仪应放置在平稳的工作台上开展测定操作，按照仪器说明书准备一定量的样品，并将预制试剂与样品充分混合后进行消解操作，试样如果有悬浮物或者杂质，必须使其沉淀或用离心机离心，取上清液测定。消解系统应提前开启进行升温，到达设定温度后再开展消解工作。水样预处理及比色过程等环节，应该连续、紧凑完成。溶液比色时比色皿外壁必须保持清洁干净，不能有溶液、污渍或水痕存在。比色时需注意避免将比色溶液沾到测定仪的比色槽上或洒到比色槽中，注意不要对已经完成比色的样品反复进行比色测定。

【注意】 化学需氧量检测废液为重金属废液，应当单独收集后规范存储和处置，不可随意丢弃。

四、水质多参数快速测定仪

1. 水质多参数快速测定仪概念

可以快速测定多个参数的测量仪器。可测量 COD、氨氮、总氮、总磷、溶解性总固体（TDS）、硬度等。

2. 水质多参数快速测定仪的选择使用与维护

（1）基本原理 各参数采用不同的专用配套试剂，在专用消解管或比色管内充分反应后，采用分光光度法原理，在对应的特定波长下，检测各污染参数的吸光度，经微电脑技术进行数据处置后，直接显现出样品浓度值，用单位 mg/L、度、NTU 等表示。

（2）仪器结构 水质多参数快速测定仪（图 8-6）通常包括消解预处理装置和检测仪器两大结构，不同参数监测仪根据其检测方法略有不同。

① COD/氨氮/总磷/总氮多参数测定仪：检测水中的 COD、氨氮、总磷、总氮指标；

② COD/氨氮/总氮水质测定仪：测定水

图 8-6 水质多参数快速测定仪

中的 COD、氨氮、总磷；

③ 氨氮/总磷/总氮便携式水质测定仪：支持多参数氨氮、总磷、总氮的测定；

④ COD/氨氮/总磷/总氮/溶解氧/浊度/色度/悬浮物多参数测定仪：检测水中 COD、氨氮、总磷、总氮、溶解氧、浊度、色度、悬浮物；

⑤ 污水五参数测定仪：主要测定污水中 COD_{Cr}、总磷、氨氮、悬浮物、总氮五个参数；

⑥ 自来水/污水检测仪：可用于测定饮用水中的浊度、色度、悬浮物、余氯、总氯、化合氯、二氧化氯、溶解氧、氨氮、亚硝酸盐、铬、铁、锰、铜、镍、锌、硫酸盐、磷酸盐、硝酸盐氮、阴离子洗涤剂、臭氧等 78 个参数；

⑦ 水产养殖水质分析仪：适用于水产养殖业用水的检测，以便控制水的 pH、亚硝酸盐、氨氮、溶解氧、水温、盐度达到规定的水质标准；

⑧ 游泳池水质检测仪：用于测量游泳池内尿素、总氯、余氯、pH、浊度的检测；

⑨ 饮用水快速分析仪：生活饮用水及其水源水中余氯、总氯、二氧化氯和臭氧等 35 种项目的快速测定；

⑩ 五参数水质检测仪：适用于疾控中心及纯水站、游泳池等的温度、浊度、余氯、二氧化氯、pH 检测，以便控制水的温度、浊度、余氯、二氧化氯、pH 达到规定的水质标准；

⑪ 七参数水质检测仪：适用于疾控中心及纯水站、游泳池等的温度、浊度、余氯、二氧化氯、pH、TDS、氧化还原电位（OPR）检测，以便控制水的温度、浊度、余氯、二氧化氯、pH、TDS、OPR 达到规定的水质标准；

⑫ 25 参数水质分析仪：适用于大、中、小型水厂及工矿企业、游泳池、疾控中心、生活或工业用水的浓度检测，以便控制水的浊度、色度、余氯、总氯、化合氯、二氧化氯、氨氮、镍、悬浮物、铜、磷酸盐、余氯、溶解氧、亚硝酸盐、铬、铁、锰、TDS、水温，pH、水硬度、COD 等达到规定的水质标准；

⑬ 68 参数水质检测分析仪：可用于测定饮用水中的浊度、色度、悬浮物、余氯、总氯、化合氯、二氧化氯、溶解氧、氨氮（以 N 计）、亚硝酸盐（以 N 计）、铬、铁、锰、铜、镍、锌、硫酸盐、磷酸盐、硝酸盐氮、阴离子洗涤剂、臭氧等参数。

（3）使用与维护

① 清洁维护　长时间使用会导致仪器内部出现污垢和附着物，影响测试结果的准确性。因此，每次使用后应及时清洁仪器，避免污物积聚。清洁方法建议参考仪器的使用说明书。

② 校准检测　仪器准确性与校准检测密切相关。为确保测试的准确性，需要定期进行校准检测，及时对发现的问题进行处理或更换。一般情况下，建议每月进行一次校准检测，或根据使用频率和测试要求来确定检测周期。

③ 替换损坏零部件　水质多参数快速测定仪由多个零部件组成，任何一个零部件的损坏都可能影响测试结果。因此，在进行维护保养时，应检查每个零部件的运行情况，及时更换出问题的零部件。

④ 保养电池　水质多参数快速测定仪是一种便携式仪器，在一些场合需要通过电池供电。为了保证测试的稳定性，建议定期检查电池供电情况，及时更换电池。同时，在长时间不使用仪器时，应该及时取出电池。

⑤ 避免仪器震动和碰撞　该仪器包含多个精密零部件，在运输和使用过程中容易受到震动和碰撞，从而影响仪器的精度和稳定性。因此，在使用前应仔细查看仪器的安装位置和固定情况，避免仪器受到外力的干扰。

第二节　废气监测仪器设备的选择、使用与维护

一、烟气分析仪

1. 烟气分析仪的概念

烟气分析仪是用于分析测量 CO_2、CO、NO_x、SO_2 等烟气含量的设备，还可测量烟气温度、压力等参数，通过计算可以得到过量空气系数、烟气露点、燃烧效率、烟气热损失、烟气流量等热工参数。烟气分析仪广泛应用于各种锅炉、烟道、工业炉窑等固定污染源颗粒物及有害气体的排放浓度、折算浓度、排放总量的测定。

2. 烟气分析仪的选择使用与维护

（1）基本原理　烟气分析仪一般采用皮托管平行法等速采样、干湿球法测定烟道中的含湿量、过滤称重法测定颗粒物质量、定电位电解法测定烟道中的有害气体，特别适用于烟尘采样及 SO_2、NO_x 等有害气体测试。烟气分析仪选配固定污染源综合取样管可进行溶液法烟气有害气体采样，选配 β 射线法烟尘颗粒物检测器可现场显示烟尘颗粒物浓度，还可以配套其他取样管进行油烟、油烟颗粒物、沥青烟等污染物的采样。

（2）仪器结构　烟气分析仪的结构包括采样系统、预处理系统和检测系统三部分。其中采样系统是烟气分析仪的重要组成部分，主要用于采集烟气样品。采样系统通常包括烟枪和采样管。烟枪是用于插入烟道中的采样工具，通常采用耐高温材料制成，以保证其耐用性和稳定性。烟枪又包括过滤器、调整件、干燥器等。过滤器用于去除烟气中的灰尘和杂质，调整件用于调整烟气的压力和流量，干燥器用于去除烟气中的水分和其他有害气体。

检测系统是烟气分析仪的最后一个组成部分，主要用于对预处理后的烟气样品进行检测和分析。根据检测原理的不同，检测系统的结构略有差别。例如，基于非色谱法的检测系统通常包括氧气分析仪、二氧化碳分析仪、一氧化碳分析仪等；而基于色谱法的检测系统则通常包括气相色谱分析仪和高效液相色谱分析仪等。使用时可以根据检测需要进行灵活选择。

（3）使用与维护　烟气分析仪在使用前后要进行校准，在使用频次较高的时候适当考虑安排期间核查。每次测量前要进行气密性检查，仪器开机时要在清洁空气中等仪器稳定后再连接烟气取样枪，当仪器出现死机或由于停电等导致仪器重启时，仪器可能会出现无法归零、数据偏移等现象，应现场用标准气体重新标定后再进行测量，避免数据产生误差。测量完成后，应注意继续在清洁空气中保持运行 5～10min，否则会加速传感器的损耗。注意定期更换滤芯及冷凝器过滤片，防止灰尘污染传感器，影响数据精度。

二、二氧化硫监测仪器

1. 二氧化硫的概念

二氧化硫（SO_2）是最常见、最简单、有刺激性的硫氧化物，无色气体，大气主要污染物之一。主要来源于煤和石油的燃烧，以及含硫酸、磷肥等生产的工业废气和机动车辆的尾气排放。当二氧化硫溶于水中，会形成亚硫酸（酸雨的主要成分）。

大气中的硫化物有二氧化硫、三氧化硫、硫酸、硫化氢和二硫化碳等。但对硫化物污染的监测，以二氧化硫最具代表性。硫的氧化物污染主要在于燃料燃烧时硫的氧化，硫化氢也易被氧化成二氧化硫。大气中二氧化硫的浓度是环境监测的重要项目之一。我国卫生标准规定了居住区大气中二氧化硫的一次最高允许浓度为 $0.5mg/m^3$。

2. 二氧化硫监测仪的选择使用与维护

（1）基本原理 适用于监测大气中二氧化硫的仪器，大多根据库仑滴定法、电导法、紫外荧光法和定电位电解法等原理制成。下面主要介绍库仑滴定法二氧化硫分析器。

库仑滴定法是根据物质电解氧化或还原时所需的电量来确定物质量的方法。因此，用库仑滴定法来做定量分析的必要条件是电解的电流效率应为 100%，即在电极上只发生所要求的电解氧化还原反应，而不发生任何其他副反应。

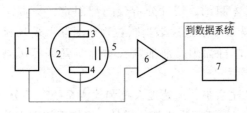

图 8-7 三电极库仑动态滴定原理
1—恒流供电电源；2—库仑池；3—阳极；4—阴极；
5—参考电极；6—放大器；7—记录和指示器

三电极库仑动态滴定原理如图 8-7 所示。

库仑池有三个电极：铂丝阳极、铂网阴极和活性炭参考电极。电解液为 $0.3mol/L$ 碱性碘化钾溶液。外电路从阳极给电解库仑池供恒定电流，电流从阳极流入（I_a），经阴极和参考电极形成阴极电流（I_c）和参考极电流（I_r）后流出。滴定试剂为碘分子。参考电极的作用是提供一个稳定的电位，通过负载和阴极连接。这样，阴极电位就是参考电极的电位和负载上的电位降之和。在这样的电位差下，阳极只能靠溶液中的碘离子得到碘分子，即 $2I^- \rightleftharpoons I_2+2e^-$。抽入库仑池的气体带动电解液在池中循环流动，碘分子被带到阴极后还原。在上述电位差作用下，阴极只能还原碘分子，重新产生碘离子：$I_2+2e^- \rightleftharpoons 2I^-$。如果库仑池中没有其他化学反应，则当碘浓度达到动态平衡后，阳极氧化碘的量和阴极还原碘的量相等，即阳极电流和阴极电流相等（$I_a=I_c$），这时参考电极没有电流输出。如果进入库仑池的气体含可被氧化还原的物质，如二氧化硫，则二氧化硫与碘发生下列反应：

$$SO_2+I_2+2H_2O \Longrightarrow SO_4^{2-}+2I^-+4H^+$$

这个反应在库仑池中是定量进行的，每一个二氧化硫分子反应后消耗一个碘分子，少一个碘分子到达阴极，阴极将少给出两个电子。这两个电子由参考电极上碳的还原作用给出，以维持电极间的氧化还原平衡：

$$C(氧化态)+ne^- \longrightarrow C(还原态)$$

由于二氧化硫的氧化反应而降低的那部分阴极电流，成为参考电极电流流出，且参考电极电流与二氧化硫浓度成正比。这时，阳极电流等于阴极电流与参考电极电流之和（$I_a = I_c + I_r$）。这个电流经放大器放大后输入显示记录仪表或计算机或数据处理系统，作为二氧化硫浓度指示被记录下来。

（2）仪器结构 库仑法二氧化硫分析器由库仑池、选择性过滤器、活性炭过滤器、进样三通阀、流量计、稳流器、加热器、流量调节阀、薄膜抽气泵和电气线路组成。整个分析器的流程如图8-8所示。

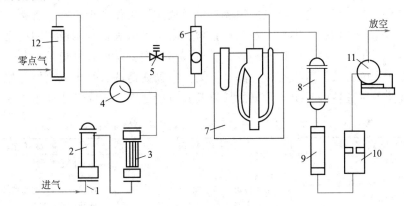

图8-8 库仑法二氧化硫分析器流程

1—被测气体入口；2—硫酸亚铁过滤器；3—银网过滤器；4—三通阀；5—针阀；6—流量计；
7—库仑池；8—缓冲器；9—加热器；10—稳流器；11—泵；12—活性炭过滤器

仪器有两个通气口，一个通入零点气，另一个通入被测气体。在薄膜泵的抽引下，空气经活性炭过滤器除去全部氧化性和还原性气体后，用作零点气。零点气经三通阀输入到库仑池，供校验仪器零点。被测气体经选择性过滤器除去其中的 O_3、NO_2、H_2S、Cl_2 等干扰组分，经三通阀通入仪器，调整使其进入库仑池的流量为250mL/min，用转子流量计指示流量。被测气体从库仑池出来，经缓冲器、加热器和稳流器后，由泵排出。

（3）使用和维护 仪器使用前，应首先检查过滤器的有效性，注入电解液。仪器启动正常后就可以调整零点，稳定半小时后就可正常运行使用。使用时应注意每切换一次量程时，应重新校验零点。

使用过程中的日常维护工作是多方面的。在仪器正常工作情况下，为保证读数正确、可靠，应定期校验仪器的刻度。另外，要随时注意电解液、电极、选择性过滤器是否有异常，发现下述异常应及时处理。

① 发现库仑池中的电解液有沉淀或接近中性时，应当更换。电解液是 0.3mol/L KI＋0.25% Na_2CO_3 溶液。配制电解液用的水应是二次蒸馏水或经离子交换的去离子水。还应注意装入的电解液量要适当。若装得过多，则电解液从内池排气孔溢出，造成滴定过程中碘分子损失，致使仪器零点升高、基线波动。

② 电极长期使用后表面受到玷污，使仪器零点升高且造成不稳定，这时需用1∶1硝酸水溶液清洗电极。

③ 选择性过滤器的寿命主要依现场各种干扰气体的浓度而定。在使用期间，若发现银网有2/3变成棕黑色，就应取出，在800℃下灼烧半小时，恢复银白色，方可继续使用。硫酸亚铁在空气中会逐渐氧化而失效，有效期约半年，由被过滤气体中二氧化氮的浓度决定。硫酸亚铁过滤器对二氧化氮的总过滤约为 $6×10^{-3}$% · h（即对浓度为

1×10^{-4} ％的二氧化氮，可使用 60h），因此要注意更换新制备的过滤剂。硫酸亚铁过滤剂是以饱和的硫酸亚铁溶液浸渍 6201 色谱担体，待担体被晾干后，在 105℃烘箱中烘 1～2h 后即可使用，也可放在干燥器中备用。

④ 参考电极寿命为半年到一年，当发现仪器的响应时间加长时，应更换参考电极。电解液在不受污染的情况下，寿命为一个月左右。仪器使用日久或保养不当都会产生故障。如发现仪器工作不正常可先分别检查电路系统和气路库仑池系统。检查电路系统比较简单，主要是查看对库仑池电极的恒流供电及放大器工作是否正常。若调节零点电位器时，仪表指示随之偏转，则放大器工作正常。若将电流表接到阳极和阴极之间，则电流指示应随量程相应变动，否则属不正常。对气路，主要是检查管道是否漏气，以及通气管道是否充入电解液。若管道被电解液污染，应彻底清洗、烘干或更换。然后检查电极、电解液及各过滤器的状况。常见的故障及其可能原因、排除办法列于表 8-2。

表 8-2   库仑法二氧化硫分析器常见故障及其可能原因、排除方法

故 障 现 象	可 能 原 因	排 除 方 法
对通入的二氧化硫气体无反应，更换量程也不起作用	电路有元件损坏 铂阴极电接线断路 参比电极失效	检查库仑池供电 检查恒流电源 检查放大器，证实后修理 修理或更换阴极 更换参比电极
响应值低电解液变色	阴极损坏 气路潮湿或电解液倒吸入气路	清洗或更换阴极，同时更换电解液 拆下氟塑料气管清洗、吹干
响应值低，阳极与参比电极间电压大于 350mV	电解液污染或碘被耗尽 参比电极工作不正常	清洗库仑池，更换电解液 更换参比电极
响应值低，量程转换时指示值变化缓慢，阳极与参比电极间电压大于 350mV	参比电极内活性炭失效 参比电极受污染 阳极或阴极受污染	重装或更换参比电极 清洗阳极或阴极
仪器零点大于量程的 10％，阳极与参比电极间电压正常［即（200±60）mV］，但通零点气时电流不稳定	参比电极工作不正常 库仑池顶部有漏气 选择性过滤器后面的气路有漏 活性炭过滤器失效	更换参比电极 检漏，重新安装 检漏更换

三、氮氧化物监测仪器

1. 氮氧化物的概念

大气污染监测中的无机含氮化合物，主要是指总氮氧化物、氰化氢和氨。各种氮氧化物中二氧化氮最为重要。一氧化氮在大气中可逐渐氧化成二氧化氮。氮氧化物污染来源于酸和化肥的生产，电镀，各种烧油装置的烟囱排气，汽车、柴油机排气等，废气中一氧化氮的含量可高达 0.4％。氮氧化物与碳氢化物共存，并经紫外线照射时，形成光化学烟雾。二氧化氮比一氧化氮的毒性高 4 倍。

2. 氮氧化物监测仪的选择使用与维护

目前常用的二氧化氮自动监测仪器有化学发光式氮氧化物分析器和库仑法氮氧化物分析器。

（1）化学发光式氮氧化物分析器

① 基本原理   一氧化氮和臭氧反应可发射光，依此制成化学发光式氮氧化物分析

器。在某些放热化学反应中，反应产物的分子获得过剩的反应能而处于激发态，当它们跃迁到基态时，发出一定能量的光子。一氧化氮和臭氧的反应机理如下。

$$NO+O_3 \Longrightarrow NO_2^* +O_2$$
$$NO_2^* \Longrightarrow NO_2+h\nu$$

NO_2^* 为处于激发态的二氧化氮，向基态跃迁的同时发射光子，发出的光波长带宽为 $500\sim3000nm$，最大强度在 $1100nm$ 附近。当反应温度一定而参加反应的臭氧分子过量时，样品中一氧化氮的浓度与化学发光强度，即与接收这种发光的光电倍增管输出电流的大小成正比。若要分析二氧化氮则首先应将二氧化氮定量还原为一氧化氮。

② 仪器结构　双通道化学发光式氮氧化物分析器的组成如图 8-9 所示（单通道仪器就是它的一半）。仪器包括两个内装有恒流控制器的恒温反应室，一个切光器，带冷却器的光电倍增管组件，预放大器及其高压电源，总电源，用于信号放大、处理的电气系统。气路流程中包括过滤器、气流分路器、流量计、钼转化炉、臭氧发生器、真空表以及出口活性炭过滤器等。

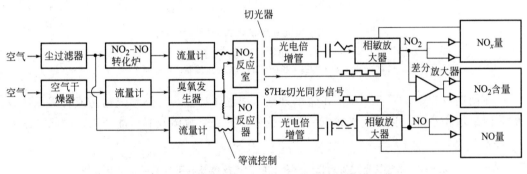

图 8-9　双通道化学发光式氮氧化物分析器的组成

仪器的分析气路流程如图 8-10 所示，气样经除尘后就进入仪器的分析流程。流程基本上由两个独立的系统组成，其中一路通过钼转化炉后进入反应室，另一路不经钼转化炉直接进入反应室，两路气样在各自的反应室内与从臭氧发生器来的臭氧混合反应，分析后的气体汇合在一起通过活性炭过滤器和渗透净化干燥器，最后由泵排出。设计时要保证两路气流阻力匹配，也就是使它们的滞留时间匹配。处理信号时，将两个通道所得信号相减，从而获得同一时刻被测气体中一氧化氮和二氧化氮含量两项指标。制备臭氧用的空气须经过滤器、渗透净化干燥器净化后才被送到臭氧发生器，所产生的臭氧分两路通到两个反应器内。流经每个反应器的气体流量均由恒流控制器控制，流量约为 $250mL/min$。

③ 使用和维护　仪器正常使用时的日常维护工作包括如下内容。

a. 定期检查并更换过滤器和干燥剂。其中包括臭氧发生器干燥剂、光电倍增管壳内干燥剂和入口机械滤尘器膜片。滤尘器膜片更换周期取决于空气中尘埃的浓度和种类。若尘埃属飘尘和其他碱性物质，则必须经常更换。

b. 定期更换抽气泵的膜片。若泵的抽气能力下降，达不到仪器所需流量，则应将泵拆下清洗。清洗时，可用甲醇或酒精作为洗剂。

c. 活性炭过滤器中的活性炭应三个月更换一次，以维持除臭氧的效率。

d. 反应室受污染或长期使用变脏，则应拆下清洗。清洗反应器及其中零件可用甲醇、亚甲基氯代烃或其他溶剂，在超声波清洗器内清洗，一般用 $30min$ 即可清洗干净。

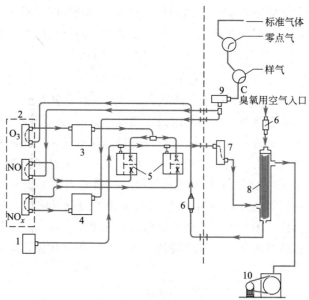

图 8-10　化学发光式氮氧化物分析气路流程

1—真空表；2—流量计；3—臭氧发生器；4—钼转化炉；5—反应室；6—过滤器；
7—活性炭袋；8—渗透净化干燥器；9—尘过滤器；10—抽气泵

在使用过程中，一旦发现不正常的现象，要逐步检查，气路系统玷污或有漏气造成的故障最值得注意。化学发光式氮氧化物分析器的常见故障及其可能原因、排除方法列于表 8-3。

表 8-3　化学发光式氮氧化物分析器的常见故障及其可能原因、排除方法

故障现象	可能原因	排除方法
通电后没有流量	排气口堵塞 进气口堵塞 泵没有启动	检查排气口 检查进气口,可拆开泵的主进气管道排除 检查保险丝及供电插头、电源线
流量正常,但仪器没有输出信号	取样阀工作不正常或接错管道 量程选择不当 光电倍增管供电不足 光电倍增管出现故障或损坏 切光器叶片不转	更换纠正 重新选择量程 检查光电倍增管供电电压 更换 清除机械阻碍或检查切光器供电情况
仪器指示零点不稳	气路的调节阀工作不正常 泵抽气不稳 零点气路活性炭过滤器失效 光路部件漏光 综合电路出现故障	更换气阀 检查泵的工作,检查气路是否漏气 更换活性炭 确定漏光位置,用不透明材料密封 检修电路
用标准气不能校准量程	量程选择不当 标准气浓度不对 零点背景高 反应室窗口脏 气路漏气 光电倍增管电压太低 臭氧发生器发生故障	改换量程 检查标准气供给 更换活性炭 清洗管路或在反应室用一段时间后清洗系统中的污染物 检查,拆下清洗 检漏,必要时更换气路零件 检查光电倍增管供电情况 检查臭氧发生器电源,检查干燥源、流量,检查湿气污染

续表

故障现象	可能原因	排除方法
信号噪声太大	湿空气污染臭氧源 湿气形成硝酸污染反应室 光电倍增管受潮 光电倍增管高压电源失控 综合电路故障	用甲醇清洗 清洗 更换光电倍增管的干燥剂 更换高压电源 检修或更换
响应时间长,在用标准气校准时响应慢	气路管道潮湿 反应室潮湿 取样管路太长 取样气路管道材料不符合要求 钼转化炉温度太低 渗透管校正源稳定时间不够	清洗 清洗 缩短管线,标准气源移近分析器 用聚四氟乙烯管代替 检查转化炉温度
用标准气不能校准刻度	取样管道脏 恒流控制器脏(在反应室内) 进样口过滤器脏 反应室温度控制故障 光电倍增管高压电源漂移 光同步信号检波器故障 环境温度不正常	清洗 用甲醇清洗 更换进样口过滤器 检查反应室温度,修理或更换控温电路 检查、修理或更换 修理或调整 环境温度最好在 $20\sim30℃$ 之间

（2）库仑法氮氧化物分析器

① 基本原理　二氧化氮可与碘离子反应生成碘分子,通过测定这些碘分子在库仑池阴极上被还原为碘离子所产生的电流,便可确定二氧化氮的量。

② 仪器结构　库仑法氮氧化物分析器的组成如下。

a. 库仑池。

b. 氧化高银过滤器,由加热和过滤两部分组成。

c. 三氧化铬氧化管,气样在此首先被加热。

d. 活性炭过滤器,用来滤去空气中全部氧化性和还原性气体,被滤气体经三通阀后,供仪器作为零点气校验零点用。

e. 缓冲器,由两个空的气室和一个隔开这两个气室的孔板气阻组成。

f. 薄膜泵,薄膜泵前的加热器用来提高排出气流的温度,降低湿度,以保护薄膜泵不受凝结水的损害。

电子线路由 $\pm14V$ 稳压电源和电流放大器等部分组成,没有特殊要求。

③ 使用与维护　仪器使用之前,应先检查各过滤器的有效性,然后检查仪器流程中是否有漏气。确保仪器正常后通电启动。启动半小时后,调整零点,至此才可正常使用。

经常性的维护工作是校正仪器的零点,必要时用二氧化氮标准气校正仪器的刻度,以保证数据分析的正确性。24h 要调零一次。

其他方面的保养维护工作,主要是经常注意电解液、电极和各种过滤器的情况,若有异常,及时处理。

在使用过程中,若仪器出现不正常的情况,应按以下三部分分别检查。

a. 检查气路流程,主要是要确保气路不漏、清洁,否则应该重装或清洗。

b. 检查库仑池,主要是保持电解液和电极清洁,确保各电极的接线接触良好,氟塑料进气管道畅通。

c. 检查电器线路，确保电器线路正常。仪器的电器线路比较简单。启动仪器后，转换量程或调零点调节旋钮时指示值随着偏转，则表示正常。

四、挥发性有机物监测仪器

1. 挥发性有机物的概念

根据世界卫生组织（WHO）的定义，挥发性有机物（volatile organic compounds，VOCs）是在常温下，沸点为 $50\sim260℃$ 的各种有机化合物。在我国，VOCs 是指常温下饱和蒸气压大于 70Pa、常压下沸点在 260℃ 以下的有机化合物，或在 20℃ 条件下，蒸气压大于或者等于 10Pa 且具有挥发性的全部有机化合物。

VOCs 通常分为非甲烷碳氢化合物（简称 NMHCs）、含氧有机化合物、卤代烃、含氮有机化合物、含硫有机化合物等几大类。VOCs 参与大气环境中臭氧和二次气溶胶的形成，对区域性大气臭氧污染、$PM_{2.5}$ 污染具有重要的影响。大多数 VOCs 具有令人不适的特殊气味，并具有毒性、刺激性、致畸性和致癌作用，特别是苯、甲苯及甲醛等对人体健康会造成很大的伤害。VOCs 是导致城市灰霾和光化学烟雾的重要前体物。

VOCs 主要来源于煤化工、石油化工、燃料涂料制造、溶剂制造与使用等过程。在室外，主要来自燃料燃烧和交通运输产生的工业废气、汽车尾气、光化学污染等；而在室内则主要来自燃煤和天然气等燃烧产物、吸烟、采暖和烹调等的烟雾，建筑和装饰材料、家具、家用电器、汽车内饰件生产、清洁剂和人体本身的排放等。在室内装饰过程中，VOCs 主要来自油漆、涂料和胶黏剂、溶剂型脱模剂。一般油漆中 VOCs 含量在 $0.4\sim1.0mg/m^3$。由于 VOCs 具有强挥发性，一般情况下，油漆施工后的 10h 内，可挥发出 90%，而溶剂中的 VOCs 则在油漆风干过程中只释放总量的 25%。

2. 挥发性有机物监测仪器的选择使用与维护

（1）基本原理 常用的挥发性有机物监测仪器有电化学法、PID 法、FID 法三种。

① PID（光离子化检测器）。使用具有特定电离能的真空紫外灯产生紫外光，在电离室内对气体分子进行轰击，把气体中的有机物分子电离击碎成带正电的离子和带负电的电子，在极化极板的电场作用下，离子和电子向极板撞击，从而形成可被检测到的微弱离子电流。

② 电化学传感器。气体首先通过微小的毛管型开孔与传感器发生反应，然后是疏水屏障层，最终到达电极表面。穿过屏障扩散的气体与传感电极发生反应，传感电极可以采用氧化机理或还原机理。

③ FID（氢火焰离子化检测器）。以氢气和空气燃烧生成的火焰为能源，有机化合物进入以氢气和氧气燃烧的火焰，在高温下产生化学电离，电离产生比基流高几个数量级的离子，在高压电场的定向作用下，形成离子流。

（2）仪器结构 VOCs 监测仪器主要由气体采样系统、预处理系统、检测系统组成。

手持式 VOCs 监测仪器采用泵吸式采样的气体采样系统，通过采样探头和高温伴热管线对烟气中的粉尘进行过滤，同时具有高温加热功能，可有效防止烟气中的高沸点成分及水分冷凝，造成组分损失及管路堵塞。

预处理系统主要包含多级精密过滤模块及流量校准控制模块等，进一步去除气体中的粉尘颗粒物，同时调节和控制气体流量和稳定性，保证后续检测单元检测分析的准确性。

检测系统根据仪器原理的不同，采用电化学传感器、PID 或 FID，使采集到的样本气体通过检测池，将气体浓度转化为微弱的电流信号，通过测量电流的大小，来确定气体中 VOCs 的浓度。

（3）使用与维护 VOCs 监测仪开机后接上抽气探头及过滤头（注意气流方向）。仪器自检完毕以后，开始预热，预热完成后采样泵开始启动并测量，监测仪可持续显示即时 VOCs 浓度值，读数平稳时记录数值。更换测量点位时，应抽新鲜空气，使读数降低至室外环境读数后再测量。日常使用中应注意保持仪器干燥，不要接触水滴，避免直接接触腐蚀性液体；严禁在仪器规定的温度范围外使用，温度过高或过低会导致传感器永久损坏；对于未经防尘处理的手持式 VOCs 监测仪，请勿在粉尘浓度过高的环境中使用。注意定期检查仪器的气体管路和接头是否有泄漏和堵塞。

第三节 自动在线监测设备的选择、使用与维护

一、水质自动在线监测设备

1. 水质自动在线监测仪的概念

水质自动在线监测仪是一种对水质进行自动化检测的仪器，可以实时监控水质情况，并且将数据上传到远程控制平台。

1999 年起，我国在淮河、长江、黄河、松花江和太湖流域建设水质自动监测站，针对流量和 pH 进行监测，形成了我国最原始的水质在线监测系统。随着我国污染物排放总量控制的实施，进行水质在线自动监测显得尤为迫切。为了实时准确监测天然水体和污染源排放中有机污染的状况，达到及时掌握主要流域重点断面水体的水质状况、预警预报重大或流域性水质污染事故、解决水污染事故纠纷、监督排污总量及达标情况等目的，需要使用水质在线自动监测仪。

2. 水质自动在线监测设备的选择使用与维护

（1）基本原理 基于国家标准规定进行水质参数的测定，主要采用程序注射与微控技术建立多量程在线监测系统。测定原理主要利用自主设计的消解池或反应池，按照标准测定方法，按程序设定的顺序向消解池或反应池中注入样品和试剂，在一定的温度、压力条件下进行消解、显色等预处理，结合吸光度计算出具体的水质参数浓度值。

由于部分传统检测方法具有检测周期长、精度差、工序复杂等特点，无法满足水质在线自动监测需求，近年来，水质监测行业加强了对新型在线自动监测技术的研究，引入了各类光谱技术、传感器技术等新型自动监测技术，实现了对水质指标的快速监测，提升了监测质量与效率。

① COD 在线监测仪工作原理 水样、重铬酸钾消解溶液、硫酸银溶液（硫酸银作为催化剂可以更有效地氧化直链脂肪化合物）以及硫酸汞溶液的混合液加热到 165℃，重铬酸离子氧化溶液中的有机物后颜色会发生变化，分析仪检测此颜色的变化，并把这

种变化换算成 COD 值输出。消耗的重铬酸离子量相当于可氧化的有机物量。COD 在线监测仪结构如图 8-11 所示。

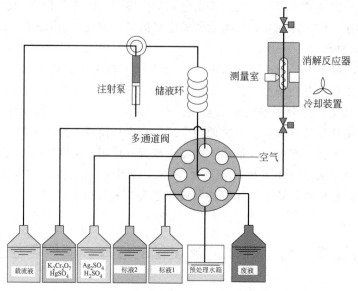

图 8-11　COD 在线监测仪结构示意图

水样中还原性的无机物，例如亚硝酸盐、硫化物和亚铁离子，会和重铬酸钾反应，影响测量结果，它们消耗重铬酸钾的量会记入测量结果中，使测量结果偏高。

水样中氯离子的干扰可以通过加入硫酸汞消除，因氯离子能与汞离子形成非常稳定的氯化汞。

② 氨氮在线监测仪工作原理　氨氮在线监测仪是依据标准《水质　氨氮的测定　水杨酸分光光度法》（HJ 536—2009）研发制造。氨氮在线监测仪的工作原理是在碱性介质和亚硝基铁氰化钠存在下，水中的氨、铵离子与水杨酸盐和次氯酸离子反应生成蓝色化合物，在 697nm 处用分光光度法测量吸光度，间接获得水样中氨氮的含量。

③ 总氮在线监测仪工作原理　总氮在线监测仪是一种利用物理、化学等原理，通过自动化控制和在线测量手段对水体中总氮和总磷等指标进行实时在线监测和分析的仪器设备。主要工作原理是碱性过硫酸钾消解水样后用紫外分光光度法测量总氮含量（TN）；通过分析传感器获取水体中总氮含量的实时数据，并将数据传输给数据处理器进行分析计算和报警处理，最终实现对水质的在线监测。

常见的总氮在线监测仪包括紫外光氧化法、封闭酸性消解法和碱消解法等。其中，紫外光氧化法是通过紫外光将水中的总氮氧化成硝酸盐，再通过化学试剂检测硝酸盐浓度，从而计算出水中的总氮含量。封闭酸性消解法则是将水中的总氮酸性消解为氨氮，并使用化学试剂检测氨氮浓度，计算出水中的总氮含量。碱消解法是在水样中加入一定量的碱，使水中的总氮变为氨氮，然后使用化学试剂检测氨氮浓度并计算总氮含量。

④ 总磷在线监测仪工作原理　总磷在线监测仪的工作原理是在酸性条件下，水中聚磷酸盐等含磷化合物会水解形成磷酸盐；在强氧化剂硫酸钠的作用下，难氧化的磷化合物会氧化成磷酸盐，在钼酸铵的作用下，形成黄色的磷钼酸盐复合物，被抗坏血酸还原为蓝色的磷钼酸盐。最后测量磷钼酸盐的吸光度，与标准相比得到样品的总磷含量。

⑤ 重金属在线监测仪工作原理　一定体积的水样经过消解处理，其中待测重金属元素全部氧化为离子态，待测重金属离子与显色剂进行络合，形成特定颜色的络合物，在一定的波长处，该络合物具有最大吸收，此吸光度与待测物的浓度呈线性相关，由吸光度可计算待测重金属的浓度。

（2）仪器结构　水质自动在线监测设备主要由采水单元、预处理单元、分析仪器单元、控制单元和通信单元五部分组成。采水单元负责完成水样的采集和输送，包括水泵、管路、样品前置过滤系统；预处理单元主要完成试剂的加注，完成水样消解、显色等预处理，使采集的水样能够满足水质分析仪器的要求；分析仪器单元主要是根据水质检测指标选择合适的检测仪器，得到准确的检测数据；控制单元主要是负责向系统发送指令，提供可靠有效的水质样品和分析试剂以及预处理方法；通信单元负责将采集的数据通过有线或无线传输至环境监控云平台。水质自动在线监测仪结构如图 8-12 所示。

（3）使用与维护　水质在线监测仪器量程应根据现场实际水样排放浓度合理设置，量程上限应设置为现场执行污染物排放标准限值的 2～3 倍。当实际水样排放浓度超出量程设置要求时应按相关技术规范的要求进行人工监测。针对模拟量采集时，应保证数据采集传输仪的采集信号量程设置、转换污染物浓度量程设置与在线监测仪器设置的参数一致。

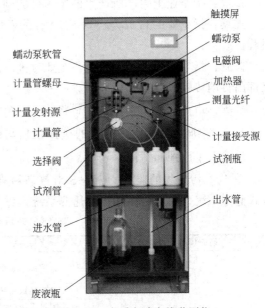

触摸屏
蠕动泵
电磁阀
加热器
测量光纤
计量接受源
试剂瓶
出水管

蠕动泵软管
计量管螺母
计量发射源
计量管
选择阀
试剂管
进水管
废液瓶

图 8-12　水质自动在线监测仪

对在线监测仪器的操作、设定参数的修改，应设定相应操作权限。对在线监测仪器的操作、参数修改等动作，以及修改前后的具体参数都要通过纸质或电子的方式记录并保存，同时在仪器的运行日志里做相应的不可更改的记录，应至少保存 1 年。纸质或电子记录单中需注明对在线监测仪器参数修改的原因，并在启用时进行确认。

二、固定污染源烟气排放连续监测系统

1. 固定污染源烟气排放连续监测系统的概念

固定污染源烟气排放连续监测系统（continuous emission monitoring system，CEMS）是指对固定污染源排放的气态污染物和颗粒物进行浓度和排放总量连续监测并将信息实时传输到主管部门的装置，也为"烟气自动监控系统""烟气排放连续监测系统"或"烟气在线监测系统"。CEMS 分别由气态污染物监测子系统、颗粒物监测子系统、烟气参数监测子系统和数据采集处理与通信子系统组成。气态污染物监测子系统主要用于监测气态污染物 SO_2、NO_x 等的浓度和排放总量；颗粒物监测子系统主要用来监测烟尘的浓度和排放总量；烟气参数监测子系统主要用来测量烟气流速、烟气温度、烟气压力、烟气含氧量、烟气湿度等，用于排放总量的计算和相关浓度的折算；数据采

集处理与通信子系统由数据采集器和计算机系统构成，实时采集各项参数，生成各浓度值对应的干基、湿基及折算浓度，生成日、月、年的累积排放量，完成丢失数据的补偿并将报表实时传输到主管部门。烟尘测试由跨烟道不透明度测尘仪、β射线测尘仪发展到插入式向后散射红外光或激光测尘仪以及前散射、侧散射、电量测尘仪等。根据取样方式不同，CEMS可分为直接测量、抽取式测量和遥感测量三种技术。

烟气：实指企业在生产过程中所产生的废气污染，包括SO_2、NO_x、颗粒物、含氧量、温度、湿度、流量等。

排放：指企业把生产所产生的废气排放到大气中的过程。

连续：指企业的排放是一个连续的过程以及本系统的实时监控也是一个连续的过程。

监测：指本系统可以实时监测企业对排放的废气中的有害物质是否超标并同时向上级部门自动传输实时监测得出的数据。

系统：指本产品的硬件和控制软件是一个整体。

2. 烟气排放连续监测系统的选择使用与维护

（1）基本原理和结构

① 气态污染物的监测　CEMS对气态污染物的检测按测量方式分可分为三类：抽取式监测系统、现场监测系统和遥测系统，详见表8-4。

表8-4　CEMS气态污染物的检测方法

检测项目	采样方式	分析原理
SO_2	直接抽取系统	红外光吸收原理
		紫外光吸收原理
	稀释抽取系统	紫外荧光原理
	直接测量系统（插入式）	紫外光吸收原理
NO_x	直接抽取系统	红外光吸收原理
		紫外光吸收原理
	稀释抽取系统	化学发光原理
	直接测量系统（插入式）	紫外光吸收原理
		电化学原理
CO	直接抽取系统	红外光吸收原理
CO_2	直接抽取系统	红外光吸收原理

a. 直接抽取式　烟气通过前端填有滤料并具有防止烟气中水分在管路中冷凝的加热、保温装置的采样管和导气管，整体控温在$120\sim160℃$，在烟气进入分析仪前快速除去烟气中的水分，把烟气温度冷却到$\leqslant15℃$或比环境温度低$11℃$后，再进行测定的CEMS。流程如图8-13所示。

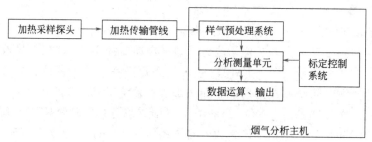

图8-13　直接抽取式CEMS流程图

直接抽取式 CEMS 具有红外/紫外光吸收测量分析单元，一个分析单元可同时测量 SO_2、NO_x、CO_2、CO 等气态污染物指标，可将测氧（O_2）单元与红外单元共同置于同一分析仪内，测量数据为标准状态下的干态烟气数值，可以直观显示数据。直接抽取式 CEMS 的样品气体传输必须采用加热管线（120℃以上），由于预处理系统复杂，必须要求密封性好。直接抽取系统可能会出现采样探头堵塞、采样管路漏气、加热系统失效、采样流量降低、除水系统、过滤元部件失效等故障。

b. 稀释抽取式　烟气通过前端填有滤料的恒流稀释采样探头和导气管，经纯净空气稀释的烟气进入分析仪进行测量的 CEMS。其流程如图 8-14 所示。

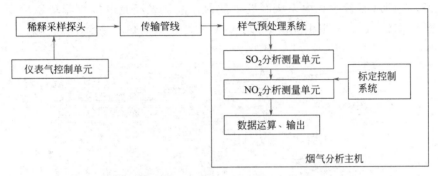

图 8-14　稀释抽取式 CEMS 流程图

为保证恒定的稀释比，稀释采样探头使用音速小孔。当系统能够满足设定的最小真空度要求时，音速小孔两端的压差将大于 0.46 倍，此时通过音速小孔的气体流量将是恒定的，温度压力的变化将不会影响稀释比。

稀释抽取式 CEMS 一般采取紫外荧光法测量 SO_2、化学发光法测量 NO_x，需要多个分析监测单元组合，烟气中的氧含量需单独配置采样系统或采用直接测量法，测量的数据需要转换成标准状态下的干态烟气数值，其样品气体的传输不需要采用加热管线，探头稀释用空气需严格控制，探头稀释比例需要随时校准。稀释抽取系统常见故障包括采样探头堵塞、管路漏气、稀释比例不准确、采样流量降低、零气处理不纯净等问题。

c. 直接测量法　由直接插入烟道或管道安装在探头前端的电化学或光电传感器发射一束光穿过烟道或管道，对烟气进行测量的 CEMS。通常采用差分吸收光谱原理的分析仪，不需要采样和预处理系统，结构简单。测量 NO_x 通常需要配置电化学法插入式仪表，氧含量通常采用氧化锆直接测量法，测量数据需要转换成标准状态下的干态烟气数值，温度、压力的变化会显著影响分子吸收能量的效率，需要随时进行温度压力的修正，探头的防护十分重要，通常不能在线校准零漂和量漂。

遥测系统是由非色散成像遥测系统实现的无接触检测。

② 颗粒物的监测　CEMS 对颗粒物的检测按测量方式分可分为两类：光透射法颗粒物监测仪和光散射法颗粒物监测仪。

光透射法颗粒物监测仪的原理如图 8-15 所示，来自光源的光束照射到含有待测颗粒的某一空间（测量区）内，光线被

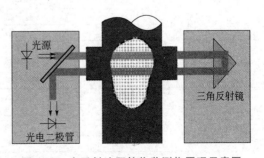

图 8-15　光透射法颗粒物监测仪原理示意图

颗粒物阻挡能量减弱，经过一定光程之后照射到对射方向上的反射镜或光电接收器上，透射光经光电接收器转换后变为电信号，经放大器放大后，可根据光透射后光强度的变化规律计算出测量区内颗粒物的质量浓度。由于光透射法需检测光透过待测样品区域，透镜、反射镜、光电管直接接触待测样品，容易受到污染，为了避免污染或消除污染影响，需较为复杂的洁净空气吹扫结构。

光散射法颗粒物监测仪测量准确、精度高、重复性好，测量速度快，为在线式直读测量方式，无需采样，可实时连续给出颗粒物浓度的瞬时值，因此在固定污染源烟尘检测上应用较为普遍。光散射法的原理如图 8-16 所示，来自光源的光束照射到含有待测颗粒的某一空间（测量区）内，从而发生散射，散射光经光电接收器转换后变为电信号，经放大器放大后，可根据光散射理论计算出测量区内颗粒物的质量浓度。

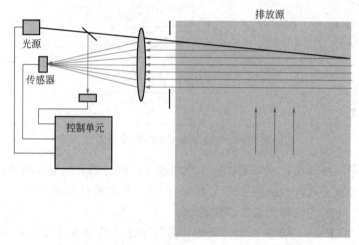

图 8-16　光散射法颗粒物监测仪原理示意图

颗粒物测量为典型的直接测量法，不需要采样系统，采用透镜方式配合吹扫空气结构后，探头不接触烟气，必须保证反吹空气幕 24h 运转（停炉时也要运转），由于标准物质难以获得，出厂通常以滤光片进行标定，由于光投射或散射的特性，灰尘和水汽对颗粒物监测结果影响较大，不适合在湿法净化设施后测量，除非再加热烟气到高于水的露点温度，颗粒物组成和粒径的变化都会影响这类分析仪的校准。

③ 烟气参数的监测　烟气参数的测量方法见表 8-5。

表 8-5　CEMS 烟气参数的测量方法汇总

测量项目	测量方法	安装方式
氧含量	氧化锆法	烟道、抽取
	磁氧法	直接抽取采样
	原电池法	直接抽取采样
流速	皮托管差压法	插入式
	热线法	插入式
	超声波法	对穿式
湿度	电容法	插入式
	干湿氧法	烟道和抽取
温度	热电偶	插入式
	热电阻	插入式
压力	压阻感应片	直接测量

a. 含氧量检测（氧化锆法）　氧化锆分析仪测量 O_2 依据的原理：利用 ZrO_2 在高温（600℃）时的电解催化作用，形成烟气一侧的电极和与含有 O_2 的参考气体（通常为空气）接触的参考电极产生电位的不同，从而测量出烟气中的氧气浓度。

探头使用寿命：1～2 年。

氧化锆分析仪测量的是湿基氧的浓度，计算干基浓度时，必须知道水蒸气的含量，进行转换。

b. 含氧量检测（磁氧法）　顺磁氧分析仪是利用氧气的顺磁性测量 O_2 浓度。氧气分子是顺磁性的，能够利用这种特性影响样品气体在分析仪中的流动方式，通常采用磁压法、热磁法、磁力矩法。顺磁氧分析仪作为抽取系统的一个部件安装在气态污染物分析机柜内，共用系统的除尘、除湿系统。因为经过除湿后进行测量，因此测量的是干基气体的 O_2 浓度。

c. 含氧量检测（原电池法）　原电池式氧传感器由两个金属电极、电解质、扩散透气膜和外壳组成，两个金属电极中 Ag 为工作电极，Pb 为对电极。传感器工作时 O_2 通过扩散透气膜进入传感器，在工作电极上发生电化学反应，电池产生的电流正比于样品中的含氧量，通过这个原理测量烟气中的含氧量。

传感器使用寿命：6～18 个月。

原电池式传感器作为抽取系统的一个部件安装在气态污染物分析机柜内，共用系统的除尘、除湿系统。因为经过除湿后进行测量，因此测量的是干基气体的 O_2 浓度。

d. 流速检测（皮托管法）　皮托管（pitot tube），又名"空速管""风速管"。皮托管是测量气流总压和静压以确定气流速度的一种管状装置，由法国 H. 皮托发明而得名。严格地说，皮托管仅测量气流总压，又名总压管；同时测量总压、静压的才称风速管，但习惯上多把风速管称作皮托管。其结构原理见图 8-17。

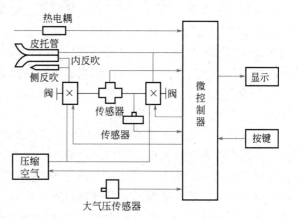

图 8-17　皮托管法流速测量结构原理示意图

e. 流速检测（超声波法）　在流体中设置两个超声波传感器，他们既可发射超声波又可以接收超声波，一个装在管道的上游，一个装在下游，通过超声波在流体中顺流和逆流方向传播时间差来计算出烟气流速。连续监测中，在烟道或烟囱两侧各安装一个发射/接收器组成超声波流速连续测量系统，典型的角度为 30°～60°。超声波技术能够测量低至 0.03m/s 的气流流速。安装时应避开有涡流的位置。其结构原理如图 8-18 所示。

f. 流速检测（热平衡法）　热平衡法流速测量仪是通过把加热体的热传输给流动的烟气进行工作的，其原理如图 8-19 所示。气体借热空气对流从探头带走热导致探头冷却。气流流经探头的速度越快，探头冷却得越快，从而需要供给更多的电量维持传感器最初的温度。对于加热丝类型的传感器，气体的质量流量正比于供电量。需注意的是，水滴会引起热传感系统的测量误差，同时应当防止探头腐蚀和灰尘附着。

g. 湿度检测（电容法）　采用电容式传感器检测时，探头直接插入烟道中，探头周

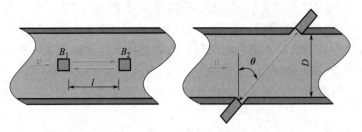

图 8-18 超声波法流速测量结构原理示意图

围采用特制的过滤器进行保护。其测量原理为：采用薄膜电容和 Pt_{100} 电阻组合专门设计的湿度传感器，利用水分的变化和电容值变化之间的关系直接测量水汽分压，利用 Pt_{100} 测量温度，可以准确测量高温烟气的水分含量，并专门根据 CEMS 烟气特点计算出体积分数。直接插入式测量的探头需要特殊防护。

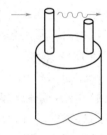

图 8-19 热平衡法流速测量结构原理示意图

h. 湿度检测（干湿氧法） 通常利用插入式氧化锆探头直接测量烟道中的湿态氧含量，利用抽取法将烟气抽取后降温除湿，测量出干态氧含量，经计算后得出烟气湿度（X_{SW}）。

$$X_{SW}=1-X'_{O_2}/X_{O_2}$$

式中 X'_{O_2}——湿烟气中氧的体积分数，%；

X_{O_2}——干烟气中氧的体积分数，%。

两台测氧仪器漂移不一致可能会导致误差叠加，从而使误差增大。

（2）使用与维护 烟气自动在线监测系统（CEMS）的使用与维护内容主要包括烟气吹扫风机风量及空气滤芯检查、烟尘监测仪的光路校准、烟气流速探头零点校准、温度压力探头零点校准、烟气采样探头清理更换探头砂芯、烟气在线分析仪表每天至少对烟气取样管路进行压缩空气反吹一次、加热装置和制冷装置检查、蠕动泵检查、反吹系统检查、烟气分析仪的定期标定等。

烟气自动在线监测系统（CEMS）应当由经培训合格的专业技术人员进行使用与维护，必须严格遵守检测设备使用单位的规章制度，按照说明书进行使用和维护设备，做到每周定期巡检，检查内容包含无线上传设备运行状态、CEMS 工作状况、系统辅助设备运行状态、系统校准等以及仪器说明书中规定的其他检查项目。现场巡检如发现异常，应立即排除。现场难以解决的，应立即通知技术部门及时处理，同时上报环保部门做维修处理。在高空平台上检查设备时，应戴安全帽、安全带和手套，并做好必要的安全性防护措施。CEMS 整体结构如图 8-20 所示。

三、固定污染源废气 VOCs 连续监测系统

1. 固定污染源废气 VOCs 连续监测系统的概念

固定污染源废气 VOCs 连续监测系统也叫 VOCs 自动在线监测系统，即连续监测固定污染源废气中挥发性有机物排放浓度和排放量所需的全部设备。系统依靠采样探头从排放管道内取样，经高温除尘后，通过高温伴热管线进入在线气相色谱仪，经过色谱分离后进入高灵敏度氢火焰离子化检测器（FID）进行测量，最后通过系统软件自动完成数据的采集、分析、处理、传输和存储。

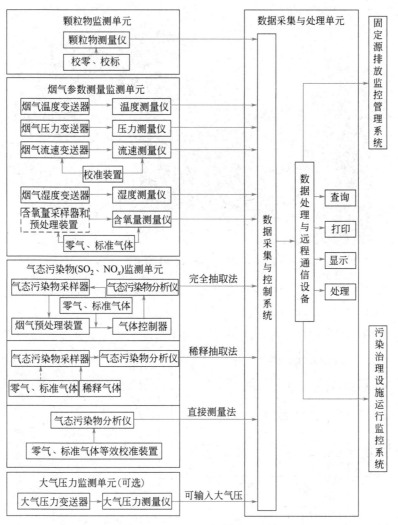

图 8-20　CEMS 整体结构图

2. VOCs 自动在线监测系统的选择使用与维护

（1）基本原理和结构　VOCs 自动在线监测系统由挥发性有机物监测子系统、烟气参数（温度、压力、流速、湿氧）监测子系统以及数据采集与处理子系统和辅助设备等构成。其中，挥发性有机物监测子系统又由采样探头、伴热管线、预处理单元、在线气相色谱仪、电控单元组成；烟气参数（温度、压力、流速、湿氧）监测子系统又由温压流一体监测仪、湿氧监测仪组成。

测量样气时由机柜内的高温真空泵抽取（样气要求全程温度在 120℃以上），经由高温采样探头、高温伴热管线、除尘过滤器后通入 VOCs 在线气相色谱仪进行测量，从而得到监测浓度。仪表内部的样品管路可承受 120℃以上温度。预处理单元、电控单元、VOCs 在线气相色谱仪、零气发生器安装于机柜内。

如图 8-21 所示，烟囱上安装温压流一体监测仪用于测量烟气温度、压力和流量，同时安装采样探头用于气体采样，样气由伴热管线引入分析小屋内的主系统进行非甲烷总烃、苯系物、湿度测定。主系统中安装系统监测软件用于监测和汇总温压流和气体浓

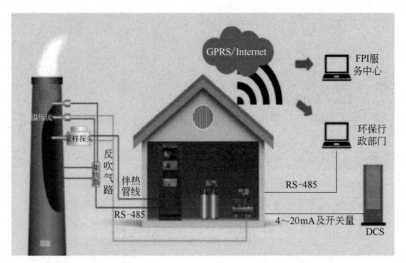

图 8-21　VOCs 自动在线监测系统

度信息及工作状态信息，同时生成报表、存储数据、记录历史数据等，并与企业检测中心、网站、LED 显示屏和环保部门联网通信。

VOCs 自动监测系统整体结构如图 8-22 所示。

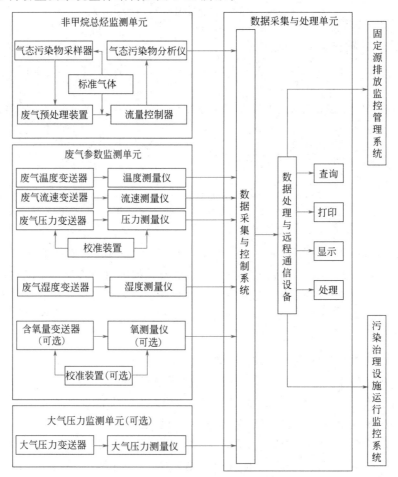

图 8-22　VOCs 自动监测系统整体结构图

① 在线气相色谱仪（甲烷/非甲烷总烃/苯系物）　VOCs 在线监测系统核心分析仪为在线气相色谱仪。在线气相色谱仪采用两阀四柱单氢火焰离子化检测器（FID）技术，可进行甲烷、非甲烷总烃和苯系物样品的同时检测。针对有机废气具有水汽含量高、浓度大、工况复杂等特点，仪器采用全程 175℃ 高温伴热样品传输、高温 FID 检测，可有效避免高浓度苯系物样品的损失。同时通过切割反吹技术，大大缩短了分析周期。

样品经内置过滤器过滤后，被采集到不同定量环中，通过载气作用将甲烷、总烃和苯系物定量环中的样品分别送入至相应色谱柱中进行分离，分离后的组分依次进入 FID 检测器检测，得到准确的甲烷、总烃和苯系物定性定量分析结果。

在线气相色谱仪（甲烷/非甲烷总烃/苯系物）结构流程如图 8-23 所示，性能参数见表 8-6。

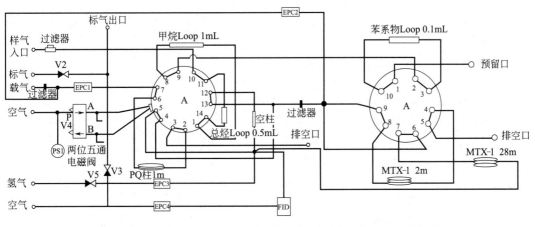

图 8-23　在线气相色谱仪（甲烷/非甲烷总烃/苯系物）结构流程图

表 8-6　在线气相色谱仪（甲烷/非甲烷总烃/苯系物）性能表

性　能	数　据
量程	甲烷 0.1～10000mg/m³；非甲烷总烃 0.05～100mg/m³/1～10000mg/m³（可定制）；苯 0.1～1000mg/m³（可定制）
检测能力	甲烷、非甲烷总烃、苯系物
检测器	高灵敏度 FID 检测器
检出限	0.05mg/m³
分析周期	非甲烷总烃≤2min，苯系物≤5min
重现性	≤2%
零点漂移	±3%F. S
量程漂移	±3%F. S
气体消耗	零级空气：200mL/min；氢气：20mL/min；氮气：20mL/min
采样方法	抽取式＋全程高温伴热
分析方法	气相色谱法
环境温度限制	5～35℃
输出信号型式	RS-232/RS-485、4～20mA
尺寸	19″标准机箱，高度 5U

功能：液晶显示，可自诊断报警、自动测量、自动积分、监测数据自动上传。具备色谱柱反吹功能，提高色谱柱使用寿命；具备 FID 检测器火焰自检功能，火焰熄灭后自动关闭氢气，保证系统安全

② 在线气相色谱仪（甲烷/非甲烷总烃） 在线气相色谱仪的技术路线采用国家标准规定的气相色谱法（FID 检测器），具有技术先进和准确可靠的优点。

在线气相色谱仪采用 120℃高温伴热，单阀双柱单氢火焰离子化检测器（FID）技术进行甲烷/非甲烷总烃的检测。仪器在双柱串联技术路线基础上，增加了样品反吹气路，可保证甲烷柱中甲烷之后的高沸点物质不会出现残留，影响下一循环的测定。

在采样泵的作用下，样品经内置过滤器过滤后，被同时采集到两个定量环中，然后，通过载气将两个定量环中的样品分别送入两根色谱柱。总烃首先从第一根色谱柱中流出进入 FID 检测器，然后甲烷从第二根色谱柱中流出进入 FID 检测器，再切换阀位置，将第二根色谱柱中的高沸点物质反吹出色谱柱。一次循环即可得到甲烷、非甲烷总烃、总烃的含量。

在线气相色谱仪（甲烷/非甲烷总烃）结构流程如图 8-24 所示，性能参数见表 8-7。

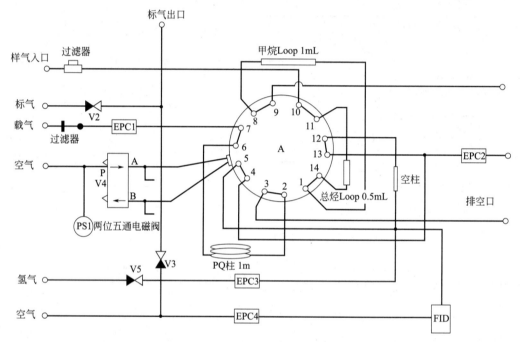

图 8-24 在线气相色谱仪（甲烷/非甲烷总烃）结构流程图

表 8-7 在线气相色谱仪（甲烷/非甲烷总烃）性能表

性　能	数　据
量程	甲烷 0.1～1000mg/m³；非甲烷总经 0.05～100mg/m³/1～10000mg/m³（可定制）
检测器	高灵敏度 FID 检测器
检出限	甲烷：0.1mg/m³； 非甲烷总烃：0.05mg/m³
分析周期	<2min(甲烷/非甲烷总烃)
重现性	<2%
零点漂移	±3%F.S
量程漂移	±3%F.S
气体消耗	零级空气：200mL/min； 氢气：20mL/min
采样方法	抽取式＋全程高温伴热
分析方法	气相色谱法

续表

性　能	数　据
环境温度限制	5～35℃
输出信号型式	RS-232/RS-485、4～20mA
尺寸	19″标准机箱,高度5U

功能:液晶显示,可自诊断报警、自动测量、自动积分、监测数据自动上传。具备 FID 检测器火焰自检功能,火焰熄灭后自动关闭氢气,保证系统安全

　　(2) 使用与维护　VOCs 在线监测系统的日常使用和维护可参照 CEMS,注意应满足《固定污染源烟气（SO_2、NO_x、颗粒物）排放连续监测技术规范》(HJ 75—2017)中日常巡检和日常维护保养的相关要求,按照使用说明书和技术要求开展仪器运行管理,同时应注意按照 HJ 75 附录中表格形式做定期维护记录。

第九章

典型环保设备技能实训

 学习指南

　　通过实训课程的理论联系实际学习，基本理解活性污泥法-好氧生化池、废水处理斜板沉淀池、旋风除尘器、袋式除尘器、吸收法净化二氧化硫废气、吸附法净化氮氧化物废气、离心通风机和离心水泵等典型环保设备的工作原理、工艺流程、处理方式，净化效率提升，熟悉一些基础性的环保设备运行、维护与维修技能，目的在于使学生通过在现场进行观察、考察或实际操作，巩固和加深对所学课程理论的认识，了解和掌握某些操作技能。

素质目标

　　典型环保设备技能实训中，增强对设备的规范操作和管理意识；在使用和维护设备时要具有安全意识；操作要精益求精，培养工匠精神。

第一节　概　　述

　　实训教学是高职实践教学体系的一个重要环节，是培养学生综合能力和提高综合素质的重要手段。实训是指学生在基本学完专业技术课程（或某一章节）之后，进入生产实习之前针对本专业应该掌握的关键技能（综合技能）在校内进行强化或重复训练，以达到学生熟练掌握本专业关键技能的教学过程。实训课程是按照课程教学大纲要求安排的实践教学活动，通常为一门课程或几门性质、内容相近且互相联系的课程综合在一起的教学活动，是教学过程的重要组成部分。实训课程区别于综合性的生产实习，内容仅局限于课程要求，时间较短，专业性强。目的在于使学生通过在现场进行观察、考察或实际操作，巩固和加深对所学课程理论知识的理解，了解和掌握某些操作技能。在实训过程中，以教师指导为辅，学生独立操作为主，实践内容应注意与课程的课堂讲授互相衔接，紧密配合。

一、环保设备实训的目的

　　环保设备课程是环境类专业学生的专业课程，通过环保设备实践教学训练可以使学生的学习达到如下目的：

（1）在观察分析各种污染物治理设备的技术性能后，进一步理解和掌握环境污染控制方面的基础知识，加深对控制工艺、技术及设备的认识，为更好地掌握所学理论知识奠定基础。

（2）通过实践训练，使学生能够借助技能实训教材或设备仪器操作规程，熟悉常规设备仪器的基本原理和性能，并能正确操作使用；学习并掌握一些废气治理设备的性能参数；能够运用所学知识对实训现象进行初步分析和判断；能正确记录和处理实训数据，对实训结果做出分析，写出合格的实训报告；培养动手操作能力，增强就业竞争力。

（3）培养学生艰苦奋斗、勤奋不懈、谦虚好学、乐于协作、实事求是、创新存疑等科学品德和科学精神，养成严格操作、严密思维的工作作风以及爱护国家财产、遵守纪律的优良品德。

二、环保设备技能训练形式

1. 观察性实训

为方便学生对客观事物的认识，以现场演示的形式，使学生了解环保设备的工作原理、工艺路线、设备结构相互关系、变化过程及其规律的实践教学过程。通过由教师操作演示，学生仔细观察，验证理论，同时阐明原理和叙述基本方法。

2. 操作性训练

由学生按操作规程要求，动手调试运行和拆装环境污染治理设备或自主实际操作、进行实训方案设计和数据处理，掌握其基本原理和操作技能。

3. 验证性训练

以加深学生对所学知识的理解、掌握环境污染治理设备的性能参数测定方法与操作技能为目的，验证课堂所讲某一原理、理论或结论；以学生进行现场操作为主，通过现象演变观察、数据记录、计算、分析直至得出被验证的原理、理论或结论的工程训练过程。一般按照实训教材的要求，在实训室由教师指导，学生操作来验证课堂所学的理论，加深对基本理论、基本知识的理解，掌握基本的训练手段和应用技能、进行数据分析处理，撰写规范的实训报告。

4. 强化性训练

以培养学生灵活掌握所学知识和创新能力为目的，给定技能训练目的、要求和训练条件，由教师命题，学生自行设计治理技术方案并加以实现，通过设计、制作、安装、调试、运行与维护管理，进行治理设施系统全过程训练，同时形成完整的专项工程训练报告。可以作为学生毕业实习与毕业设计的综合考核内容，培养学生的组织能力和创新能力，增强学生走向社会的综合技能竞争力。

三、技能训练的过程

1. 课堂预习过程

（1）认真复习本书和技能训练项目有关章节，收集查找学习相关参考资料，做到明确目的、了解工艺原理；熟悉技能训练内容、主要操作步骤及数据的处理方法；提出注意事项；预习或复习基本操作规程、了解有关设备和仪器的使用。

（2）通过查阅有关资料或有关手册，列出技能训练所需的物理化学数据和公式计算步骤。

（3）在前面的基础上，认真写好预习报告。

2. 准备阶段

（1）技能实训前师生共同讨论，以掌握实训原理、操作要点和注意事项等。

（2）观看操作录像或仿真教学资料，或由教师操作示范，使基本操作规范化。

（3）安全问题至关重要，实训教师一定要在技能实训前认真做好安全教育。

（4）教育学生必须遵守实训场所的工作制度，不得无故缺勤、迟到、早退。学生未经许可不准私自开关实训场所的运行设备和仪器仪表。

3. 实训阶段

（1）按拟定的实训步骤进行操作，既要大胆，又要细心认真测定数据，并做到边操作、边思考、边记录。仔细观察设备运行情况。

（2）将观察到的现象、测定的数据等如实记录在报告本上，不得杜撰或随意删减原始数据，原始数据不得涂改或用橡皮擦拭，如记错可在原始数据上画一道杠，再在旁边写上正确值。

（3）技能训练中要勤于思考，仔细分析，遇到疑难问题，可查资料，也可与教师讨论获得指导。

（4）若对训练过程有怀疑，在分析和查找原因的同时，可以重复操作训练，必要时可自行设计实训方案进行核对，从中得出有益的结论。

（5）若验证数据结论有误，要检查原因，经教师同意后重新开始。

4. 归纳总结阶段

技能训练完成后，每个实训组或每个学生都要对训练过程进行完整描述，整理实训数据，分析训练结果，把直接的感性认识提高到理性思维阶段。对污染治理设备的性能参数进行理论知识和实践结果的对比分析，分析产生误差的原因；对实训现象以及出现的一些问题进行讨论，要敢于提出自己的见解；规范填写实训报告，实训报告要求字体端正，数据齐全，图表规范。

实训报告通常包括：①实训项目名称；②实训内容；③实训目的；④工艺原理和工艺流程；⑤设备图纸（型号、结构、特点）；⑥训练简要步骤或设备操作规程；⑦实训结果及数据处理的主要步骤；⑧技能训练效果的讨论分析；⑨需完善技能训练的建议或意见等。

5. 环保设备实训室规则

实训室是进行实践教学、技能训练、科学研究的重要场所，是培养学生理论联系实际、严肃认真的科学态度和科学作风以及独立工作能力的场所。为维护实训室秩序，要求做到：

① 进入实训室的一切人员，必须严格遵守实训室的各项规章制度。

② 到实训室进行教学、科研等，必须根据教学、科研的计划，经实训室统一安排后方可进行。

③ 校外人员到实训室参观、学习须经批准，并做好登记。

④ 实训室不得存放与实训无关的物品，更不允许存放个人物品及在实训室住宿。

⑤ 要严格遵守保密制度和安全、防火制度，实训教师必须坚守岗位、认真负责，在实训室开放期间及时做好交接手续。

⑥ 学生进入实训室必须保持安静，严禁喧哗、打闹，严禁在实训室内吸烟、乱丢杂物。

⑦ 学生实训前做好预习和准备工作，明确实训目的，了解治理设备性能，严格遵守操作规程，做到实训内容及实训步骤心中有数。

⑧ 必须爱护实训设备仪器和材料，节约水电，未经实训教师同意，不得随意搬动设备仪器。

⑨ 实训完毕，应切断水、电、气源，清洁各种设备仪器和工作台，做好仪器复位工作。

⑩ 使用实训室设备仪器，须严格遵守管理制度，如发现损坏或丢失时，要立即报告主管部门，以便及时处理。

⑪ 因责任原因丢失、损毁设备仪器和材料，按规定进行赔偿。

6. 实训室安全管理

实训室的安全制度是保证实训室工作人员的人身、财产安全，保障实践教学和科研工作正常进行的重要措施。实训室要认真落实安全制度，经常对在实训室工作的人员进行安全教育，坚持"安全第一，预防为主"的原则。实训室每学期应对安全管理工作的执行情况进行一次检查和总结，安全制度须挂在实训室明显的地方，并严格贯彻执行。安全制度包括以下内容：

① 实训室的电源情况要经常进行检查。

② 实训室所用的室内、外用电线路和装置，均应由具有国家认定资质的单位和人员架设、安装和施工。竣工后须经有关部门进行工程质量验收合格后方可使用。

③ 实训室用电应严禁超负荷运行，不准乱拉乱接电线。

④ 实训室内的用电线路和配电盘、板、箱、柜等装置及线路系统中的各种开关、插座、插头等均应保持完好可用状态，熔断装置所用的熔丝必须与线路允许的容量相匹配，严禁用其他导线替代。室内照明器具都要保持稳固可用状态。

⑤ 实训室应对进入实训室工作或学习的学生、老师、访问学者及其他人员经常进行安全用电教育，把安全用电制度落到实处。

⑥ 实训室严禁使用除固有设备外的电加热器具（包括各种类型的电炉、电取暖器、电水壶、电煲锅、电热杯、热得快、电熨斗、电吹风等），凡擅自使用电加热器具者，除没收器具外，要对使用人进行批评教育。

⑦ 实训室内严禁存放个人钱物和其他非实训工作用的物品。

⑧ 每日最后离开实训室的人员要负责检查电源、门窗等安全状况，关好电源，锁闭好门窗。

⑨ 如发现设备损坏、财物被盗等情况，发现人要保护好现场，立即向有关部门报告，对隐瞒不报或缩小、扩大事故真相者，应予以追究责任。

⑩ 实训室内不得使用明火，严禁抽烟。

第二节　活性污泥法-好氧生化池实训

一、实训目的和内容

（1）熟悉活性污泥法的基本流程。

（2）加深对污水好氧生物处理和活性污泥法原理的理解。

（3）掌握利用完全混合系统处理生活污水的方法。

二、工作原理和设备仪器

1. 工作原理

（1）污水好氧生物处理　污水好氧生物处理是指在有氧的条件下，利用好氧微生物氧化分解有机物，从而进行污水处理的过程。有机物好氧分解过程可用图 9-1 表示。

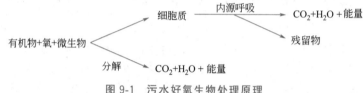

图 9-1　污水好氧生物处理原理

污水中的有机污染物，首先被吸附在微生物的表面，小分子的有机物能够直接透过细胞壁进入微生物体内，而淀粉、蛋白质等大分子有机物，则必须在细胞外酶的作用下，被水解为小分子后再被微生物摄入细胞体内。

微生物对一部分有机物进行氧化分解，最终形成 CO_2 和 H_2O 等稳定的无机物质并从中获取合成新细胞物质所需的能量，这一过程可用下列化学方程式表示：

$$C_xH_yO_z + \left(x + \frac{y}{4} - \frac{z}{2}\right)O_2 \xrightarrow{\text{酶}} xCO_2 + \frac{y}{2}H_2O + \text{能量}$$

这一部分有机污染物被微生物用于合成新细胞，所需能量取自氧化分解过程。这一反应过程可用下列方程式表示：

$$nC_xH_yO_z + nNH_3 + n\left(x + \frac{y}{4} - \frac{z}{2} - 5\right)O_2$$

$$\xrightarrow{\text{酶}} (C_5H_7NO_2)_n + n(x-5)CO_2 + \frac{n}{2}(y-4)H_2O - \text{能量}$$

当有机污染物浓度较低时，微生物会由于营养物质的缺乏而进入内源代谢阶段，即微生物对其自身的细胞质物质进行代谢反应，其过程可用下列化学式表示：

$$(C_5H_7NO_2)_n + 5nO_2 \xrightarrow{\text{酶}} 5nCO_2 + 2nH_2O + nNH_3 + \text{能量}$$

（2）活性污泥法　活性污泥法是处理生活污水、城市污水以及有机工业废水最常用的方法，以悬浮在水中的活性污泥为主体，通过采取一系列人工强化、控制技术措施，使活性污泥微生物所具有的以对有机物氧化、分解为主体的生理功能得到充分发挥，从而达到净化污水的目的。活性污泥法对有机污染物的去除主要通过以下三个过程。

① 初期吸附过程：在污水开始与活性污泥接触后的较短时间（5～10min）内，污水中的有机污染物由于活性污泥的吸附作用被转移到活性污泥中从而被去除。

② 氧化分解过程：在有氧的条件下，好氧性微生物将吸附在活性污泥中的有机污染物氧化分解以获得能量或合成细胞质。

③ 沉淀过程：对二沉池中活性污泥和已处理的废水进行固液分离。

2. 设备仪器

实验所用工艺流程见图 9-2。

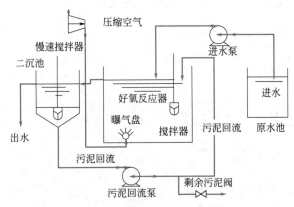

图 9-2　活性污泥系统工艺流程

（1）完全混合系统一套　由进水槽、完全混合反应器、二次沉淀池、进水泵、污泥回流泵、空气压缩机、搅拌器、曝气盘、PLC 控制器等组成。

（2）必要的水质分析仪器和玻璃仪器。

三、实训操作步骤

1. 启动

将培养好的活性污泥注入好氧反应器，开启进水泵、污泥回流泵、曝气系统及搅拌器，连接好微电脑控制系统，整套实验系统即开始运行。

2. 试运行

试运行的目的是确定最佳的运行条件。在活性污泥系统的运行中，作为变数考虑的因素有混合液污泥浓度（MLSS）、空气量、污水的注入方式等。

试运行的任务就是参照有关经验数据，将这些变数组合成几种运行条件分阶段进行实验，观察各种条件的处理效果，并确定最佳的运行条件。

3. 正式运行

试运行确定最佳条件后，即可转入正式运行。为了使系统能保持良好的处理效果，除每日对系统运转情况进行观察外，还应定期对系统的进出水水质、反应器中活性污泥的性状进行检测。通常需测定以下参数：

（1）进水流量 Q_{inf}，L/h。

（2）污泥回流流量 Q_r，L/h。

（3）污泥沉降比 SV，m/L。

（4）曝气池内溶解氧浓度 DO，mg/L。

（5）进、出水的总 COD 浓度 COD_{tot}，mg/L。

（6）进、出水的纸滤 COD 浓度 COD_{pf}，mg/L。

（7）进、出水 BOD_5 浓度 BOD_5，mg/L。

（8）混合液悬浮固体浓度 MLSS，mg/L。

（9）混合液可挥发性悬浮固体浓度 MLVSS，mg/L。

（10）活性污泥好氧速率 R_r，mg/(L·h)。

除此之外，还应对系统中的活性污泥不定期地进行镜检。

四、数据记录处理

（1）将监测数据列入表 9-1。

（2）计算以下参数：

① 污泥负荷率：$N_s = \dfrac{Q_{inf} \times BOD_{5(inf)} \times 24}{MLSS \times V}$，单位 $kgBOD_5/(kgMLSS \cdot d)$。

② 容积负荷率：$N_v = \dfrac{Q_{inf} \times BOD_{5(inf)} \times 24}{V}$，单位 $kgBOD_5/(L \cdot d)$。

③ 水力停留时间：$HRT = \dfrac{V}{Q}$，单位 h。

④ 污泥体积指数：$SVI = \dfrac{SV}{MLSS}$，单位 mL/g。

⑤ 污泥回流比：$R = \dfrac{Q_r}{Q_{inf}}$。

⑥ COD 去除率 $= \dfrac{COD_{inf} - COD_{eff}}{COD_{inf}} \times 100\%$。

其中 inf 表示进水，eff 表示出水。

表 9-1　活性污泥系统运行记录表

时间：

进水流量 /(L/h)	回流污泥 流量/(L/h)	DO /(mg/L)	SVI /(mg/L)	MLSS /(mg/L)	MLVSS /(mg/L)	活性污泥好氧速率 R_r/[mg/(L·h)]		
COD_{tot}			COD_{pf}			BOD_5		
进水 /(mg/L)	出水 /(mg/L)	去除率 /%	进水 /(mg/L)	出水 /(mg/L)	去除率 /%	进水 /(mg/L)	出水 /(mg/L)	去除率 /%
微生物镜检								
备注								

五、结果讨论分析

（1）根据以下两式对 COD 进行物料衡算，解释为何要如此计算 COD 去除量。

① COD 随污泥流失量：

$$COD_{wash\ out} = COD_{eff(tot)} - COD_{eff(pf)} \qquad (9-1)$$

② COD 去除量：

$$COD_{removal} = COD_{inf(tot)} - COD_{eff(pf)} \qquad (9-2)$$

（2）思考影响污水好氧生物处理效果的因素有哪些。

（3）通过本实验系统的观测和控制，阐述完全混合式活性污泥法的优缺点。

第三节　废水处理斜板沉淀池实训

一、实训目的和内容

（1）通过进行双向流斜板沉淀的模拟实验，进一步加深对其构造和工作原理的认识。

（2）进一步了解斜板沉淀池运行的影响因素。

（3）熟悉双向流斜板沉淀池的运行操作方法。

二、工作原理和设备仪器

1. 工作原理

根据浅层理论，在沉淀池有效容积一定的条件下，增加沉淀面积，可以提高沉淀效率。斜板沉淀池实际上是把多层沉淀池底板做成一定倾斜度，以利排泥。斜板与水平成60°角，放置沉淀池中，水在斜板上流动的过程中，水中颗粒沉于斜板上，当颗粒积累到一定程度时，便自动滑下。双向流斜板沉淀池（图9-3）中具有上向流和下向流两种流态。中间为下向流（同向流）沉淀区，其水流方向与污泥滑动方向相同，两侧为上向流（异向流）沉淀区，其水流方向与污泥滑动方向相反。

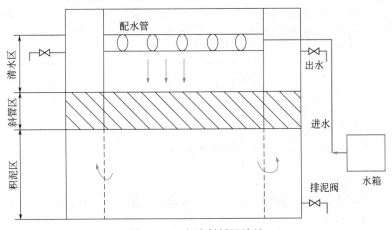

图 9-3　双向流斜板沉淀池

2. 设备仪器

在双向流斜板沉淀池中，原水从中间下向流沉淀区顶部的穿孔管配水，经斜板沉淀区后至底部，又从底部向上进入两侧的上向流沉淀区，经出水顶部的溢流堰排出，污泥沉入斜板后滑下进入污泥斗，定期排放污泥。

需要测定分析的仪器有：

（1）光电式浊度仪：1台。

（2）pH 计：1 台。

（3）投药设备与反应器。

（4）温度计：1 个。

（5）烧杯：200mL，5 个。

三、实训操作步骤

（1）用清水注满沉淀池，检查是否漏水，水泵与闸阀等是否正常完好。

（2）一切正常后，将经过投药混凝反应后的原水用泵打入沉淀池，先将其流量控制在 400L/h 左右。如果进行自由沉淀的实验，可以直接进水。

（3）根据 400L/h 流量的实验情况，分别加大和减少进水流量，测定不同负荷下的进、出水浊度，并计算其去除率。

（4）定期从污泥斗排泥。

（5）也可以用不同的原水或混凝剂以及混凝剂的不同投加量来进行实验，测定其去除率。

四、数据记录

按表 9-2 整理数据。

表 9-2　实验记录表

序号	原水		投药		浊度		
	水温/℃	流量/(L/h)	名称	投药量/(mg/L)	进水	出水	去除率/%

五、结果讨论分析

（1）相比其他沉淀池，分析斜板沉淀池沉淀效果较好的原因。

（2）分析影响斜板沉淀池去除率的因素有哪些。

● 第四节　旋风除尘器性能测定的技能实训 ●

一、实训目的和内容

通过旋风除尘器性能测定的技能训练，掌握旋风除尘器入口风速、风量与除尘器阻力、全效率、分级效率之间的关系以及入口浓度对除尘器除尘效率的影响，做到对影响旋风除尘器性能的主要因素有较全面的了解，同时通过对分级效率的测定与计算，进一步了解粉尘粒径大小等因素对旋风除尘器效率的影响，熟悉除尘器的操作应用条件。实训主要内容如下：

(1) 管道中各点流速和气体流量的测定；

(2) 旋风除尘器的压力损失和阻力系数的测定；

(3) 旋风除尘器的除尘效率和分级效率的测定。

二、工艺流程和设备仪器

1. 工艺流程

本实训系统工艺流程如图 9-4 所示。含尘气体通过旋风除尘器将粉尘从气体中分离，净化后的气体由离心通风机经过排气筒排入大气。所需含尘气体浓度由发尘装置配置。

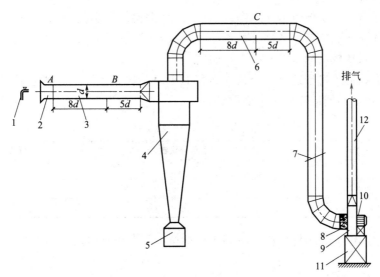

图 9-4 旋风除尘器系统性能测定实训工艺流程图

1—发尘装置；2—进气口；3—进气管；4—旋风除尘器；5—集灰斗；6—排气管；
7—阀门；8—软连接法兰；9—离心通风机；10—电机；11—风机座；12—排气筒

2. 设备仪器

(1) 旋风除尘器实训系统，1 套；

（主要由发尘装置、进气口、进气管、旋风除尘器、集灰斗、排气管、阀门、引风机、排气筒构成）

(2) 倾斜微压计 YYT-2000 型，2 台；

(3) U 形压差计 500-1000mm，2 个；

(4) 毕托管，2 支；

(5) 烟尘采样管，2 支；

(6) 烟尘浓度测试仪，2 台；

(7) 干湿球温度计，1 支；

(8) 空盒气压计 DYM-3 型，1 台；

(9) 分析天平，分度值 0.0001g，1 台；

(10) 托盘天平，分度值 1g，1 台；

(11) 秒表，2 块；

（12）钢卷尺，2个。

三、参数测定方法和计算

1. 采样位置的选择

正确地选择采样位置和确定采样点的数目对采集有代表性且符合测定要求的样品是非常重要的。采样位置应取气流平稳的管段，原则上避免弯头部分和断面形状急剧变化的部分，与其距离至少是烟道直径的 1.5 倍，同时要求烟道中气流速度在 5m/s 以上。而采样孔和采样点的位置主要根据烟道的大小及断面的形状而定。下面说明不同形状烟道采样点的布置。

（1）圆形烟道　采样点分布如图 9-5（a）。将烟道的断面划分为适当数目的等面积同心圆环，各采样点均选在各环等面积的中心线与呈垂直相交的两条直径线的交点上。所分的等面积圆环数由烟道的直径大小而定。

（2）矩形烟道　将烟道断面分为等面积的矩形小块，各块中心即采样点，见图 9-5（b）。不同面积矩形烟道等面积小块数见表 9-3。

表 9-3　矩形烟道的分块和测点数

烟道断面面积/m²	等面积分块数	测点数
<1	2×2	4
1~4	3×3	9
4~9	4×3	12

（3）拱形烟道　分别按圆形烟道和矩形烟道采样点布置原则，见图 9-5（c）。

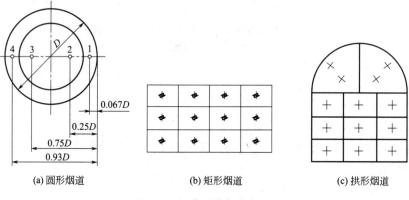

(a) 圆形烟道　　　　(b) 矩形烟道　　　　(c) 拱形烟道

图 9-5　烟道采样点分布图

2. 空气状态参数的测定

旋风除尘器的性能通常是以标准状态（$p=1.013\times10^5\text{Pa}$，$T=273\text{K}$）来表示的。空气状态参数决定了空气所处的状态，因此可以通过测定烟气状态参数，将实际运行状态的空气换算成标准状态的空气，以便于互相比较。

烟气状态参数包括空气的温度、密度、相对湿度和大气压力。

烟气的温度和相对湿度可用干湿球温度计直接测定；大气压力由大气压力计测得；干烟气密度由下式计算：

$$\rho_g = \frac{p}{RT} = \frac{p}{287T} \tag{9-3}$$

式中　ρ_g——烟气密度，kg/m^3；

　　　p——大气压力，Pa；

　　　T——烟气温度，K；

　　　R——气体常数。

实训过程中，要求烟气相对湿度不大于 75%。

3. 除尘器处理风量的测定和计算

(1) 烟气进口流速的计算　测量烟气流量的仪器为 S 形毕托管和倾斜压力计。

S 形毕托管适用于含尘浓度较大的烟道中。毕托管是由两根不锈钢管组成，测端作成方向相反的两个相互平行的开口，如图 9-6 所示，测定时，一个开口面向气流，测得全压，另一个背向气流，测得静压；两者之差便是动压。

图 9-6　毕托管的构造示意图
1—开口；2—接橡胶管

由于背向气流开口上的吸力影响，所得静压与实际值有一定误差，因而事先要加以校正，方法是与标准风速管在气流速度为 2~60m/s 的气流中进行比较，S 形毕托管和标准风速管测得的速度值之比，称为毕托管的校正系数。当流速在 5~30m/s 的范围内，其校正系数值约为 0.84。S 形毕托管可在厚壁烟道中使用，且开口较大，不易被尘粒堵住。

当干烟气组分同空气近似，露点温度在 35~55℃ 之间，烟气绝对压力在 (0.99~1.03)×10⁵Pa 时，可用下列公式计算烟气入口流速。

$$v_1 = 2.77K_p\sqrt{T}\sqrt{p} \tag{9-4}$$

式中　K_p——毕托管的校正系数，$K_p = 0.84$；

　　　T——烟气底部温度，℃；

　　　$\sqrt{p}$——各动压方根平均值，Pa。

$$\sqrt{p} = \frac{\sqrt{p_1} + \sqrt{p_2} + \cdots + \sqrt{p_n}}{n} \tag{9-5}$$

式中　p_n——任一点的动压值，Pa；

　　　n——动压的测点数，取 9。

测压时将毕托管与倾斜压力计用橡胶管连好，动压测值由水平放置的倾斜压力计读出。倾斜压力计测得动压值按下式计算：

$$p = LK\nu \tag{9-6}$$

式中　L——斜管压力计读数；

　　　K——斜度修正系数，在斜管压力标出，0.2，0.3，0.4，0.6，0.8；

　　　ν——酒精比重，$\nu = 0.81$。

(2) 除尘器处理风量计算　处理风量：

$$Q = F_1 v_1 \tag{9-7}$$

式中　v_1——烟气进口流速，m/s；

　　　F_1——烟气管道截面积，m^2。

（3）除尘器入口流速计算　入口流速：

$$v_2 = Q/F_2 \tag{9-8}$$

式中　Q——处理风量，m^3/s；

　　　F_2——除尘器入口面积，m^2。

4. 烟气含尘浓度的测定

测定污染源排放的烟气颗粒浓度，一般从烟道中抽取一定量的含尘烟气，由滤筒收集烟气中颗粒后，根据收集尘粒的质量和抽取烟气的体积求出烟气中尘粒浓度。为取得有代表性的样品，必须进行等动力采样，即指尘粒进入采样嘴的速度等于该点的气流速度，因而要预测烟气流速再换算成实际控制的采样流量。图9-7为采样装置。

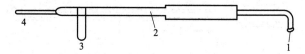

图 9-7　烟尘采样装置

1—采样嘴；2—采样管（内装滤筒）；3—手柄；4—橡胶管接尘粒采样仪（流量计＋抽气泵）

5. 除尘器阻力的测定和计算

由于实训装置中除尘器进出口管径相同，故除尘器阻力可用 B、C 两点（图9-4）静压差（扣除管道沿程阻力与局部阻力）求得。

$$\Delta p = \Delta H - \sum \Delta h = \Delta H - (R_L l + \Delta p_\text{m}) \tag{9-9}$$

式中　Δp——除尘器阻力，Pa；

　　　ΔH——前后测量断面上的静压差，Pa；

　　　$\sum \Delta h$——测点断面之间系统阻力，Pa；

　　　R_L——比摩阻，Pa/m；

　　　l——管道长度，m；

　　　Δp_m——异形接头的局部阻力，Pa。

将 Δp 换算成标准状态下的阻力 Δp_N，则有：

$$\Delta p_\text{N} = \Delta p \times \frac{T}{T_\text{N}} \times \frac{p_\text{N}}{p} \tag{9-10}$$

式中　T_N，T——标准和试验状态下的空气温度，K；

　　　p_N，p——标准和试验状态下的空气压力，Pa。

除尘器阻力系数按下式计算：

$$\xi = \frac{\Delta p_\text{N}}{p_\text{dl}} \tag{9-11}$$

式中　ξ——除尘器阻力系数，无因次；

　　　Δp_N——除尘器阻力，Pa；

　　　p_dl——除尘器内入口截面处动压，Pa。

6. 除尘器进、出口浓度计算

$$C_j = \frac{G_j}{Q_j \tau} \tag{9-12}$$

$$C_z = \frac{G_j - G_S}{Q_z \tau} \tag{9-13}$$

式中 C_j，C_z——除尘器进口、出口的气体含尘浓度，g/m^3；

     G_j，G_S——发尘量与除尘量，g；

     Q_j，Q_z——除尘器进口、出口烟气量，m^3/s；

       τ——发尘时间，s。

7. 除尘效率计算

$$\eta = \frac{G_S}{G_j} \times 100\% \tag{9-14}$$

8. 分级效率计算

$$\eta_i = \eta \times \frac{g_{si}}{g_{ji}} \times 100\% \tag{9-15}$$

式中 η_i——粉尘某一粒径范围的分级效率，%；

     g_{si}——收尘中某一粒径范围的质量分数，%；

     g_{ji}——发尘中某一粒径范围的质量分数，%。

四、实训操作步骤

1. 除尘器处理风量的测定

（1）测定室内空气干、湿球温度和相对湿度及空气压力，按式（9-3）计算管内的气体密度。

（2）启动风机，在管道断面 A 处，利用毕托管和 YYT-2000 型倾斜微压计测定该断面的静压，并从倾斜微压计中读出静压值（p_s），按式（9-7）计算管内的气体流量（即除尘器的处理风量），并计算断面的平均动压值（p_d）。

2. 除尘器阻力的测定

（1）用 U 形压差计测量 B、C 断面间的静压差（ΔH）。

（2）量出 B、C 断面间的直管长度（l）和异形接头的尺寸，求出 B、C 断面间的沿程阻力和局部阻力。

（3）按式（9-9）、式（9-10）计算除尘器的阻力。

3. 除尘效率的测定

先进行滤筒的预处理。测试前先将滤筒编号，然后在 105℃烘箱中烘 2h，取出后置于干燥器内冷却 20min，再用分析天平测得初重并记录。

把预先干燥、恒重、编号的滤筒用镊子小心装在采样管的采样头内，再把选定好的采样嘴装到采样头上。

调节流量计使其流量为某采样点的控制流量，将采样管插入采样孔，找准采样点位置，使采样嘴背对气流预热 10min 后转动 180°，即采样嘴正对气流方向，同时打开抽气泵进行采样。按各点的流量和采样时间逐点采集尘样。

各点采样完毕后，关闭仪器，抽出采样管，待温度降下后，小心取出滤筒保存好。采尘后的滤筒称重。将采集尘样的滤筒放在105℃烘箱中烘2h，取出置于玻璃干燥器内冷却20min后，用分析天平称重。将结果记录在表9-4中。按照以下步骤进行计算：

（1）用托盘天平称出发尘量（G_j）。

（2）通过发尘装置均匀地加入发尘量（G_j），记下发尘时间（τ），按式（9-12）计算出除尘器入口气体的含尘浓度（C_j）。

（3）称出收尘量（G_S），按式（9-13）计算出除尘器出口气体的含尘浓度（C_z）。

（4）按式（9-14）计算除尘器的全效率（η）。

4. 不同工况性能的测定

改变调节阀开启程度，重复以上实训步骤，确定除尘器各种不同工况下的性能。

五、数据计算和处理

1. 除尘器处理风量的测定

实训时间_____年_____月_____日；

空气干球温度（t_d）_____℃；

空气湿球温度（t_w）_____℃；

空气相对湿度（中）_____%；

空气压力（p）_____Pa；

空气密度（p_g）_____kg/m³。

将测定结果整理成表（见表9-4）。

表9-4　除尘器处理风量测定结果记录表

测定次数	微压计读数			微压计倾斜角系数	静压	流量系数	管内流速	风管横截面积	风量	除尘器进口面积
	初读	终读	实际							
1										
2										
3										

2. 除尘器阻力的测定

测定结果填入表9-5中。

表9-5　除尘器阻力测定结果记录表

测定次数	微压计读数			微压计	B、C断面间的静压差	比摩阻	直管长度	管内平均动压	管间的总阻力系数	管间的局部阻力	除尘器阻力	除尘器在标准状态下的阻力	除尘器进口界面处动压
	初读	终读	实际										
1													
2													
3													

3. 除尘器效率的测定

将测定结果填入表9-6中。

表 9-6 除尘器效率测定结果记录表

测定次数	发尘量	发尘时间	进口气体含尘浓度	收尘量	出口气体含尘浓度	除尘器全效率
1						
2						
3						
4						

4. 绘制曲线

以除尘器进口气速为横坐标，除尘器全效率为纵坐标；以除尘器进口气速为横坐标，除尘器在标准状态下的阻力为纵坐标，将上述实训结果标绘成曲线。

六、数据自动采集式多管旋风除尘器实训装置的技能实训

有条件的院校也可利用具有数据自动采集功能的新型多管旋风除尘器，开展性能测定实训。实训装置如图 9-8 所示，主要设备为多管旋风除尘组合装置，是一种以并联（也可串联）形式组成的高效旋风除尘设备，可通过自带的数据自动采集系统直接获取除尘过程参数，如风压、风速、温度、湿度、进口粉尘浓度、出口粉尘浓度等，并对除尘效率进行计算，还可以实时打印和通过电脑导出。该设备最大的特点在于可以通过单个旋风除尘装置顶部的开关对组合中的各个旋风除尘器进行开闭操作，学生可以根据已掌握的旋风除尘器基本知识，参照前期实训操作步骤选择 1 个或多个除尘器进行单独工作或组合运行并实时查看除尘效果，通过各个组合方式的数据结果和统计处理，可以更快更好地掌握多管组合旋风除尘器运行指标参数和性能。

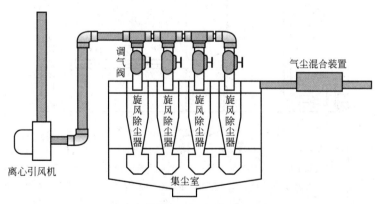

图 9-8 数据自动采集式多管旋风除尘器实训装置

七、结果讨论分析

（1）采用采样浓度法计算的除尘效率和质量法相比较，哪一个更准确？为什么？

（2）通过技能训练，你对旋风除尘器全效率（η）和阻力（Δp）随入口气速变化规律得出什么结论？对除尘器的选择和运行使用有何意义？

（3）本实训装置对除尘器的运行使用有何意义？

（4）你认为本技能训练过程中存在什么问题？应如何改进？

● 第五节　袋式除尘器性能测定的技能实训 ●

一、实训目的和内容

通过袋式除尘器性能测定的训练，了解过滤速度对袋式除尘器压力损失及除尘效率的影响。进一步提高对袋式除尘器结构形式和除尘机理的认识；提高对除尘技术基本知识和技能操作的综合应用能力，并通过工艺方案设计和结果分析，加强创新能力的培养。实训内容如下：

（1）处理气体流量和过滤速度的测定；

（2）压力损失的测定；

（3）除尘效率的测定；

（4）压力损失、除尘效率与过滤速度关系的分析测定。

二、工艺流程和设备仪器

1. 工艺流程

本实训系统流程如图 9-9 所示。

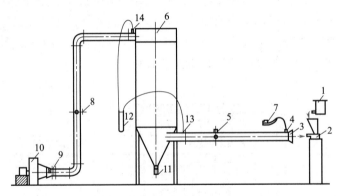

图 9-9　袋式除尘器性能测定流程图

1—粉尘定量供给装置；2—粉尘分散装置；3—喇叭形均流管；4—静压测孔；5—除尘器进口
测定断面；6—袋式除尘器；7—倾斜微压计；8—除尘器出口测定断面；9—阀门；10—风机；
11—灰斗；12—U 形管压差计；13—除尘器进口静压测孔；14—除尘器出口静压测孔

本系统选用自行加工的袋式除尘器。该除尘器共 5 条滤带，总过滤面积为 $1.3 m^2$。训练滤料可选用 208 工业涤纶绒布。本除尘器采用机械振打清灰方式。

除尘系统入口的喇叭形均流管处的静压测孔用于测定除尘器入口气体流量，亦可用于在训练过程中连续测定和检测除尘系统的气体流量。

通风机入口前设有阀门，用来调节除尘器处理气体流量和过滤速度。

2. 设备仪器

（1）袋式除尘器性能测定的实训系统，1 套；

（主要由粉尘定量供给装置、粉尘分散装置、喇叭形均流管、袋式除尘器、管道、

阀门、引风机、排气筒构成）

　　（2）干湿球温度计，1 支；

　　（3）空盒式气压表 DYM3 型，1 个；

　　（4）钢卷尺，2 个；

　　（5）U 形管压差计，1 个；

　　（6）倾斜微压计 YYT-200 型，3 台；

　　（7）毕托管，2 支；

　　（8）烟尘采烟管，2 支；

　　（9）烟尘测试仪 SYC-1 型，2 台；

　　（10）秒表，2 个；

　　（11）分析天平 TG-328B 型，分度值 1/1000g，2 台；

　　（12）托盘天平，分度值为 1g，1 台；

　　（13）干燥器，2 个；

　　（14）鼓风干燥箱 DF-206 型，1 台；

　　（15）超细玻璃纤维无胶滤筒，20 个。

三、参数测定方法和计算

　　袋式除尘器性能与其结构形式、滤料种类、清灰方式、粉尘特性及运行参数等因素有关。本系统是在结构形式、滤料种类、清灰方式和粉尘特性已定的前提下，测定袋式除尘器主要性能指标，并在此基础上，测定运行参数 Q、v_F 对袋式除尘器压力损失（Δp）和除尘效率（η）的影响。

　　1. 处理气体流量和过滤速度的测定和计算

　　（1）处理气体流量的测定和计算　用动压法测定袋式除尘器处理气体流量（Q），应同时测出除尘器进出口连接管道中的气体流量，取其平均值作为除尘器的处理气体量：

$$Q = \frac{1}{2}(Q_1 + Q_2) \qquad (9\text{-}16)$$

　　式中，Q_1、Q_2 分别为袋式除尘器进、出口连接管道中的气体流量，m^3/s。

　　除尘器漏风率（δ）按下式计算：

$$\delta = \frac{Q_1 - Q_2}{Q_1} \times 100\% \qquad (9\text{-}17)$$

　　一般要求除尘器的漏风率小于 $\pm 5\%$。

　　（2）过滤速度的计算　若袋式除尘器总过滤面积为 F，则其过滤速度 v_F 按下式计算：

$$v_F = \frac{60Q_1}{F} \qquad (9\text{-}18)$$

　　2. 压力损失的测定和计算

　　袋式除尘器压力损失（Δp）为除尘器进出口管中气流的平均全压之差。当袋式除尘器进、出口管的断面面积相等时，则可采用其进、出口管中气体的平均静压之差计算，即：

$$\Delta p = p_{S1} - p_{S2} \tag{9-19}$$

式中　p_{S1}——袋式除尘器进口管道中气体的平均静压，Pa；

　　　p_{S2}——袋式除尘器出口管道中气体的平均静压，Pa。

袋式除尘器的压力损失与其清灰方式和清灰制度有关。本训练装置采用手动清灰方式，训练应在固定清灰周期（1～3min）和清灰时间（0.1～0.2s）的条件下进行。当采用新滤料时，应预先发尘运行一段时间，使新滤料在反复过滤和清灰过程中，残余粉尘基本达到稳定后再开始。

考虑到袋式除尘器在运行过程中，其压力损失随运行时间产生一定变化。因此，在测定压力损失时，应每隔一定时间，连续测定（一般可考虑五次），并取其平均值作为除尘器的压力损失（Δp）。

3. 除尘效率的测定和计算

除尘效率采用浓度法测定，即采用等速采样法同时测出除尘器进、出口管道中气流平均含尘浓度，按下式计算：

$$\eta = \left(1 - \frac{C_2 Q_2}{C_1 Q_1}\right) \times 100\% \tag{9-20}$$

式中　C_1——除尘器进口管道中气流平均含尘浓度，kg/m^3；

　　　C_2——除尘器出口管道中气流平均含尘浓度，kg/m^3。

管道中气体含尘浓度的测定和计算方法详见本章第四节有关内容。由于袋式除尘器除尘效率高，除尘器进、出口气体含尘浓度相差较大，为保证测定精度，可在除尘器出口采样中，适当加大采样流量。

4. 压力损失、除尘效率与过滤速度关系的分析测定

为了求得除尘器的 v_F-η 和 v_F-Δp 性能曲线，应在除尘器清灰制度和进口气体含尘浓度相同的条件下，测定出除尘器在不同过滤速度（v_F）下的压力损失（Δp）和除尘效率（η）。

脉冲袋式除尘器的过滤速度一般为 2～4m/min，可在此范围内确定 5 个值进行测定。过滤速度的调整，可通过改变风机入口阀门开度，利用动压法测定。

考虑到实训时间的限制，可要求每组学生各完成一种过滤速度的测定，并在数据整理中将各组数据汇总，得到不同过滤速度下的 Δp 和 η，进而绘制出性能曲线 v_F-η 和 v_F-Δp。当然，应要求在各组训练中，保持除尘器清灰制度固定，除尘器进口气体含尘浓度基本不变。

为保持实训过程中除尘器进口气体含尘浓度基本不变，可根据发尘量（S）、发尘时间（τ）和进口气体流量（Q_1），按下式估算除尘器入口含尘浓度（C_1）。

$$C_1 = \frac{S}{\tau Q_1} \quad (g/m^3) \tag{9-21}$$

四、实训操作步骤

本实训中有关气体温度、压力、含湿量、流速、流量及其含尘浓度的测定方法、操作步骤见本章第四节有关内容。

袋式除尘器性能的测定方法和步骤如下：

（1）测量记录室内空气的干球温度（即除尘系统中气体的温度）、湿球温度及相对湿度，计算空气中水蒸气的体积分数（即除尘器系统中气体的含湿量）。测量记录当地的大气压力。记录袋式除尘器型号规格、滤料种类、总过滤面积。测量记录除尘器进出口测定断面直径和断面面积，确定测定断面分环数和测点数，作好训练准备工作。

（2）将除尘器进出口断面的静压测孔与U形管压差计连接。

（3）将发尘工具和滤筒的称重工具准备好。

（4）将毕托管、倾斜压力计准备好，待测流速流量用。毕托管的原理和使用见本章第四节。

（5）清灰。

（6）启动风机和发尘装置，调整好发尘浓度，使实训系统达到稳定。

（7）测量进出口流速和测量进出口的含尘量，进口采样1min，出口5min。

（8）隔5min后重复上面测量，共测量三次。

（9）采样完毕，取出滤筒包好，置入鼓风干燥箱烘干后称重。计算出除尘器进、出口管道中气体含尘浓度和除尘效率。

（10）训练结束。整理好实训用的仪表、设备。计算、整理训练资料，并填写训练报告。

五、数据计算和处理

1. 处理气体流量和过滤速度

按表9-4进行数据计算和处理。按式（9-16）计算除尘器处理气体量，按式（9-17）计算除尘器漏风率，按式（9-18）计算除尘器过滤速度。

2. 压力损失

按表9-5进行数据计算和处理。按式（9-19）计算压力损失，并取5次测定数据的平均值作为除尘器压力损失（Δp）。

3. 除尘效率

除尘效率测定数据按表9-6进行数据计算和处理。除尘效率按式（9-20）计算。

4. 压力损失、除尘效率与过滤速度的关系

压力损失（Δp）、除尘效率（η）和过滤速度（v_F）测定完成后，计算整理五组不同v_F下的Δp和η数据，绘制v_F-Δp和v_F-η曲线，并分析过滤速度对袋式除尘器压力损失和除尘效率的影响。

六、数据自动采集式袋式除尘器实训装置的技能实训

有条件的院校可利用具有数据自动采集功能的袋式除尘器实训装置，开展袋式除尘器性能测定实训。实训装置示意图如图9-10所示，数据自动采集式袋式除尘器实训装置主要设备为多级并联袋式除尘组合装置。实训装置中所带的4套独立袋式除尘装置可采用不同滤料［如玻璃纤维滤布、聚酰胺纤维（尼龙）滤布、聚酯纤维（涤纶）滤布等］，处理不同粒径的粉尘（如滑石粉、石膏粉、泥土粉、面粉等），对要去除的粉尘颗

粒有较好的适应性。该装置是一种以并联形式组成的高效袋式除尘设备，可通过自带的数据采集系统直接获取除尘过程参数，如风压、风速、温度、湿度、进口粉尘浓度、出口粉尘浓度等，并对除尘效率进行计算，同时可以实时打印和通过电脑导出。该装置最大的特点在于可以通过单个布袋除尘装置顶部的开关对组合中的各个布袋除尘器进行开闭操作，学生可以根据已掌握的布袋除尘器基本知识，参照前期实训操作步骤选择1个或多个除尘器进行单独或组合运行并实时查看除尘效果，通过各个组合方式的数据结果和统计处理，可以更快更好地熟悉和掌握利用不同滤料处理不同粒径粉尘的布袋除尘器性能。

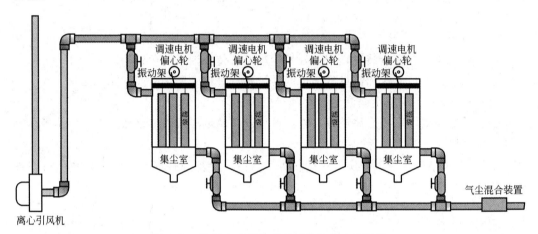

图 9-10 数据自动采集式袋式除尘器实训装置

七 、结果讨论分析

（1）用发尘量求得的入口含尘浓度和用等速采样法测得的入口含尘浓度，哪个更准确些？为什么？

（2）测定袋式除尘器压力损失，为什么要固定其清灰制度？为什么要在除尘器稳定运行状态下连续五次读数并取其平均值作为除尘器压力损失？

（3）试根据训练性能曲线 $v_F\text{-}\Delta p$ 和 $v_F\text{-}\eta$，分析过滤速度对袋式除尘器压力损失和除尘效率的影响。

（4）你认为本次技能训练过程中存在什么问题？应如何改进？

● 第六节　吸收法净化二氧化硫废气的技能实训 ●

一、实训目的和内容

通过吸收法净化二氧化硫废气的技能实训，可了解用吸收法净化有害气体的作用，同时还有助于加深理解在填料塔内气液接触状况及吸收过程的基本原理。通过改变吸收温度、压力和改变气流速度对净化废气中 SO_2 产生的不同效果，掌握吸收的操作控制过程。实训内容如下：

（1）改变气流速度，观察填料塔内气液接触状况和液泛现象；

（2）改变吸收温度和压力，测定 SO_2 的效果；

（3）测定填料吸收塔的吸收效率及压降；

（4）测定化学吸收体系（碱液吸收 SO_2）的体积吸收系数。

二、工艺流程和设备仪器

1. 工艺流程

本实训系统工艺流程如图 9-11 所示。

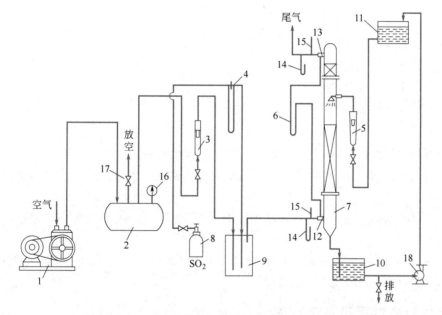

图 9-11 SO_2 吸收系统性能测定实训工艺流程图

1—空压机；2—缓冲罐；3—转子流量计（气）；4—毛细管流量计；5—转子流量计（水）；

6—压差计；7—填料塔；8—SO_2 钢瓶；9—混合缓冲器；10—受液槽；11—高位液槽；

12,13—取样口；14—压力计；15—温度计；16—压力表；17—放空阀；18—泵

吸收液从高位液槽通过转子流量计，由填料塔上部经喷淋装置进入塔内，流经填料表面，由塔下部排到受液槽。空气由空压机经缓冲罐后，通过转子流量计进入混合缓冲器，并与 SO_2 气体相混合，配制成一定浓度的混合气。SO_2 来自钢瓶，并经毛细管流量计计量后进入混合缓冲器。含 SO_2 的空气从塔底进气口进入填料塔内，通过填料层后，尾气由塔顶排出。

2. 设备仪器

（1）空压机　压力 $7kg/cm^2$（$1kg/cm^2 = 98.0665kPa$，下同），气量 $3.6m^3/h$，1 台。

（2）液体 SO_2 钢瓶　1 瓶。

（3）填料塔　直径 $D = 700mm$，高度 $H = 650mm$，1 台。

（4）填料　$\Phi = 5 \sim 8mm$ 瓷杯若干。

（5）泵　扬程 3m，流量 400L/h，1 台。

（6）缓冲罐　容积 $1m^3$，1 个。

（7）高位槽 500mm×400mm×600mm，1个。

（8）混合缓冲罐 0.5m³，1个。

（9）受液槽   500mm×400mm×600mm，1个。

（10）转子流量计（水） 10～100L/h LZB-10，1个。

（11）转子流量计（气） 4～40m³/h LZB-40，1个。

（12）毛细管流量计 0.1～0.3mm，1个。

（13）U形管压力计 200mm，3只。

（14）压力表 0～3kg/cm²，1只。

（15）温度计 0～100℃，2支。

（16）空盒式大气压力计 1支。

（17）玻璃筛板吸收瓶 125mL，20个。

（18）锥形瓶 250mL，20个。

（19）烟气测试仪（采样用） YQ-Ⅰ型，2台。

3. 试剂

（1）甲醛吸收液：将已配好的 20mg/L SO_2 吸收贮备液稀释 100 倍后，供使用；

（2）对品红贮备液：将配好的 0.25％的对品红稀释 5 倍后，配成 0.05％的对品红，供使用；

（3）1.50mol/L NaOH 溶液：称 NaOH 6.0g 溶于 100mL 容量瓶中，定容，摇匀，供使用；

（4）0.6％氨基磺酸钠溶液：称 0.6g 氨基磺酸钠，加 1.50mol/L NaOH 溶液 4.0mL，用水稀释至 100mL，供使用。

三、化学反应过程和测定方法

1. 化学反应过程

含 SO_2 的气体可采用吸收法净化。由于 SO_2 在水中溶解度不高，常采用化学吸收方法。吸收 SO_2 的吸收剂种类较多，本实训系统采用 NaOH 或 Na_2CO_3 溶液作吸收剂，吸收过程中发生的主要化学反应为：

$$2NaOH + SO_2 \longrightarrow Na_2SO_3 + H_2O$$
$$Na_2CO_3 + SO_2 \longrightarrow Na_2SO_3 + CO_2$$
$$Na_2SO_3 + SO_2 + H_2O \longrightarrow 2NaHSO_3$$

训练过程中通过测定填料吸收塔进出口气体中 SO_2 的含量，即可近似计算出吸收塔的平均净化效率，进而了解吸收效果。

2. 测定方法

气体中 SO_2 含量的测定采用国标法，即甲醛缓冲溶液吸收-盐酸副玫瑰苯胺比色法：二氧化硫被甲醛缓冲液吸收后，生成稳定的羟甲酸基磺酸加成化合物，加碱后又释放出二氧化硫与盐酸副玫瑰苯胺作用，生成紫红色化合物，根据颜色深浅，比色测定。比色步骤如下：

（1）将待测样品混合均匀，取 10mL 放入试管中；

（2）向试管中加入 0.5mL 0.6％的氨基磺酸钠溶液和 0.5mL 的 1.5mol/L NaOH

溶液，混合均匀，再加入 1.00mL 的 0.05% 对品红混合均匀，20min 后比色；

（3）比色用 72 型分光光度计，将波长调至 577nm。将待测样品放入 1cm 的比色皿中，同时用蒸馏水放入另一个比色皿中作参比，测其吸光度（如果浓度高时，可用蒸馏水稀释后再比色）。

$$二氧化硫浓度(\mu g/m^3) = \frac{(A_k - A_0)B_s}{V_S} \times \frac{L_1}{L_2} \tag{9-22}$$

式中 A_k——样品溶液的吸光度；

     A_0——试剂空白溶液吸光度；

     B_s——校正因子，$B_s = 0.044$；

     V_S——换算成参比状态下的采样体积，L；

     L_1——样品溶液总体积，mL；

     L_2——分析测定时所取样品溶液体积，mL。

测定浓度时，应注意稀释倍数的换算。

通过测出填料塔进出口气体的全压，即可计算出填料塔的压降；若填料塔的进出口管道直径相等，用 U 形管压差计测出其静压差即可求出压降。

四、实训操作步骤

（1）正确连接训练装置，并检查系统是否漏气，关严吸收塔的进气阀，打开缓冲罐上的放空阀，并在高位液槽中注入配置好的 5% 的碱溶液。

（2）在玻璃筛板吸收瓶内装入采样用的吸收液 50mL。

（3）打开吸收塔的进液阀，并调节液体流量，使液体均匀喷布，并沿填料表面缓慢流下，以充分润湿填料表面，当液体由塔底流出后，将液体流量调至 35L/h 左右。

（4）开启空压机，逐渐关小放空阀，并逐渐打开吸收塔的进气阀。调节空气流量，使塔内出现液泛。仔细观察此时的气液接触状况，并记录下液泛时的气速（由空气流量计算）。

（5）逐渐减小气体流量，消除液泛现象。调气体流量计到 0.1m³/h，稳定运行 5min 取三个平行样。

（6）取样完毕调整液体流量计到 30L/h，稳定运行 5min，取三个平行样。

（7）改变液体流量为 20L/h 和 10L/h，重复上面步骤。

（8）训练完毕，先关进气阀，待 2min 后停止供液。

五、数据计算和处理

1. 填料塔平均净化效率

填料塔的平均净化效率（η）可由下式近似求出：

$$\eta = \left(1 - \frac{c_2}{c_1}\right) \times 100\% \tag{9-23}$$

式中 c_1——填料塔入口处二氧化硫浓度，mg/m³；

     c_2——填料塔出口处二氧化硫浓度，mg/m³。

2. 填料塔液泛速度

计算出填料塔的液泛速度，并将数据整理至表 9-7 中。

$$v = Q/F$$

式中　Q——气体流量，m^3/h；

　　　F——填料塔截面积，m^2。

表 9-7　结果及整理

序号	气体流量 /(m³/h)	吸收液 /(L/h)	液气比 /(L/m³)	液泛速度 /(m/s)	空塔气速 /(m/s)	塔内气液接触情况	净化率 /%
1							
2							
3							
4							

3. 绘制曲线

绘出液量与效率的曲线 Q-η。

六、数据自动采集式双碱法脱硫实训装置的技能实训

有条件的院校可利用数据自动采集式双碱法脱硫实训装置，开展脱硫净化实训。数据自动采集式双碱法脱硫实训装置主要设备为三级二氧化硫气体吸收塔和钠碱再生水箱。实训装置如图 9-12 所示，装置采用氢氧化钠和生石灰作为吸收液原料，系统启动时，钠碱泵将钠碱液打入吸收塔，通过喷淋系统和填料系统与二氧化硫气体充分接触反

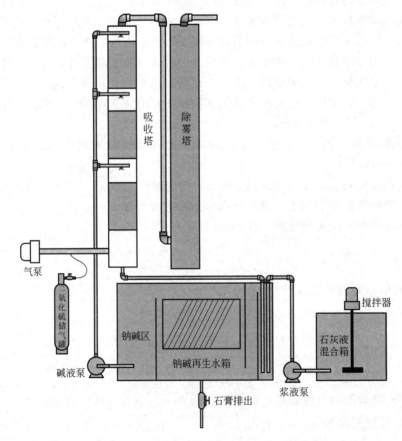

图 9-12　数据自动采集式双碱法脱硫实训装置

应，反应生成的液体流入钠碱再生水箱，与氢氧化钙溶液进行反应，还原已反应的钠碱，同时生成石膏沉淀并排出，再生的钠碱溶液通过钠碱泵继续循环。系统工作时，可通过自带的数据采集系统直观获取脱硫过程参数，如风压、风速、温度、湿度、进口二氧化硫浓度、出口二氧化硫浓度等，并对吸收效率进行计算，同时可以实时打印和通过电脑导出。学生可以根据已掌握的吸收法净化二氧化硫废气基本知识，参照前期实训操作步骤对本实训装置进行运行并实时统计实训结果及整理。本实训装置最大的特点在于可以以循环使用的钠碱作为吸收介质，不会产生结垢现象妨碍吸收塔工作。也可将吸收液换成氨水、仲辛醇、尿素等溶液，对氮氧化物进行吸收处理，达到一种实训装置可以对二氧化硫和氮氧化物等不同气态污染物吸收净化的目的。

七、结果讨论分析

（1）从测定结果标绘出的曲线，你可以得出哪些结论？

（2）改变吸收温度和压力，对 SO_2 的吸收有哪些效果？

（3）通过技能训练，你有什么体会？对实训有何改进意见？

● 第七节　吸附法净化氮氧化物废气的技能实训 ●

一、实训目的和内容

用活性炭净化氮氧化物废气是一种简便、有效的方法。本技能实训是通过以活性炭作为吸附剂，模拟氮氧化物废气，得出吸附净化效率、空塔气速等数据，深入理解吸附法净化有害气体的原理和作用，掌握活性炭吸附法的工艺流程和吸附装置的特点，训练吸附法净化有毒有害废气的操作技能，掌握主要仪器设备的安装和使用方法。主要实训内容如下：

（1）标准状况下气体中 NO_2 浓度的测定；

（2）吸附塔的平均净化效率和吸附塔空塔气速的测定；

（3）掌握活性炭吸附法中的样品分析和数据处理技术；

（4）掌握吸附净化有毒有害气体系统的操作技能。

二、工艺流程和设备仪器

1. 工艺流程

本实训系统工艺流程如图 9-13 所示，主要包括酸气发生装置、吸附塔、尾气净化、真空泵及流量计、冷凝器等。

2. 设备仪器

（1）有机玻璃吸附塔（$D=400$mm，$H=380$mm）1 台。

（2）真空泵（流量 30L/min）1 台。

（3）气体转子流量计（0～40L/min）1 个。

（4）玻璃洗气瓶（500mL）2 个。

（5）玻璃干燥瓶（500mL）2 个。

（6）玻璃细口瓶 2 个。

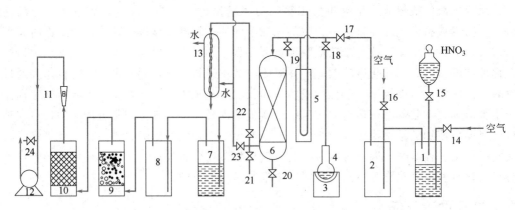

图 9-13　活性炭吸附系统性能测定实训工艺流程图

1—酸雾发生器；2，8—缓冲瓶；3—电热器；4—蒸汽瓶；5—压差计；6—吸附塔；7—液体吸收瓶；
9—固体吸收瓶；10—干燥瓶；11—转子流量计；12—真空泵；13—冷凝器；14—关闭阀；
15，17，18，20，22，23—控制阀；16—进气调节阀；19—进口采样点；21—出口采样点；24—气量调节阀

（7）紫外分光光度计 1 台。

（8）电热器 1 台。

（9）冷凝器 2 支。

（10）双球玻璃氧化管 2 支。

（11）采样用注射器 2 支。

（12）玻璃三通管 2 个。

（13）玻璃四通管 1 个。

（14）溶气瓶（100mL）20 个。

3．试剂

（1）活性炭。

（2）硝酸（分析纯）1 瓶。

（3）10%的 NaOH 溶液。

（4）固体 NaOH（分析纯）1 瓶。

（5）铁屑或铜屑。

（6）三氧化铬（分析纯）1 瓶。

（7）对氨基苯磺酸（分析纯）1 瓶。

（8）盐酸乙二胺（分析纯）1 瓶。

（9）冰醋酸（分析纯）1 瓶。

（10）盐酸（分析纯）1 瓶。

（11）亚硝酸钠（分析纯）1 瓶。

三、吸附机理、实训准备

1．吸附机理

吸附是利用多孔性固体吸附剂处理流体混合物，使其中所含的一种或几种组分浓集在固体表面，而与其他组分分开的过程。产生吸附作用的力可以是分子间的引力，也可以是表面分子与气体分子的化学键力，前者称为物理吸附，后者则称为化学吸附。

活性炭吸附主要用于大气污染、水质污染和有害气体净化领域，活性炭吸附气体中的氮氧化物是基于其较大的比表面积和较高的物理吸附性能。活性炭吸附氮氧化物是可逆过程，在一定温度和压力下达到吸附平衡，而在高温、减压下被吸附的氮氧化物又可被解吸出来重复使用。

2．实训准备

（1）三氧化铬氧化管的制作　筛取 20～40 目砂子，用 1∶2 盐酸溶液浸泡一夜，用水洗至中性，烘干。把三氧化铬及砂子按质量比 1∶20 混合，加少量水调匀，放在红外灯烘箱里于 103℃烘干。称取约 8g 三氧化铬和砂子的混合物装入双球玻璃管，两端用

少量脱脂棉塞紧即可使用。使用前用乳胶管或用塑料管制的小帽将氧化管两端密封。

（2）吸收液的配制　所用试剂均用不含亚硝酸根的重蒸馏水配制，即所配吸收液的吸光度不超过 0.005。配制时称取 5.0g 对氨基苯磺酸，通过玻璃小漏斗直接加入 1000mL 容量瓶中，加入 50mL 冰乙酸和 900mL 的混合溶液，盖塞振摇使其溶解，待对氨基苯磺酸完全溶解，再加入 0.050g 盐酸萘乙二胺溶解，用水稀释至标线。此为吸收原液，贮于棕色瓶中，在冰箱中可保存两个月，保存时可用聚四氟乙烯生胶密封瓶口，以防止空气与吸收液接触。采样时按 4 份吸收原液和 1 份水的比例混合。

（3）亚硝酸钠标准溶液的配制　称取 0.1500g 粒状亚硝酸钠（$NaNO_2$，预先在干燥器内放置 24h 以上），溶解于水，移入 1000mL 容量瓶中，用水稀释至标线，此溶液每毫升含 100.0μg 亚硝酸根（NO_2^-），贮于棕色瓶保存在冰箱中，可稳定 3 个月。临用前，吸取贮备液 5.00mL 于 100mL 容量瓶中，用水稀释至标线，此溶液每毫升含 5.0μg 亚硝酸根（NO_2^-）。

（4）标准曲线的绘制　在 7 只 10mL 具塞比色管中分别准确加入 0.00mL、0.10mL、0.20mL、0.30mL、0.40mL、0.50mL、0.60mL 亚硝酸钠标准溶液，然后在每个比色管中分别加入 4.00mL 吸收原液和 1.00mL、0.90mL、0.80mL、0.70mL、0.60mL、0.50mL、0.40mL 蒸馏水，摇匀，避光放置 15min，在波长 540nm 处，用 1cm 比色皿，以水为参比，测定吸光度。根据测定结果，绘制吸光度对 NO_2^- 含量的标准曲线。

3. 测定方法

氮氧化物的测定采用盐酸萘乙二胺比色法。

（1）准确吸取 10mL 采样用的吸收液，装入干净的溶气瓶中，用于取净化后的气体（取原气样品时，吸收液量为 40mL）样品。用翻口塞和弹簧夹封好瓶口和支管口，并用注射器抽出瓶内空气，使瓶内保持负压。

（2）用 5mL 的医用注射器在出口气体取样口取样 5mL（原气样品进气口取样 2mL）缓慢注射到溶气瓶中（注意要将针头插入液体内），并不断摇动溶气瓶，注射完样气后，继续摇动 2～3min。静置 30min 后可进行分析，每次取样品三个，结果取平均值。

（3）比色测定，用紫外分光光度计在波长 540nm 处测得样品的吸光度，并在标准曲线上查出相应的 NO_2^- 含量。若 NO_2^- 浓度过高，可稀释后进行测定。

四、实训操作步骤

（1）按图 9-13 连接好实训装置。

（2）将活性炭装入吸附柱中，按装置图将试剂药品装入瓶中（分液漏斗中装入 HNO_3），气酸发生器中装入钢丝或铁丝，洗气瓶中装入 10% NaOH。

（3）检查管路系统是否漏气：开动真空泵，使压差计有一定压力差，并将各调节阀关死，保持一段时间，看压力是否有变化，如有漏气，可以压差计为中心向远处逐步检查，直到整个系统不漏气为止。

（4）将钢丝或铁丝放入酸雾发生器中，配置 40% HNO_3 溶液，装入分液漏斗中，将分液漏斗的阀门打开，酸雾发生器中便有氮氧化物放出。

（5）关闭阀门 15、18、20 和 22，开动真空泵，调节气量调节阀 24 及转子流量计

11，使流量达到一定值。

（6）开启阀门 15，调节阀门 16，观察缓冲瓶中黄烟的变化情况，并调节转子流量计，使其回到规定值，保持气流稳定。

（7）整个系统稳定 2～5min 后取样分析，以后每 30min 取样一次，每次取三个。

（8）当吸附净化效率低于 80％时，停止吸附操作，将气量调节阀 24 打开，停止真空泵，关闭阀门 14、15、16、17 和 23。

（9）开启阀门 18 和 22，置管路系统处于解吸状态，打开冷水管开关，向吸附塔通入水蒸气进行解吸。

（10）当解吸液 pH 值小于 6 时，关闭阀门 18 和 22，停止解吸。

五、数据计算和处理

1. 计算公式

（1）标准状况下气体中 NO_2^- 浓度的计算：

$$\rho(NO_2^-)(mg/m^3) = \frac{\alpha V_0}{0.76 V_N V_t} \tag{9-24}$$

式中，α 为样品溶液中 NO_2^- 含量，μg；V_0 为样品溶液的总体积，mL；V_t 为分析时取样品溶液的体积，mL；0.76 为转换系数，气体中 NO_2^- 被吸收转换为 NO_2^- 的系数；V_N 为标准状况下的采样体积，L，可用式（9-25）计算。

$$V_N = V \times \frac{P}{P_N} \times \frac{T_N}{t+273} \tag{9-25}$$

式中，V 为实际采样体积，L；P_N、P 分别为标准状况和实际大气压，kPa；T_N、t 分别为标准状况和实际温度。

（2）吸收塔的平均净化效率（η）：

$$\eta = \left(1 - \frac{\rho_{2N}}{\rho_{1N}}\right) \times 100\% \tag{9-26}$$

式中，ρ_{1N} 为标准状况下吸附塔入口处气体中 NO_2 的浓度，mg/m^3；ρ_{2N} 为标准状况下吸附塔出口处气体中 NO_2 的浓度，mg/m^3。

（3）空塔气速（W）：

$$W = \frac{Q}{F} \tag{9-27}$$

式中，Q 为气体体积流量，m^3/s；F 为床层横截面积，m^2。

2. 实训基本参数记录

吸附器：直径 $D = $ _____ mm；高度 $H = $ _____ mm；床层横截面积 $F = $ _____ m^2。

活性炭：种类 _____；粒径 $d = $ _____ mm；装填高度 _____ mm；装填量 _____ g。

操作条件：气体浓度 _____ $\times 10^{-6}$；室温 _____ ℃；气体流量 _____ L/min。

3. 实训数据整理分析

（1）记录实训数据及分析结果　按表 9-8 所示记录并整理实训数据。

表 9-8　实训数据记录

实训时间	1#吸光度	2#吸光度	3#吸光度	1#净化率/%	2#净化率/%	3#净化率/%	平均净化率/%	空塔气速/(m/s)

（2）根据实训结果给出净化效率（η）随吸附操作时间（t）的变化曲线。

六、数据自动采集式活性炭吸附氮氧化物技能实训

有条件的院校可利用数据自动采集式活性炭吸附氮氧化物实训装置，开展吸附法氮氧化物净化实训。数据自动采集式活性炭吸附氮氧化物实训装置主要设备为活性炭气体吸收塔。实训装置可以使用不同的吸附介质对氮氧化物进行吸收去除。实训装置如图9-14所示，采用活性炭作为吸附介质，系统启动时，气泵将空气与氮氧化物气体混合并送入第一级活性炭吸收塔，使氮氧化物与活性炭充分接触反应生成无毒无害的二氧化碳和氮气，系统设置了多个采样口，可以根据实验要求对氮氧化物吸收效果进行人工采样测定，同时，可以自由选择使用单级活性炭吸附塔或多级吸附。系统工作时，可通过自带的数据采集系统直观获取吸收过程参数，如风压、风速、温度、湿度、进口氮氧化物浓度、出口氮氧化物浓度等，并对吸收效率进行计算，同时可以实时打印和通过电脑导出。

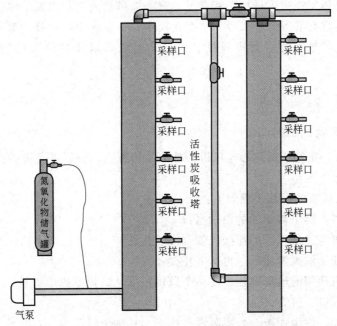

图 9-14　数据自动采集式活性炭吸附氮氧化物实训装置

七、结果讨论分析

（1）从实训结果绘出的曲线，你可以得到哪些结论？

（2）空塔气速与吸附效率有何关系，通常吸附操作空塔气速为多少？

（3）长时间使用的活性炭，采用什么方法进行活化处理？

（4）通过实训，有什么体会？对实训有何改进意见？

第八节　离心通风机和离心水泵拆装的技能实训

一、实训目的和内容

（1）提高对离心通风机和离心水泵结构和工作原理的感性认识，通过对设备的拆装训练进一步强化学生对设备结构和性能的了解，将实物与书本知识有机地结合起来，并熟悉常用离心通风机和离心水泵的构造、性能、特点。

（2）通过对离心通风机离心水泵的拆装训练，掌握离心通风机离心水泵的拆装方法与步骤，熟悉常用工具的使用，有利于将从书本学来的间接经验转变为自己的直接经验，为将从事的工作诸如设备的安装、维护、修理等打好基础。

（3）通过集体实训，大家共同分析和讨论相关技能实训的问题，如拆装过程中出现问题的排除、故障现象的分析等，以训练良好的工作技能。

二、实训设备和器材

本实训主要针对安装在大气污染防治设施中相关管道上输送流体介子的离心通风机或离心水泵，具体实训中可选用一些常见的离心通风机或离心水泵单体设备进行拆装。

主要工具器材有活扳手、呆扳手、梅花扳手、一字或十字旋具、锤子，木板（条）、黄油、机油、记号笔、动平衡检测仪表、记录用纸等以及各种常用的卧式和立式离心泵。

三、实训步骤

1. 离心通风机的拆装

拆风机之前，先要了解离心通风机的外部结构特点，分析拆风机的次序即先拆哪部分、再拆哪部分。

（1）离心通风机的拆卸步骤如下：

① 切断电源，拆下传动端的联轴器；

② 拆下风机与进出风管的连接软管（或连接法兰）；

③ 将轴承托架的螺栓卸下，再拆下托架；

④ 拆下风机两侧的地脚螺栓，使整个风机机体从减振基础上拆下；

⑤ 拆下吸入口、机壳；

⑥ 拆开锁片，将锁片板上的紧固螺钉拧下，从轴上拆下销片；

⑦ 卸下叶轮、轴和轴承装置；

⑧ 拆下轮毂机座（要注意垫好才能拆下）；

⑨ 从机壳上拆下支架和截流板。

拆卸时应注意，将卸下的机械零件按一定的顺序放置好，等检查或清洗完相关的零部件后再装机。

（2）拆完之后，重点了解以下内容并做记录：

① 所拆离心通风机的型号、性能参数；

② 构成部件名称；

③ 有无蜗舌；

④ 叶轮的结构形式与叶型；

⑤ 吸入口、排出口、转向等的区分；

⑥ 与电动机的连接方式；

⑦ 单吸离心通风机与双吸离心通风机的差异。

（3）组装时按照先将零件组装成部件，再把部件组装成整机的规则进行组装，并按照与拆机相反的顺序进行。装好的离心通风机必须装回其原来的位置。

整机安装时应注意：

① 风机轴与电动机轴的同轴度，通风机的出口接出风管应顺叶轮旋转方向接出弯头，并保证至弯头的距离大于或等于风口出口尺寸的 1.5～2.5 倍。

② 装好的离心通风机进行试运转时，应加上适度的润滑油，并检查各项安全措施，盘动叶轮，应无卡阻现象，叶轮旋转方向必须正确，轴承温升不得超过 40℃。

　　2. 离心水泵的拆装

（1）拆泵之前，先要了解泵的外部结构特点，分析拆泵的次序。一般拆卸顺序应与装配顺序相反，从外部拆向内部，从上部拆到下部，先拆部件或组件，再拆零件。拆卸时，如果有螺栓等因年长日久而锈蚀难拧，可先用松锈剂等喷射在要拆卸的部位，稍等几分钟即可。拆卸轴上的零件时，必须垫好铜块、木块、橡胶等软衬垫，以防损坏零件的表面。

（2）拆泵过程要严格按工艺要求操作，拆下的零部件要摆放有序，应注意某些部件的方向性，如有必要，应做标记。

（3）拆泵之后，重点了解以下内容并做记录。

① 所拆泵的型号、性能参数、构成部件名称。

② 叶轮的结构形式与叶型，轴封装置的形式与构造。

③ 有无减漏环及其形式，有无轴向力平衡装置及其形式。

④ 吸入口、排出口、转向等的区分。

⑤ 与电动机的连接方式。

⑥ 多级泵的叶轮级与级间的流道结构。

⑦ 立式泵与卧式泵的差异。

⑧ 单吸泵与双吸泵的差异。

⑨ 按顺序将泵安装复原，条件具备的要进行试车运转，以检验装配是否符合要求。

四、实训方法

通过实训教师讲解理论知识和在工作现场拆装相结合的方式进行。

五、学生能力体现

通过理论和实践的学习，能进行离心通风机和离心水泵的拆卸组装，条件具备的可以进行离心通风机和离心水泵与管道的安装、调试、运行和维护管理。实训结束后写一篇不少于 2000 字的实训记录与实践报告。

附 录

环境保护设备分类与命名

扫描二维码可查看《环境保护设备分类与命名》（HJ/T 11—1996）。

环境保护设备分类与命名

参考文献

[1] 刘宏. 环保设备设计与应用手册. 北京：化学工业出版社，2022.

[2] 王继斌，李俊鹏. 大气污染控制技术与技能实训. 大连：大连理工大学出版社，2021.

[3] 李琴. 化工设备. 北京：化学工业出版社，2021.

[4] 周长丽. 化工单元操作. 北京：化学工业出版社，2021.

[5] 鹿政理. 环境保护设备选用手册. 北京：化学工业出版社，2003.

[6] 胡忆沩，陈庆，王海波，等. 设备管理与维修. 北京：化学工业出版社. 2021.

[7] 中国石油天然气集团有限公司人事部. 污水处理工初、中级. 北京：石油工业出版社，2020.

[8] 王有志. 污水处理工程单元设计. 北京：化学工业出版社，2020.

[9] 张殿印，刘瑾. 除尘设备手册. 北京：化学工业出版社，2019.

[10] 陈家庆. 环保设备原理与设计. 3版. 北京：中国石化出版社，2019.

[11] 张映红，韦林，莫翔明. 设备管理与预防维修. 北京：北京理工大学出版社，2019.

[12] 杨申仲，中国机械工程学会设备与维修工程分会，"机械设备维修问答丛书"编委会. 机械设备维修问答丛书. 2版. 北京：机械工业出版社，2018.

[13] 刘振江，崔玉川. 城市污水厂处理设施设计计算. 北京：化学工业出版社，2011.

[14] 许宁. 大气污染控制工程实验. 北京：化学工业出版社，2018.

[15] 中国环境保护产业协会. 环境保护专用设备选编. 北京：化学工业出版社，2017.

[16] 王翌. 环境工程项目管理. 河南：河南科学技术出版社，2017.

[17] 田立江，张传义. 大气污染控制工程实践教程. 徐州：中国矿业大学出版社，2016.

[18] 谢红梅. 环境污染与控制对策. 成都：电子科技大学出版社，2016.

[19] 王纯，张殿印. 除尘工程技术手册. 北京：化学工业出版社，2016.

[20] 卜秋平，陆少鸣，曾科. 城市污水处理厂的建设与管理. 北京：化学工业出版社，2002.

[21] 李亚峰. 城市污水处理厂运行管理. 3版. 北京：化学工业出版社，2015.

[22] 张麦秋. 化工机械安装与修理. 北京：化学工业出版社，2015.

[23] 陈碧美. 污水处理系统运行与管理. 厦门：厦门大学出版社，2015.

[24] 孙世兵. 小城镇污水处理厂设计与运行管理指南. 天津：天津大学出版社，2014.

[25] 侯立安. 小型污水处理与回用技术及装置. 北京：化学工业出版社，2003.

[26] 赵建英. 机械设备维修技术. 北京：北京交通大学出版社，2014.

[27] 朱开宪. 塔设备结构与维护. 北京：化学工业出版社，2014.

[28] 严金龙，潘梅. 环境监测实验与实训. 北京：化学工业出版社，2014.

[29] 潘琼. 大气污染控制工程案例教程. 北京：化学工业出版社，2014.

[30] 周敬宣，段金明. 环保设备及应用. 北京：化学工业出版社，2014.

[31] 杨飚. 烟气脱硫脱硝净化工程技术与设备. 北京：化学工业出版社，2013.

[32] 谢经良，沈晓南，彭忠. 污水处理设备操作维护问答. 北京：化学工业出版社，2012.

[33] 刘相臣，张秉淑. 石油和化工装备事故分析与预防. 3版. 北京：化学工业出版社，2011.

[34] 崔峻发，王社平. 污水处理厂工艺设计手册. 北京：化学工业出版社，2010.

[35] 徐亚同，谢冰. 废水生物处理的运行与管理. 2版. 北京：中国轻工业出版社，2009.

[36] 中国机械工程学会设备与维修工程分会，《机械设备维修问答丛书》编委会. 输送设备维修问答. 北京：机械工业出版社，2006.

[37] 周金全. 城市污水处理工艺设备及招标投标管理. 北京：化学工业出版社，2003.